高职高专系列教材

石油加工工艺学

（下册）

王海彦　陈文艺　主编

中国石化出版社

内 容 提 要

本书根据石油加工技术发展的现状与趋势，以培养应用型石油加工高级工程技术人才为目标，重点介绍了石油及其产品的性质，详细阐述了原油蒸馏、渣油热加工、催化裂化、催化加氢、催化重整、烷基化、异构化醚化以及润滑油生产等各种石油加工方法的基本原理、生产工艺过程、主要产品及典型设备和基本工艺计算方法，同时融入了部分科研与生产上的最新技术。

本书重点突出，内容新颖、翔实，实用性强，可作为高职高专“石油化工技术”专业和普通高等学校“化学工程与工艺”本科的专业教材，也可供炼油企业员工学习、培训之用。

图书在版编目(CIP)数据

石油加工工艺学．下册／王海彦，陈文艺主编．—北京：中国石化出版社，2011.9
ISBN 978-7-5114-1131-0

Ⅰ.①石… Ⅱ.①王… ②陈… Ⅲ.①石油炼制-生产工艺-高等学校-教材 Ⅳ.①TE624

中国版本图书馆CIP数据核字(2011)第178439号

中国石化出版社出版发行

地址：北京市东城区安定门外大街58号
邮编：100011　电话：(010)84271850
读者服务部电话：(010)84289974
http://www.sinopec-press.com
E-mail:press@sinopec.com
北京科信印刷有限公司印刷
全国各地新华书店经销

*

787×1092毫米16开本12.5印张309千字
2011年9月第1版　2011年9月第1次印刷
定价：30.00元

前　言

石化工业是国民经济的重要支柱产业之一，是提供交通运输燃料和石油化工原料的工业，在国民经济、国防和社会发展中具有极其重要的地位和作用。进入21世纪，我国石化工业发展迅速。目前，原油加工能力已居世界第二位，千万吨级以上的炼油厂达17座，中国石化和中国石油公司已跻身世界10强炼油公司之列。预计到2020年，我国原油加工能力将超过6.5亿吨。同时，我国石化工业也面临着石油资源短缺、原油劣质化趋势加剧、产品升级和节能减排压力增大等问题。因此，我国石化工业结构调整和技术进步的步伐将进一步加快，对石油加工专业人才的数量和质量也将有更高的要求。本书根据石油加工技术发展的情况，以培养应用型工程技术人才为目的，从石油及其产品的性质出发，阐述了石油的各种加工方法、基本原理、生产工艺过程及典型设备和基本工艺计算方法，对科学实验与生产经验进行了总结，融入了部分科研与生产上的最新技术，注重理论联系实际和学术性与实用性的恰当兼顾，力争做到重点突出，内容新颖翔实，反映石油加工行业国内外的新技术和新成果。

本书详细介绍了石油及石油产品的组成和性质以及各种性质之间的相互关系，重点介绍了原油蒸馏、延迟焦化、催化裂化、催化加氢、催化重整、烷基化、异构化、醚化等主要车用燃料和化工原料的生产过程，以及溶剂精制、溶剂脱蜡、润滑油加氢等润滑油生产过程的基本原理和工艺流程，同时也对石油蜡和沥青的生产工艺进行了简单的介绍。主要章节包括石油及产品组成和性质、石油产品分类与质量要求、原油分类与原油评价、原油预处理与原油蒸馏、渣油热加工、催化裂化、加氢裂化、加氢处理、催化重整、高辛烷值汽油组分生产、润滑油基础油生产以及石油蜡和沥青生产等十二章。

本书由辽宁石油化工大学王海彦和陈文艺主编。由于编者水平和能力有限，书中难免存在疏漏、不妥和错误之处，恳请读者不吝指正。

编　者

目　　录

第七章 加氢裂化

第一节 概 述

加氢裂化是指各种大分子烃类在一定氢压、较高温度和适宜催化剂的作用下，进行以加氢和裂化为主的一系列平行－顺序反应，转化成优质轻质油品的加工工艺过程，是重要而灵活的石油深度加工工艺。目前，加氢裂化技术已成为重油深度加工的主要工艺手段之一，是惟一能在原料轻质化的同时直接生产清洁运输燃料和优质化工原料的重要技术手段。近年来加氢裂化技术已逐步发展成为现代炼油和石化企业炼油、化工、纤维有机结合的桥梁技术。

加氢裂化是当今一项先进炼油技术，它可以以减压重瓦斯油、催化循环油、焦化重瓦斯油为原料，生产芳烃料（石脑油）、喷气燃料、超低硫柴油、裂解生产乙烯的原料和Ⅲ类润滑油基础油的原料(尾油)，提高炼油厂的利润。具有加工原料广泛、产品方案灵活、产品收率高、质量好和对环境污染少等优点。

从原料来看，加氢裂化加工原料广泛，既可处理轻柴油、重柴油，又可加工焦化蜡油、减压馏分油和催化裂化循环油，还可以加工渣油、页岩油和煤焦油，甚至可以处理固态的煤(以煤糊形式)，将其液化成各种发动机燃料。

从产品方案来看，通过选择不同的工艺路线、调整操作条件或更换催化剂，可以生产不同品种、不同质量要求的产品，如液化气、汽油、石脑油、喷气燃料、灯油、轻柴油、润滑油和某些特种油料等。

从产品收率和质量来看，加氢裂化产品的液体收率很高，体积收率可超过100%，质量收率可达90%～98%。所产喷气燃料冰点低，是优质的喷气燃料；柴油十六烷值高、凝点低；石脑油经重整可提供芳烃作化纤、工业原料；润滑油组分是优质的润滑油基础油；尾油可作乙烯裂解、催化裂化或生产白油等的原料。

加氢裂化对环境污染小。加氢裂化原料油中的氧、氮、硫杂质均可转化成水、氨和硫化氢而排出并回收，对环境的污染程度较低。

近年来加氢裂化技术的进展，主要是开发加氢裂化新工艺，以适应不同炼油厂的需要，同时进一步提高催化剂的活性、选择性和稳定性，降低操作压力，减少氢消耗，进一步提高经济效益。近年来，加氢裂化所加工的原料油越来越重，装置大型化的趋势越来越明显，工艺、催化剂、反应器和工程设计不断创新，使加氢裂化技术受到炼油企业前所未有的重视，新建装置数量大增，核心技术的作用越来越大。据报道，目前国外已投产和在建的加氢裂化装置主要是UOP、Chevron、IFP和Shell公司转让的技术。其中UOP(含Unocal)公司的加氢裂化技术已被40个国家的150多套装置采用，总加工能力在175Mt/a以上，目前有90多套装置在运转。UOP公司开发的加氢裂化新工艺有两种：一种是高转化率的HyCycle工艺，反应压力可以降低25%，单程转化率20%～40%，总转化率99.5%，中馏分油收率提高5%，柴油收率提高15%，氢耗和能耗降低，操作费用降低15%，装置投资降低10%。另一种是先进部分转化(APCU)工艺，可同时进行柴油加氢处理，多产超低硫柴油，未转化的尾油用作催化裂化原料。这两种新工艺都已经工业应用。在催化剂方面，开发了4种新催化剂：一种是生产最大量中馏分油(柴油)的催化剂 HC－215，其活性和稳定性都优于全无定形催化剂，氢耗降低 10%；第二种是灵活生产最大量中馏分油/石脑油的催化剂 HC－150，与其前身相比，活性高 5.5℃，液收不变，氢耗减少 53.4m^3/m^3；第三种是能使芳烃选择性饱和生产含氢较多的中馏分油和含氢较少汽油的催化剂 HC－53，能得到高十六烷值柴油和高辛烷值汽油，氢耗降低 19%；第四种是裂化/饱和组分比例较高的催化剂 HC－34，生产汽油的活性/选择性好，得到的产品芳烃含量多辛烷值高，氢耗降低 15%，所有这四种催化剂都已经工业应用。Chevron 公司的加氢裂化技术已被 50 多套装置采用，总加工能力达到 37.50Mt/a。雪佛龙公司开发的加氢裂化新工艺有三种：第一种是优化部分转化(OPCU)工艺，能加工硫、氮含量很高的减压重瓦斯油和二次加工油，得到高质量的轻质油品和催化裂化原料油，首次工业应用是在美国阿瑟港炼油厂；第二种是能同时进行柴油加氢处理的工艺，可以多产低硫柴油。未转化尾油用作催化裂化原料油，首次工业应用是在澳大利亚 Bulw 炼油厂；第三种是反序串联工艺，投资和操作费用低，能完全转化，产品收率和产品质量高，首次工业应用将在我国大连西太平洋公司炼油厂。在加氢裂化催化剂方面，新开发的催化剂有四种，即：ICR－160、ICR－162、ICR－220 和 ICR－240，都是用于最大量生产喷气燃料和柴油。其中 ICR－240 还用于最大量生产润滑油基础油料，其性能比同类催化剂都好。除此之外，还有两种加氢裂化原料油和异构脱蜡原料油加氢预处理新催化剂（ICR－174 和 ICR－178)，其活性/稳定性都进一步提高，可在深度脱氮、脱硫、芳烃饱和的同时，提高空速或延长运转周期。采用 IFP 技术的加氢裂化装置共 50 套，总加工能力 50.00Mt/a。采用 Shell 公司技术的加氢裂化装置共 20 套。目前我国炼油厂已建有加氢裂化装置 16 套，总加工能力 18.00Mt/a，其中多数都是采用我国 FRIPP 和 RIPP 的技术，引进几套装置也都换用了我国 FRIPP 开发的催化剂。

针对我国油气资源不足，中间馏分油和化工原料短缺及产品质量亟待升级的现状，我国 FRIPP 在加氢裂化工艺技术方面投入了大量的人力、物力，取得了一系列重大进展。将加氢裂化技术发展成为多产中间馏分油的加氢裂化技术和多产优质化工原料的加氢裂化技术。多产中间馏分油的加氢裂化技术包括：单段两剂多产柴油加氢裂化工艺技术、多产中间馏分油的一段串联加氢裂化技术、最大量生产中间馏分油的两段加氢裂化工艺技术。多产优质化工原料的加氢裂化技术包括：最大量生产催化重整原料的一段串联全循环加氢裂化技术、多产化工原料的一段串联一次通过加氢裂化技术和多产优质化工原料的两段加氢裂化工艺。

从上述对比分析看出，国内加氢裂化技术与国外先进水平相比并不占优势，在某些新技术开发方面还相对滞后。因此，国内的加氢裂化研究应加大研发力度。

在装置能力方面，主要提高单套装置加氢处理量，降低能耗，开发先进的控制技术及优化方案。在加氢裂化方面，主要开发以生产最大量中间馏分油和提高劣质柴油十六烷值为目的的加氢裂化改质技术和加氢精制－裂化－异构化组合技术。同时，应降低操作压力、开发应用中压加氢裂化和缓和加氢裂化技术，降低制氢成本，开辟新的廉价的制氢(供氢)途径，进一步开发研制新型加氢裂化催化剂，研究催化剂表面结构理论，进一步提高其活性、选择性和寿命等。

第二节　加氢裂化主要化学反应

加氢裂化的主要作用是将重质原料转化成轻质油，在这一过程中会发生多种复杂的化学反应，其主要反应可分为两类，一类是加氢处理反应，包括脱出各种杂原子化合物的反应，以及烯烃和芳烃的加氢饱和反应；另一类是加氢裂化反应，是指分子中C—C键发生断裂的反应。

加氢裂化是极其复杂的一系列平行－顺序反应过程，除了进行加氢和裂解反应外，还有异构化、氢解、环化、甲基化、脱氢和叠合等二次反应产生。同时，反应原料－石油馏分是高分子复杂有机化合物的混合物，反应过程中，反应物各单体化合物之间，反应物和某些产物之间，以及各种复杂反应之间，都存在着不同程度的制约作用，而且随所采用的催化剂和操作条件的不同，反应方向和速度都大不相同。因此，很难用简单的化学反应式来表示石油馏分的加氢裂化反应过程。只能分别研究各单体化合物单独存在时加氢裂化反应规律，然后综合估计石油馏分加氢裂化的总体反应及其规律。

一、烷烃和烯烃的加氢裂化反应

由于加氢裂化过程通常采用强酸性担体的双功能催化剂，所以产品分布与催化裂化过程很相似，也可用正碳离子学说来解释其反应机理。

1. 裂化反应

烯烃在原料中的含量不多，它主要是烷烃裂化的中间产物，这两类化合物比较容易发生加氢裂化反应，所以富含烷烃的油料所需的反应条件相对较缓和。烷烃和烯烃在加氢裂化条件下发生裂解反应，生成较小分子的烷烃。其通式为：

$$C_nH_{2n+2}+H_2 \longrightarrow C_mH_{2m+2}+C_{n-m}H_{2(n-m)+2}$$

$$C_nH_{2n}+2H_2 \longrightarrow C_mH_{2m+2}+C_{n-m}H_{2(n-m)+2}$$

2. 异构化反应

在加氢裂化过程中，烷烃和烯烃都会发生异构化反应，从而使产物中异构烃与正构烃的比值较高。烷烃的异构化是最希望发生的反应，因为异构烷烃的冰点和倾点低，十六烷值和黏度指数高，是喷气燃料、优质柴油和润滑油基础油的理想组分。

$$R—CH_2—CH_2—CH_2—CH_3 \longrightarrow R—CH_2—\underset{}{\overset{CH_3}{\overset{|}{C}H}}—CH_3$$

$$R—CH_2—CH{=}CH—CH_3 \longrightarrow R—CH{=}\underset{\underset{CH_3}{|}}{C}—CH_3$$

烷烃的异构化反应速度，随相对分子质量的增加而增加。

因此，加氢裂化可制得低冰点的喷气燃料和低凝点的柴油。

3. 环化反应

加氢裂化过程中烷烃和烯烃分子也会发生少量的环化反应，如正庚烷脱氢环化成二甲基环戊烷。

$$CH_3—CH_2—CH_2—CH_2—CH_2—CH_2—CH_3 \rightleftharpoons \text{(1,2-二甲基环戊烷: } CH_3—CH—CH—CH_3\text{，环中 } CH_2—CH_2—CH_2\text{)} + H_2$$

二、环烷烃和芳烃的加氢裂化反应

在加氢裂化过程中，环烷烃和芳烃的主要反应是烷基侧链断裂、加氢、开环以及异构化反应等。其中，环烷烃和环烷芳烃的开环反应是加氢裂化中最希望发生的反应。因为环烷烃开环后，生成烷烃、带侧链的单环环烷烃和单环芳烃，它们也是优质油品较理想的组分。烷基芳烃和烷基环烷烃发生断侧链反应，生成单环芳烃和单环环烷烃，它们是催化重整原料的理想组分。

1. 单环化合物

带长侧链的单环环烷烃和芳烃在加氢裂化过程中，通常单环很稳定，不容易开环，所以主要反应是断侧链反应。

单环环烷烃(如六元环)相对比较稳定，一般是先通过异构化反应转化为五元环烷环后再断环成为相应的烷烃。

芳烃中的芳香核十分稳定，很难直接断裂开环。在一般条件下，带有烷基侧链的芳烃只是在侧链连接处断裂，而芳香环保持不变。单环芳烃(如烷基苯)的加氢反应历程是先裂化断侧链，断链所得烷烃一般不再进一步反应。

R 加氢断侧链 RH+ 加氢 异构化

i–C_5H_{12}

n–C_5H_{12}

R 异构化 i–RH+ 异构化 i–C_6H_{14}

n–C_6H_{14}

CH_3

2. 多环化合物

双环环烷烃在加氢裂化条件下，六元环直接断开的可能性也很小，与单环环烷烃类似，它是首先异构化生成五元环的衍生物，然后再断环。如：

异构化 CH_3 异构 断侧链 + CH_3—$\underset{|}{\overset{CH_3}{CH}}$—$CH_3$

CH_3

（十氢萘） （甲基环戊烷） （异丁烷）

大分子的稠环及多环芳烃只有在芳香环加氢饱和之后才能开环，并进一步发生随后的裂化反应。如芳烃的加氢饱和反应及开环、裂化反应。稠环芳烃的加氢裂化反应规律，具有十分重要的意义，因为高分子可燃性物质中大都含有大量稠环芳烃。

不带侧链的芳烃是对热相当稳定的化合物，在热裂化条件下，主要发生缩合反应。只有在加氢裂化条件下，才能分阶段逐环地加氢和裂解，即氢化后的环才能断裂。如：

以后按环烷烃的反应规律变化。

上述加氢反应速度是递减的，即环数愈少加氢愈难，因此，苯的加氢最困难。要使稠环芳烃较完全地加氢裂化转化成相应环烷烃，需要相当高的氢压，较高的反应温度和高活性的催化剂。同时其加氢反应速度仍远较烯烃低。

如果苯环上带有甲基，则其加氢速度随甲基数量的增加而降低，而裂解速度却随甲基数量的增加而增大。

芳烃的相对分子质量、侧链的数目和大小的增加，都使芳烃分子对热不稳定，从而使芳烃的加氢裂化容易进行。

从热力学角度来看，稠环芳烃第一个环加氢较易，全部芳环加氢很困难。另一方面，芳烃键的稳定性大概是脂肪族普通键的 1.5 倍，所以，经过氢化的芳环易于裂化，即第一个环加氢后继续进行断环反应相对要容易得多。

研究证明：各种烃类在加氢条件下，进行的裂化反应和异构化反应都属于一级反应，而加氢和加氢裂化属于二级反应。但在实际工业条件下，通常采用的氢气量大大超过化学计量所需氢气，即氢大大过量。因此，裂化和加氢反应都表现出近似一级反应。

下面在以催化裂化轻循环油在 10.3MPa 下的加氢裂化为例，进一步说明芳烃的加氢裂化反应历程。图 7－1 是催化裂化轻循环油中各种烃类的反应网络及各步反应的相对反应速率常数。

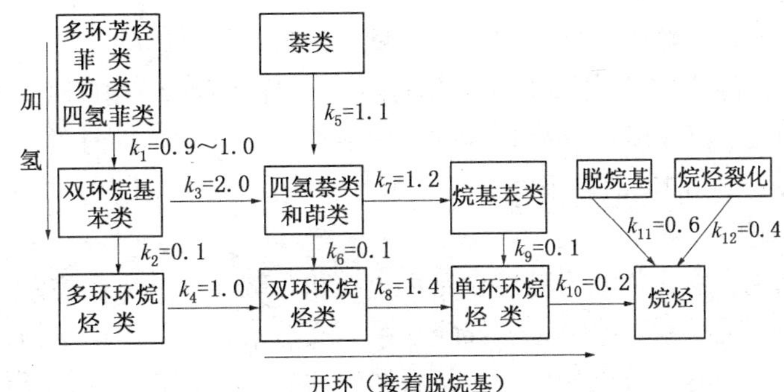

图 7－1　催化裂化轻循环油加氢裂化反应途径

可以得出这样的结论，多环芳烃很容易被部分加氢，接着被饱和的环开裂成为芳烃的侧链，然后发生断侧链，多环芳烃最终成为较小分子的单环芳烃。稠环芳烃也如此，即逐环加氢饱和、开环、断侧链，直至生成小分子的单环芳烃。因此，在加氢裂化条件下，多环芳烃不会像催化裂化那样容易缩合生焦，这是加氢裂化催化剂活性稳定、使用寿命长的主要原因。

三、非烃类的加氢裂化反应

石油馏分中的有机硫、氮和氧的化合物，不仅是加氢精制过程中为保证产品质量而必须除去的物质，而且是为避免加氢裂化催化剂中毒，必须在加氢裂化反应器之前脱除的非烃类化合物。它们在两种情况下的反应规律相同，都是以氢解反应为主，生成相应的烃类、硫化氢、氢和水。

1. 加氢脱硫(HDS)

硫在石油中的存在形态已经确定的有：单质硫、硫化氢、硫醇、硫醚、二硫化物、噻吩等类型的有机含硫化合物。这些硫化物按照性质可分为活性硫化物和非活性硫化物两大类。活性硫化物主要包括单质硫、硫化氢以及硫醇等，它们对金属设备具有较强的腐蚀作用；非活性硫化物主要包括硫醚、二硫化物和噻吩等对金属设备无腐蚀作用的硫化物，一些非活性硫化物受热分解后会变成活性硫化物。

石油馏分中各类含硫化合物的C—S键(键能为272kJ/mol)是比较容易断裂的，其键能比C—C(348kJ/mol)或C—N(305kJ/mol)键的键能小许多。因此，在加氢过程中，一般硫化物中的C—S键先行断开，生成相应的烃类和H_2S。

$$RSH + H_2 \longrightarrow RH + H_2S$$

$$RSR' + 2H_2 \longrightarrow RH + R'H + H_2S$$

$$RSSR' + 3H_2 \longrightarrow RH + R'H + 2H_2S$$

S $+ 2H_2 \longrightarrow C_4H_{10} + H_2S$

S $+ 4H_2 \longrightarrow C_4H_{10} + H_2S$

S $+ 2H_2 \longrightarrow$ $+ H_2S$

含硫化合物的加氢速度与其分子结构和相对分子质量大小有关，不同类型的含硫化合物的加氢反应活性按以下顺序依次增大：

噻吩＜四氢噻吩≈硫醚＜二硫化物＜硫醇

环状含硫化合物的稳定性比链状含硫化合物高，且随着分子中环数的增多，稳定性增强，加氢脱硫越困难。其中噻吩类硫化物的反应活性是最低的，而且随着环数(其中的环烷环和芳香环)的增加，其加氢活性下降，到二苯并噻吩含有三个环时，加氢脱硫最难。

2. 加氢脱氮(HDN)

石油中的含氮化合物通常分为碱性含氮化合物和非碱性含氮化合物两大类。石油中的碱性含氮化合物主要有吡啶系、喹啉系、异喹啉系、吖啶系和苯胺类衍生物。随着馏分沸点的升高，碱性含氮化合物的环数也相应增多。石油中的弱碱性和非碱性含氮化合物主要有吡咯系、吲哚系和咔唑系。随着馏分沸点的升高，非碱性含氮化合物的含量逐渐增加，主要集中在石油较重的馏分和渣油中。

石油馏分中所含氮化合物加氢脱氮后，生成相应的烃类和氨。

$$R—NH_2 + H_2 \longrightarrow RH + NH_3$$

$$RCN + 3H_2 \longrightarrow RCH_3 + NH_3$$

$$\text{(吡咯)} + 4H_2 \longrightarrow C_4H_{10} + NH_3$$

$$\text{(吲哚)} + 3H_2 \longrightarrow \text{(乙苯, } C_2H_5\text{)} + NH_3$$

$$\text{(吡啶)} + 5H_2 \longrightarrow C_5H_{12} + NH_3$$

$$\text{(喹啉)} + 4H_2 \longrightarrow \text{(丙苯, } C_3H_7\text{)} + NH_3$$

不同类型的含氮杂环化合物加氢脱氮反应活性性按以下顺序依次增大：

喹啉 < 吡啶 < 异喹啉（苯并喹啉） < 吲哚 < 吡咯

加氢脱氮反应速度与氮化物的分子结构和分子大小有关系，苯胺、烷基胺等非杂环化合物的反应速率比杂环含氮化合物快得多。在杂环化合物中，五元杂环的反应速率比六元杂环快，六元杂环最难加氢，其稳定性的大小与苯环相近。而且氮化物的相对分子质量越大，其加氢脱氮越困难。

碱性氮化物加氢脱氮的反应速率常数差别不大，其中喹啉脱氮速率最高，且随着芳环的增加脱氮速率略有下降。

3. 加氢脱氧

在石油中，氧元素都是以有机含氧化合物的形式存在的，主要分为酸性含氧化合物和中性含氧化合物两大类。石油中的酸性含氧化合物包括环烷酸、芳香酸、脂肪酸和酚类等，它们总称为石油酸；中性含氧化合物包括醇、酯、醛及苯并呋喃等，它们的含量非常少。含氧化合物加氢反应活性的顺序为：

呋喃环类 < 酚类 < 酮类 < 醛类 < 烷基醚类

$$\text{(苯酚, OH)} + H_2 \longrightarrow \text{(苯)} + H_2O$$

$$\text{R-(环己基)-COOH} + 3H_2 \longrightarrow \text{R-(环己基)-}CH_3 + 2H_2O$$

含氧化合物在加氢条件下，反应速率较快。

4. 加氢脱金属

随着加氢原料的拓宽，尤其是渣油加氢技术的发展，加氢脱金属的问题越来越受到重视。渣油中的金属可分为以卟啉化合物形式存在的金属，和以非卟啉化合物的形式（如环烷酸铁、钙、镍）存在的金属。

以油溶性的环烷酸盐形式存在的金属反应活性高，很容易以硫化物的形式沉积在催化剂的孔口，堵塞催化剂的孔道。而对于卟啉型金属化合物，如镍和钒的络合物是直角四面体，镍或钒氧基配位在四个氮原子上。总之，石油中的金属化物经加氢后，生成相应的烃类和金属而沉积在催化剂表面上。

第三节　加氢裂化催化剂

一般认为催化剂只影响反应速率，不改变反应的方向和平衡，但对加氢裂化过程来说，只有被催化剂活化之后的活化氢才能参加加氢反应，而加氢裂化催化剂具有很强的活性和选择性，实际上自1926年建设第一座煤糊加氢裂化工厂以来的60多年中，包括我国人造石油加氢裂化技术的30多年发展历史和石油炼制加氢技术的20多年的发展历史，基本上都离不开催化技术的发展。

加氢裂化催化剂是一种典型的双功能催化剂，具有加氢功能和裂解功能，加氢功能和裂解功能两者之间的协同决定了催化剂的反应性能。

一、催化作用原理

加氢裂化催化剂是由金属加氢组分和酸性担体组成的，具有加氢活性和裂解活性（包括异构化活性）的双功能催化剂，可用吸附学说和正碳离子机理来解释。

1. 加氢活性

加氢裂化催化剂之所以有加氢催化活性，是由于反应物能以适当速度在催化剂表面进行化学吸附。吸附后，反应物分子与催化剂表面之间形成化学键，组成表面吸附络合物。并由于吸附键的强烈影响，反应物中某个键或某几个键被削弱，从而使反应活化能降低很多，加快了化学反应速率。下面以苯为例说明加氢作用的机理。

在加氢活性组分——金属及其氧化物表面上，氢分子可按下列两种方式生成表面吸附络合物——活化氢（其中M表示金属原子）。

$$\mathrm{M{-}M} \overset{H_2}{\rightleftharpoons} \mathrm{\overset{\displaystyle H}{\overset{|}{M}}{-}\overset{\displaystyle H}{\overset{|}{M}}}\ \text{或}\ \mathrm{\overset{H\ \ \ \ H}{\overset{\diagdown\ \diagup}{M}}}\quad\text{（均裂过程）}$$

$$\mathrm{O{-}M{-}O} \overset{H_2}{\rightleftharpoons} \mathrm{O{-}\overset{\displaystyle H}{\overset{|}{M}}{-}\overset{\displaystyle H}{\overset{|}{O}}}\quad\text{（非均裂过程）}$$

（活化氢）

第一种方式氢分子发生均匀断裂，各带一个电子，并被金属表面化学吸附。氢从金属上获得电子并与之配位。由于氢获得部分负电荷，所以属于负氢-金属键合。

第二种方式由于氧的负电性能，使氢分子发生不均匀断裂。此时金属上化学吸附的氢仍具有负氢特性，形成负氢-金属键合。

苯是通过苯环上π电子与金属相互作用而配位的，一般生成多位吸附物。

$$\text{C}_6\text{H}_6 + 6\cdot \longrightarrow \text{（六个吸附中心上的苯环）}\quad(\cdot\,\text{吸附中心})$$

所生成的中间吸附络合物进一步反应，得到了加氢产物。

$$\text{(苯环吸附态)} + 3\,\underset{\text{M—M}}{\overset{\text{H}\quad\text{H}}{|\quad\ |}} \rightleftharpoons \text{(环己烷)} + 6\cdot + 3\text{M—M}$$

（活化氢）

催化剂恢复到原来状态，从而完成了催化循环。

2. 裂解活性

加氢裂化催化剂除加氢活性外，还有裂解功能。这是由于其担体氧化铝、硅酸铝和沸石等本身就是酸式催化剂。它们的表面具有酸性中心；包括提供质子酸中心或提供能接受电子对的路易士酸性中心。由于这些酸性中心的存在，它们能使质子变成正碳离子这一中间物质。

缺少一对负电子的碳所形成的烃离子——正碳离子$\left[\begin{matrix} \text{H} \\ \cdot\cdot \\ \text{R:C:H} \\ + \end{matrix}\right]$的基本来源是由一个烯烃分子获得一个质子 H^+ 而成，例如：

$$C_nH_{2n} + H^+ \longrightarrow C_nH_{2n+1}^+$$

下面通过正十六烯的裂化反应来说明正碳离子的反应历程。

① 正十六烯从催化剂表面或从已生成的正碳离子上获得一个 H^+ 质子而生成正碳离子。

$$nC_{16}H_{32} + H^+ \longrightarrow C_5H_{11}\text{—}\underset{+}{\overset{\text{H}}{\overset{|}{\text{C}}}}\text{—}C_{10}H_{21}$$

或

$$nC_{16}H_{32} + C_3H_7^+ \longrightarrow C_5H_{11}\text{—}\underset{+}{\overset{\text{H}}{\overset{|}{\text{C}}}}\text{—}C_{10}H_{21} + C_3H_6$$

② 大的正碳离子不稳定，容易在β位置上发生断裂。

$$C_5H_{11}\text{—}\underset{+}{\overset{\text{H}}{\overset{|}{\text{C}}}}\overset{\alpha}{\text{——}}CH_2\overset{\beta}{\text{——}}C_9H_{20} \longrightarrow C_5H_{11}\text{—}\overset{\text{H}}{\overset{|}{\text{C}}}\text{=}CH_2 + \underset{+}{CH_2}\text{—}C_8H_{17}$$

③ 生成的正碳离子是伯正碳离子，不够稳定，易于变成仲正碳离子，然后又接着发生β断裂，直至生成不能再断裂的小正碳离子（如 $C_3H_7^+$、$C_4H_9^+$）为止。

④ 正碳离子的稳定程度依次是：叔正碳离子 > 仲正碳离子 > 伯正碳离子，因此，生成的正碳离子趋向于异构成叔正碳离子，加氢裂化产物中的异构烷烃比例很高。

$$CH_3\text{—}CH_2\text{—}CH_2\text{—}CH_2\text{—}CH_2\text{—}\overset{+}{CH_2} \longrightarrow CH_3\text{—}CH_2\text{—}CH_2\text{—}CH_2\text{—}\overset{+}{CH}\text{—}CH_3$$

$$\downarrow$$

$$CH_3\text{—}CH_2\text{—}CH_2\text{—}\overset{CH_3}{\overset{|}{\underset{+}{C}}}\text{—}CH_3$$

⑤ 正碳离子将 H^+ 还给催化剂，本身变成烯烃（在氢压下饱和成烷烃）完成催化循环。

$$C_3H_7^+ \longrightarrow C_3H_6 + H^+$$

$$C_3H_6 \xrightarrow{+H_2} C_3H_8$$

二、加氢裂化催化剂的组成

加氢裂化双功能催化剂是由主金属、助催化剂和酸性担体三部分组成，前两者组成加氢活性组分，后者形成裂解和异构活性。

1. 主金属－加氢活性中心

加氢裂化催化剂的加氢活性组分主要是ⅥB族和Ⅷ族中的几种金属元素，分为贵金属和非贵金属。其中贵金属包括：Pt(铂)、Pd(钯)；非贵金属包括：W(钨)、Mo(钼)、Cr(铬)、Co(钴)、Ni(镍)和Fe(铁)等。

其特点和说明：

① 都是具有未填满 d 电子层的过渡金属；

② 都具有体心晶格、面心晶格或六角晶格；

③ 主金属都以氧化物或硫化物形式存在；

④ Pt、Pd虽具最强的加氢活性，但由于对硫的中毒敏感性过大，且贵重故少用，目前最常用的主金属还是ⅥB族的Mo和W；

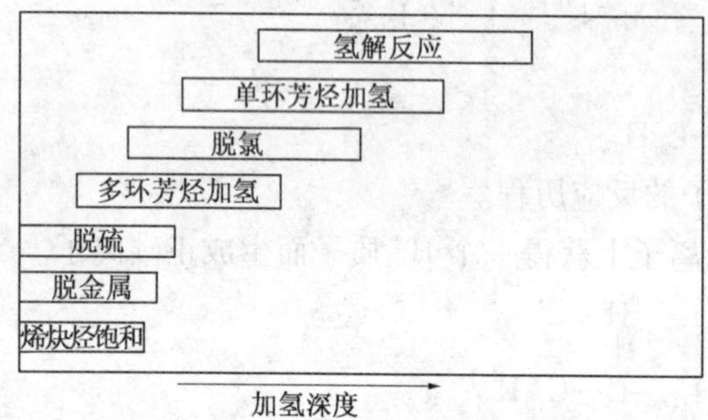

图7－2　不同加氢目的要求不同加氢深度

⑤ 根据不同加氢目的要求的不同加氢深度来选择主金属。从图7－2可以看出：不同组分的加氢深度是相互重叠的。

2. 助催化剂

为了改善加氢裂化催化剂的活性、选择性和稳定性，在制造过程中往往要添加少量助催化剂(一般 $<10\%$)，按其作用可分为两类：

(1) 活性助催化剂

加氢裂化催化剂中的Ⅷ族金属，多以活性助催化剂的形式出现，如CO和Ni单独存在时，其加氢活性都很不显著，但和Mo或W结合后，可显著地提高Mo和W的加氢活性，Mo－Ni组合用于生产煤油、柴油为主要产品的单段加氢裂化过程，而W－Ni组合则有利于脱除润滑油中最不希望存在的多环芳烃组分。添加助催化剂后的加氢活性：

研究表明，ⅥB族和Ⅷ族金属组分之间的相互组合比单独组分的加氢活性好，各种组分组合的加氢活性排列顺序为：

$$Ni-W > Ni-Mo > Co-Mo > Co-W$$

对加氢脱氮、加氢脱金属、加氢异构化反应，上述次序不变，而在加氢脱硫时Mo－Co活性为最高。此外，金属组分间的组合应存在一个最佳原子比，以得到最好的加氢脱氮、加氢脱硫、加氢裂化和加氢异构化活性。在加氢裂化催化剂中ⅥB和Ⅷ族金属之间，存在最佳的原子比，一般认为Ⅷ族/(Ⅷ族＋ⅥB族)原子比在0.5左右，催化剂具有最高的加氢活性。

(2) 结构助催化剂

结构助催化剂又称稳定剂，能提高催化剂的活性表面积和热稳定性，能防止催化剂表面在操作温度下变形(如加入少量的 SiO_2 可阻止 $\gamma-Al_2O_3$ 晶粒增大和变形；加入少量P可阻止 $\gamma-Al_2O_3$ 与Ni结合成无活性的 $\gamma-Al_2O_3$ 尖晶石)。

3. 载体(或称担体)

加氢催化剂中的载体有酸性和弱酸性两种。酸性载体为硅酸铝、硅酸镁、分子筛等。弱酸性载体为氧化铝($\gamma-Al_2O_3$、$\eta-Al_2O_3$)及活性炭等。

通常，一般催化剂载体具有：

① 增强催化剂的机械强度；

② 增大催化剂的表面积和孔隙率，改善活性组分的分布状况，使反应物分子易于到达催化剂的活性表面；

③ 防止活性组分细小结晶的熔结，提高其稳定性；

④ 提高活性组分的选择抗毒性，减弱催化剂对毒物作用的灵敏性；

⑤ 改善散热条件，防止床层过热。

加氢裂化催化剂载体和一般催化剂的载体不同，有其特殊性。加氢催化剂的载体本身具有较强的裂解和异构化活性，它们形成了酸性中心。常用的加氢裂化催化剂载体主要包括：

① 活性氧化铝($\gamma-Al_2O_3$)。它是多孔性物质，具有很大的表面积和理想的孔结构，可提高主金属活性组分和助催化剂的分散度；它具有良好的机械强度和物化稳定性；还具有良好的可调性，由铝的氧化物和氢氧化物结晶相的多样性所决定，其孔径分为：细孔 $<20nm$，中孔 20 ~ 50 nm，粗孔 $>50nm$。其表面积为 $100 \sim 400m^2/g$，孔体积为 $0.1 \sim 1.0mL/g$。

② 无定形硅酸铝。它是在 $\gamma-Al_2O_3$ 载体中加入一定量的 SiO_2，当加入量为5%左右时，可提高载体的热稳定性，是加氢精制催化剂的常用载体。加入量 >8% 时，便形成酸性中心与催化裂化催化剂硅酸铝相似，但制备方法和组成有较大差别。在加氢裂化催化剂中以 Al_2O_3 为主，SiO_2 含量较少，具有适中的酸度，适合于生产中间馏分油。

③ 沸石。它是结晶型硅酸铝，按其作用特点又称分子筛，它在用作加氢裂化催化剂的载体时，需加少量无定形硅铝。这种载体具有较多的酸性中心，其裂化活性比无定形硅酸铝高几个数量级，故以它为载体的加氢裂化催化剂的活性很高，可在较低的压力和温度下操作；它具有较强的抗氨性能，对碱性氮化物很敏感，而对氨不敏感；它可将主金属阳离子固定在沸石的一定点位晶格上，从而提高加氢活性。

沸石载体可按孔道大小分类为：大孔沸石(如 Y 型和 β 型沸石)、中孔沸石(如 ZSM 型沸石、小孔沸石(如毛沸石)。按硅铝比可分为：高硅沸石(硅铝分子比 >10)和低硅沸石(硅铝分子比 <10)。沸石载体还有一个优点，可根据不同的生产方案，改变沸石与无定形硅铝的比例，调制成酸性不同的复合型酸性载体。

三、国内外常用的加氢裂化催化剂

20 世纪 60 年代初期，UOP 公司开始了现代加氢裂化催化剂的开发，推出了单段非贵金属生产中间馏分油选择性好的 DHC-2、DHC-4 催化剂。与此同时，Chevron 公司也推出了单段非贵金属生产柴油、喷气燃料的 ICR-102 无定形催化剂。1964 年 Union 公司首先将 HC-11(PdY)用于工业装置，标志着分子筛开始用于加氢裂化催化剂。随着 1990 年美国《清洁空气法》修正案的强制实施，生产清洁燃料的需求日益迫切，加氢裂化技术得到世界范围内的广泛重视，加氢裂化催化剂的开发明显加速。自 20 世纪末以来，随着世界燃油规范Ⅲ、Ⅳ类标准的实施，以及对化工原料油需求的增长，加氢裂化催化剂引起了更加广泛的重视。

我国自 20 世纪 60 年代，开始自行研发加氢裂化催化剂，中国石化抚顺石油化工研究院(FRIPP)、大连化学物理研究所以及抚顺石油三厂催化剂厂，就开展了馏分油加氢裂化催化剂及工艺的研究。20 世纪 60 年代，有代表性的催化剂为大连化物所开发的 3652 无定形加氢裂化催化剂，20 世纪 70 年代，抚顺石油三厂催化剂厂开发的 3762 晶型催化剂，后改进为3812晶型催化剂。20世纪80年代初，我国从国外引进了4套大型加氢裂化生产装置，加工能力达3.7Mt/a，所用催化剂全部进口。为了彻底改变这一被动局面，FRIPP研制成功3824中油型和3825轻油型加氢裂化催化剂，20世纪90年代初，工业应用成功。之后又成功地开发出适合我国国情的缓和加氢裂化(MHC)、中压加氢裂化（MPHC)、中压加氢改质(MPUG)、择形加氢裂化及最大提高十六烷值(MCI)加氢等一系列新工艺及其配套的催化剂。到2000年FRIPP已有12个品种、19个牌号加氢裂化催化剂在全国20多套加氢裂化生产装置上工业应用。FRIPP近20年来开发与工业应用的馏分油加氢裂化催化剂，按目的产品分类示于表7－1。表7－2给出一些催化剂应用实例。表7－3则列出三种不同类型国产催化剂与相应进口催化剂的性能对比。

表7－1　FRIPP开发的加氢裂化催化剂品种与性能

催化剂类型	工业型号	主要性质与目的产品	工业应用
轻油型	3825	含USY，高、中压HC，生产重整原料，喷气燃料乙烯原料等，堆比下，稳定性好	金山、扬子、辽化HPHC、燕山、吉林MPHC、MPUG，1991年首次工业应用，扬子、天津HPHC、1997年首次工业应用
	3905	含Y沸石，耐氮性能好，活性比3825催化剂高20%	
	3955	新一代轻油型加氢裂化催化剂、活性比3825高40%，耐氮能力高2~3倍	
中油型	3824	含USY，以Al_2O_3为载体，高、中压HC，生产喷气燃料、柴油，乙烯原料等，该剂制备工艺简单，价格便宜	茂名、镇海、荆门高、中压HC，1987年首次工业应用
	3903	含USY、$SiO_2-Al_2O_3$，高压HC，活性高，比3824低14C	南京、镇海HPHC，1993年工业应用
	3976	改性Y沸石，$SiO_2-Al_2O_3$，耐氮性能优于3824和3903，喷气燃料产率高	辽化HPHC，1998年首次工业应用
	3971	改性Y沸石，$SiO_2-Al_2O_3$，金属分散好，孔分布集中，耐氮性能为3824的5~10倍	
	ZHC－01	改性Y沸石，$SiO_2-Al_2O_3$，喷气燃料，柴油产率高，耐氮性能好，可用于单段加氢裂化	齐鲁HPHC，1998年应用
高中油型	3901	高硅铝比沸石，耐氮性能好，可生产低凝点柴油	
	3974	改性Y沸石、$SiO_2-Al_2O_3$，中油收率比3824高3%~5%	镇海、茂名HPHC，1999年首次工业应用
	ZHC－02	$SiO_2-Al_2O_3$，载体，高压HC，生产低凝点柴油，耐氮性能好，可用于单段加氢裂化	1999年用于大庆HPHC
	3973	$SiO_2-Al_2O_3$载体，生产喷气燃料、柴油及润滑油基础油，耐氮性能好，可用于单段加氢裂化	1997年用于抚顺HPHC

表7－2　几种加氢裂化催化剂应用情况

使用厂家	茂名	南京	镇海	金山	扬子	齐鲁	齐鲁	辽化
原料油	胜利 VGO+GGO	管输/阿曼 VGO	伊朗/杜里 VGO	大庆、黄岛 VGO	管输 VGO+HAGO	胜利 VGO	胜利、孤岛 VGO	辽化 VGO
催化剂	3824	3903	3974	3825	3905	3882	ZHC－01	3976
压力/MPa	16.7	16.3	16.5	14.5	14.2	7.4	15.7	15.2
精制油氮/(μg/g)	9	17	5.2	<5	15.4	45.7	1300	19.4

续表

使用厂家	茂名	南京	镇海	金山	扬子	齐鲁	齐鲁	辽化
LHSV/h^{-1}(裂化段)	1.20	1.20	1.06	1.32	1.03	1.57	0.955	1.15
平均温度/℃	*t*+14	*t*	*t*+14.8	*t*+4	*t*+10	*t*+1	*t*+28	*t*+17.3
产品分布/%								
干气	2.38	2.31	3.17		3.18	1.4		1.18
液化气	3.39	3.41	1.03	16.2	12.11	3.46		4.21
轻石脑油	18.09	15.84	9.96	23.1	6.7			11.9
重石脑油	13.48	15.70	12.05	51.37	48.0	14.51	19.12	30.8
喷气燃料	41.26	42.08	44.15	5.87	8.81		26.12	24.01
柴油	22.21	22.60	26.06①	—	—	20.56	11.68	13.98
尾油	—	—	2.35	2.92	28.77	61.8	41.59	15.62
C_5^+ 液收率/%	95.04	96.22	94.57	83.26	92.28	96.87	98.51	96.34

① 柴油95%为355C左右，其他为335C左右；流程为全循环一次通过。

表7-3　国产与进口催化剂性能对比

原料油	胜利VGO+CGO		管输VGO+HAGO		孤岛VGO	
催化剂	3824	进口剂A	3825+3905	进口剂B	ZHC-01	进口剂C
密度/(g/cm^3)	0.8987	0.9027	0.8808	0.8724	0.9092	
馏程/℃	321~533	306~529	164~495	167~494	323~494	
工艺条件						
LHSV/h^{-1}(裂化段)	1.2	1.1	1.03	0.96	1.1	
精制油氮/(μg/g)	9	9.3	19.5	5.2	1790	
平均温度/℃	t_1-2	t_1	$t_2-1.5$	t_2	t_3-3	t_3
主要产品产率/%						
轻石脑油	18.09	16.4	7.73	10.93		
重石脑油	13.48	13.1	47.59	41.07	10.6	9.3
喷气燃料	41.26	43.1	6.96	13.96	22.8	21.8
柴油	22.21	21.6			18.8	19.3
尾油			29.02	25.14	46.7	48.5
C_5^+ 液收/%	95.04	94.2	91.30	91.10	98.9	98.9
氢耗/(Nm^3/t)	308	338.4	346	—	192	208
能耗/(kg/t)	82.09	92.72				
升温速度/(℃/d)	0.0073	0.028				

四、加氢裂化催化剂的活化和再生

1. 加氢裂化催化剂活化

加氢裂化催化剂的金属组分在制备时一般均以氧化物的形式存在，如果不经过活化处理，催化剂上很容易沉积上过多的积炭，导致活性很快下降。因此，对于氧化态的加氢裂化催化剂而言，需要将其进一步还原或硫化处理，使之成为有一定活性的催化剂，这一过程称为加氢裂化催化剂的活化。含Pt、Ni等还原态催化剂一般用氢气还原，而其他加氢催化剂的活化，一般是指催化剂的原位预硫化。对于硫化型催化剂，原位预硫化后，活性金属从氧化态变成硫化态，有利于提高催化剂的活性和稳定性。加氢催化剂的硫化，可以在催化剂生产厂进行，也可以在使用催化剂的工厂进行。

硫化型加氢裂化催化剂活性金属多采用Co或Ni与Mo或W组合，原位预硫化就是在原料油中事先加入一定数量的较易生成H_2S化合物，人为地提高原料油中的硫浓度，强化硫化过程，缩短硫化过程所需的时间。该方法通常称为“强化原位预硫化”技术。

“强化原位预硫化”技术可分为液相湿法原位预硫化和干法气相原位预硫化。液相湿法原位预硫化需要用能溶解硫化剂的携带油，硫化剂与携带油一起进入催化剂床层；干法气相原位预硫化是将硫化剂直接注入循环气或反应器催化剂床层。

在硫化过程中，反应极其复杂，以 Co - Mo 和 Ni - Mo 催化剂为例，硫化反应式为：

$$3NiO + H_2 + H_2S \longrightarrow Ni_8S_2 + 3H_2O$$

$$MoO_8 + H_2 + H_2S \longrightarrow MoS_2 + 3H_2O$$

$$CoO + H_2S \longrightarrow CoS + H_2O$$

这些反应都是放热反应，而且进行速度快。催化剂预硫化所用的硫化剂有 H_2S，或能在硫化条件下分解成 H_2S 的不稳定硫化物，如 CS_2 和二甲基二硫醚等。用 CS_2 硫化时，把 CS_2 加入反应器内与氢气混合后反应生成 H_2S 和甲烷。

$$CS_2 + 4H_2 \longrightarrow CH_4 + 2H_2S$$

催化剂的硫化效果主要取决于硫化条件，即：硫化温度、时间、H_2S 分压，硫化剂的浓度及种类等，其中硫化温度对硫化过程影响很大。根据经验，预硫化的最佳温度范围为 280 ~ 300℃，超过 320℃金属氧化物有被热氢还原为低价氧化物或金属状态的可能，这样将影响催化剂的活性。

预硫化方法可分为高温硫化、低温硫化，器内硫化和器外硫化，以及上面提到的干法硫化和湿法硫化等。采用湿法硫化，需要先将 CS_2 溶于石油馏分，形成硫化油，然后通入反应器内与催化剂接触进行反应。适合作硫化油的石油馏分有轻油和喷气燃料等。CS_2 在硫化油中的浓度一般在 1% ~2% 之间。我国过去一直采用湿法硫化，并积累了一定的经验。

2. 加氢裂化催化剂再生

在加氢裂化工业装置中，不管处理哪种原料，由于原料要部分地发生裂解和缩合反应，催化剂表面便逐渐被积炭覆盖，使它的活性降低。积炭引起的失活速度，与催化剂性质、所处理原料的馏分组成及操作条件有关。原料的相对分子质量越大，氢分压越低和反应温度越高，催化剂失活速度越快。积炭失活在很大程度上主要是积炭覆盖活性中心和堵塞孔道而造成，但是失活是暂时的，可通过烧焦再生等手段予以恢复。

在由积炭引起催化剂失活的同时，还可能发生另一种不可逆中毒。催化剂在运转过程中，原料油中的某些杂质会沉积而覆盖其活性中心，或者使活性中心的性质发生变化。例如金属沉积会使催化剂活性减弱或者使其孔隙被堵塞。被金属中毒的催化剂不能再生，而催化剂顶部有沉积物，需将催化剂卸出并将一部分或全部催化剂过筛。

再生阶段可直接在反应器内进行，也可以采用器外(即反应器外)再生的办法。这两种再生方法都得到了工业应用。上述两种方法都是采用在惰性气体中加入适量空气逐步烧焦的办法。用水蒸气或氮气作惰性气体，同时充当热载体作用。在水蒸气存在下再生过程比较简单，而且容易进行。缺点是用水蒸气处理时间过长会使载体氧化铝的结晶状态发生变化，造成表面损失、催化剂活性下降及机械性能受损。用氮气作稀释气体的再生对催化剂保护作用效果好、污染小，目前许多工厂趋向于采用氮气再生，但费用相对来说要高一些。

第四节　加氢裂化的主要影响因素

除了原料的性质和催化剂外，影响石油馏分加氢裂化过程的主要因素有反应压力、反应温度、空速和氢油比等。

一、反应压力

反应压力是一个重要的操作参数，在加氢裂化过程中，反应压力的影响是通过氢分压来体现的。系统中的氢分压取决于操作压力、氢油比、循环氢纯度以及原料的汽化率。

提高压力有利于加氢反应的进行，氢分压增加可提高催化剂的 HDS、HDN 和 HAD 活性。因此保持一定的氢分压是各种加氢和氢解反应的必要条件。即在一定的氢压下，反应趋向于不饱和烃的加氢饱和、芳烃和非烃类化合物的氢解方向进行。加氢和氢解深度与氢分压成正比，见表 7-4。不饱和度越高，难加氢组分(稠环芳烃、含氮有机物)越多，原料愈重(干点高、稠环芳烃多)，需要的氢压就越高。

表 7-4　氢压对乙烯和苯加氢深度的影响

温度/℃	氢压/MPa	加氢后烯烃的残存量/%	加氢后苯的残存量/%
450	0.1	0.056	100
450	5	0.0011	37.8
450	20	0.00028	0.95
500	0.1	0.25	100
500	5	0.005	86.7
500	20	0.0012	9.2

对于气-固相加氢裂化反应来说，反应压力高、氢分压也高，使加氢裂化反应速度提高。此外，提高反应压力使单位反应器体积内原料的浓度增加，延长了反应时间，将增加转化率。

对于气-液-固三相加氢裂化反应来说，虽然升高压力将使油的汽化率下降，油膜厚度增加，从而增加了氢催化剂表面扩散的阻力。但是，升高压力使氢通过液膜向催化剂表面扩散的推动力增加，所以扩散速度提高，总的效果是转化率提高。

加氢裂化的原料一般是较重的馏分油，其中含有较多的多环芳烃。因此，在给定催化剂和反应温度下，选用的反应压力应当能保证环数最多的稠环芳烃有足够的平衡转化率。芳烃的环数越多，其加氢平衡转化率越低。加氢裂化所用原料越重，需采用的反应压力越高。工业上加氢裂化采用的反应压力，根据原料组成不同，操作压力不同。如直馏瓦斯油大约7.0MPa，减压馏分油和催化裂化循环油约为 10.0~15.0MPa，而渣油需要用 20.0MPa。

但是在压力高于 21.0MPa 时，转化率提高的倍数比反应时间延长的倍数低得多，总效果不佳。反应压力对加氢反应速度和转化率的影响，随所用催化剂的不同而异。一般来说，催化剂的活性越低，要求反应压力越高。

此外，提高压力，促进了含氮有机物的氢解，抑制了氮化物对催化剂失活的影响，并且抑制了缩合反应，从而使催化剂的使用周期大大延长。

然而，随着反应压力的提高，加氢裂化产品异构化程度下降。因为加氢裂化的异构化反应是按正碳离子机理进行，而烯烃是正碳离子的引发剂，提高反应压力导致催化剂表面上烯烃减少，使异构化程度降低。同时，从经济观点看，反应压力不仅是一个操作因素，它关系到工业装置的设备投资和能量消耗，操作方便和生产安全。随着加氢裂化工艺的不断创新，活性、选择性和寿命更高的催化剂的不断开发，反应压力也在逐步下降。

二、反应温度

反应温度是加氢裂化过程须严格控制的操作参数之一。提高反应温度会使加氢裂化的反应速度加快，但是由于加氢过程是一个放热反应，因此提高反应温度会受到某些反应的热力学限制。所以，必须根据原料性质和产品需求等条件来选择适宜的反应温度。

在加氢裂化过程中提高反应温度，裂解速度提高得较快，所以随着反应温度提高，反应产物中低沸点组分含量增多，烷烃含量增加而环烷烃含量下降，异构烷/正构烷的比值下降。一般来说反应温度过高，加氢平衡转化率下降。反应温度过低，则加氢裂化反应速度过慢，为了充分发挥催化剂的效能和适当提高反应速度，需要保持一定的反应温度。一般加氢裂化所选用的温度范围较宽(260～440℃)，它通常由催化剂性能、原料性质和产品要求来确定。在加氢裂化过程中由于催化剂表面积炭，催化剂的活性要逐步下降。为了保持反应速度，随着催化剂失活程度发展，需将反应温度逐步提高。如对于重馏分油的加氢裂化温度控制在370～440℃，在运转初期催化剂的活性较高，反应温度可以适当选择低一些。运转后期，随着催化剂活性的降低需要逐步提高反应温度，以保持一定的加氢裂化深度。原料中的氮化物存在会使催化剂的酸性活性降低，为了保持所需的反应深度，也必须要提高反应温度。一般来说原料中的含氮量越高，需要的反应温度也越高，以促进加氢脱氮过程。催化剂的性能对反应温度也有明显的影响，如采用高活性 Y 型分子筛作载体比用硅酸铝作载体，在达到同样转化率时的起始反应温度要低15℃左右。

加氢裂化过程中，加氢反应是强放热反应，而裂解反应则是吸热反应，最终表现出来的净结果是放热反应，反应热的多少与原料油性质、反应温度和选用的催化剂有关，反应热一般在251～837kJ/kg 原料之间。所以，提高反应温度使反应速度加快，释放出来的反应热也相应增加。必须及时将反应热从系统中导走，否则反应器的热量大量积累，会形成恶性循环，导致床层温度骤升(飞温)，轻则催化剂损坏寿命降低，重则可能引起严重的设备或管线爆炸事故。

因此，加氢裂化反应器中，催化剂需要分层装填，在催化剂床层间打入一定量的冷氢，来控制各床层的温升不超过10～20℃(分子筛催化剂取低值)，并且尽量控制各床层的入口温度相同，以利于延长催化剂寿命和实现操作的最优化。

可见，加氢裂化反应温度的选择一般受原料的性质和产品方案的影响，同时还要考虑催化剂的活性。一般来说，裂化平均反应温度每提高1℃，转化率相应提高1～2个百分点，且温度越高提温效应越强。因此，提高或降低反应温度，对加氢裂化产品的收率和质量起着决定性的影响。

三、空速

空速是指单位时间内通过单位催化剂的原料油量，有两种表达形式，一种称作体积空速(*LHSV*)，另一种称为质量空速(*WHSV*)。空速大小反映了装置的处理能力高低，其单位为 h^{-1}。

$$LHSV = \text{原料油体积流量}(20℃,\ m^3/h) / \text{催化剂体积}(m^3)$$

$$WHSV = \text{原料油质量流量}(t/h) / \text{催化剂质量}(t)$$

因为空速是加氢裂化深度的一个参数，所以对于给定的加氢装置，进料量增加时，空速增大，意味着单位时间里通过催化剂的原料油多，这样原料油在催化剂上的停留时间就短，反应深度浅；反之就是空速低，反应时间长，反应深度高，床层温度上升，氢耗量略微增加，而装置的处理能力下降。因此，降低空速对于提高加氢反应的转化率是有利的。

在工业上希望采用较高的空速，但是空速受到了反应速度的制约。一般根据催化剂活性、原料油性质和反应深度不同，空速在一较大范围内变化，通常为 $0.5 \sim 1.0h^{-1}$。对于重质原料和二次加工中得到的油料需要采用较低的空速。

在加氢裂化条件下，烃类的加氢裂化是平行连串反应，提高空速时虽然总转化率降低不多，但是反应产物中的轻组分含量下降较多，轻质油品的收率会下降。因此，在实际生产中，改变空速也和改变反应温度一样，是调节产品分布的一个手段。

四、氢油比

氢油比是单位时间内进入反应器的气体流量与原料油量的比值，它是加氢过程四大工艺参数之一。

进入反应器的工作氢气由新氢和循环氢构成。通常氢油比是指在加氢裂化过程中，标准状况下的工作氢气与原料油的体积比。由于加氢裂化所处理的原料一般是重油，故习惯上原料油按60℃计算体积。

$$\text{氢油比(体)}=\frac{\text{工作氢气的体积流量/(标 m}^3\text{/h)}}{\text{原料油的体积流量/(m}^3\text{/h)}} \tag{7-1}$$

在研究和生产中也采用氢油摩尔比：

$$\text{氢油比(mol)}=\frac{\text{工作氢气体积流量(标 m}^3\text{/h)}\times\text{工作氢浓度(\%)}}{\text{原料油质量流量(kg/h)}}\times\frac{M_{\text{油}}}{22.4} \tag{7-2}$$

式中　$M_{\text{油}}$——原料油的平均相对分子质量。

氢油比对加氢过程的影响主要有以下几个方面，有利方面包括：

① 有利于提高反应深度。氢油比加大，工作氢气量增加，使得反应器内的氢分压上升，参与反应的氢气分子数增多，有利于提高反应深度。

② 抑制催化剂结焦速度，延长催化剂寿命。提高氢油比，会使反应器内的氢气摩尔数增加，有助于抑制结焦前驱物的脱氢缩合反应，使催化剂表面积炭量下降。这样既可维持催化剂高活性，又可延长催化剂的使用周期。

③ 及时导走反应热，反应温度易于控制。在原料油流率一定的情况下，氢油比增大意味着循环氢量增加，大量的循环氢气可及时将反应热从系统中排出去，使整个床层温度平稳，容易控制。

④ 改善液体分布，提高转化率。氢油比提高，有利于原料油的汽化和降低催化剂的液膜厚度，提高转化率。

不利方面包括：

氢油比增大，会使得单位时间内流过催化剂床层的气体量增加，流速加快，反应物在催化剂床层里的停留时间缩短，反应时间减少，不利于加氢反应的进行。同时，氢油比过大会导致系统的压降增大，动力消耗增加，投资增多，所以无限制增大氢油比在经济上也是不合理的。

为保证重油加氢裂化有足够的氢分压和加氢速度，一般采用较大的氢油比，通常为1000～2000之间。

第五节　加氢裂化工艺流程

目前国内外已经工业化的加氢裂化工艺种类很多，有些主要用于生产汽油，有些可生产汽油、喷气燃料和柴油等。这些工艺的流程实际上差别不大，所不同的是催化剂性质不同。由于采用不同的催化剂，所以工艺条件、产品分布和产品质量均不相同。

目前在工业上大量应用的加氢裂化工艺主要有：单段工艺、一段串联工艺、两段工艺等三种类型。这些工艺类型可采用不同的工艺流程。

加氢裂化工艺流程，基本上都是以装有催化剂的涓流床反应器为中心，原料油和氢气经升温、升压达到反应条件后进入反应器系统，先进行加氢精制以除去氧、氮、硫杂质和二烯烃，再进行加氢裂化。然后反应产物经降温、分离、降压和分馏，将合格的目的产品送出装置。分离出氢气纯度还较高(80%～90%)的气体，作为系统的循环氢气和冷凝气。未转化油(尾油)可以全部循环，部分循环或不循环一次通过。一般根据原料性质、目的产品收率和质量要求，以及使用催化剂的性能不同，可分为三种流程。

一、单段(一段)加氢裂化工艺

单段工艺最初用于制取石脑油，后来发展表明，该工艺最适合于最大量生产中间馏分油。与单段工艺相匹配的催化剂为无定形硅铝催化剂，它具有加氢性能较强，裂化性能较弱(特别是二次裂解性能)等特点。该类催化剂既具有相当高的中间馏分油选择性，又具有较高的耐氮及氨的能力，因此不需要设置预精制段。

单段加氢裂化流程指流程中只有一个(或一组)反应器，原料油的加氢精制和加氢裂化在同一个(组)反应器内进行，所用催化剂具有一定抗氮能力。其原理流程示意图如图7－3所示。

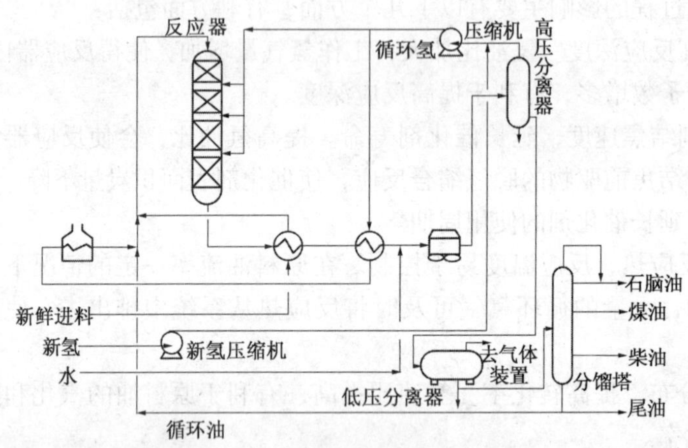

图7－3　单段加氢裂化工艺流程

以大庆直馏重柴油馏分(330～490℃)单段加氢裂化流程为例简述如下：

原料由泵升压至16.0MPa后与新氢及循环氢混合，再与420℃左右的加氢生成油换热至320～360℃进入加热炉。反应器进料温度为370～450℃，原料在反应温度380～440℃、空速1.0h^{-1}，氢油体积比约为2500的条件下进行反应。为了控制反应温度，向反应器分层注入冷氢。反应产物经与原料换热后温度降至200℃，再经冷却，温度降至30～40℃之后进入高压分离器。反应产物进入空冷器之前注入软化水以溶解其中的NH_3、H_2S等，以防水合物析出而堵塞管道。自高压分离器顶部分出循环氢，经循环氢压缩机升压后，返回反应系统循环使用。自高压分离器底部分出生成油，经减压系统减压至0.5MPa，进入低压分离器，在此将水脱出，并释放出部分溶解气体，作为富气送出装置，可以作燃料气用。最好生成油经加热送入稳定塔进行分离。

单段加氢裂化可用三种方案操作：原料一次通过、尾油部分循环及尾油全循环。大庆直馏蜡油按三种不同方案操作所得产品收率和产品质量见表7－5。

表 7-5　单段加氢裂化不同操作方案的产品收率及质量

操作方案		一次通过			尾油部分循环			尾油全部循环		
指标	原料油	汽油	喷气燃料	柴油	汽油	喷气燃料	柴油	汽油	喷气燃料	柴油
收率/%		24.1	32.9	42.4	25.3	34.1	50.2	35.0	43.5	59.8
密度 ρ_{20}/(g/cm³)	0.8823	—	0.7856	0.8016	—	0.7820	0.8060	—	0.7748	0.7930
沸程/℃										
初馏点/℃	333	60	153	192.5	63	156.3	196	—	153	194
干点/℃	474(95%)	172	243(98%)	324	182	245	326	—	245.5	324.5
冰点/℃	—	—	-65	—	—	-65	—	—	-65	—
凝点/℃	40	—	—	-36	—	—	-40	—	—	-48.5
总氮/(μg/g)	470	—	—	—	—	—	—	—	—	—

由表 7-5 中数据可见，采用尾油循环方案可以增产喷气燃料和柴油，特别是喷气燃料增加较多，而且对冰点并无影响。但一次通过的流程，控制一定的单程转化率，除出一定数量的发动机燃料外，还出相当数量的润滑油及未转化油(尾油)。这些尾油可用作获得更高价值产品的原料。如可用尾油生产高黏温指数润滑油的基础油，或作为催化裂化进料以及裂解生产乙烯的原料。

我国单段加氢裂化一次通过流程的操作条件和原料及产品分析见表 7-6 和表 7-7。

表 7-6　加氢裂化单段一次通过流程不同产品方案的操作条件

产品方案	喷气燃料方案	-50℃柴油方案	1号灯油方案
反应压力/MPa	14.4	14.4	14.6
体积空速/h⁻¹	0.92	0.75	0.93
氢油体积比	2000	2800	2130
床层温度/℃			
平均	418	426	416
最高	440	442	420
工业氢气纯度/%	95.9	96	>95
循环氢气纯度/%	85.5	85	>80
氢耗量/(m³/t)	237	—	186.5
目的产品收率/%	22.7	—	32.5
生成油相对密度 d_4^{20}	0.7735	0.7776	0.7795

表 7-7　单段加氢裂化一次通过原料及产品分析

名称	d_4^{20}	恩氏蒸馏/℃					硫/%	碱氮/(μg/g)	残炭/%	凝点/℃
		初馏点	10%	50%	90%	干点				
原料油	0.8276	215	202	343	389	450	0.060	294	0.003	5
生成油	0.7801	66	123	264	338	354	0.002	15	—	-15
汽油	0.7022	39	64	97	126	153	0.002	1	—	—
灯油	0.7931	154	177	220	275	297	0.002	<1	—	-41
柴油	0.8021	218	268	311	337	350	0.002	11	—	-3
尾油	0.8057	260	312	331	355	—	0.005	15	—	+8

单段加氢裂化工艺具有如下特点：

①催化剂为裂化活性相对较弱的无定形或含少量分子筛的无定形催化剂。该催化剂具有

较强的抗有机硫和氮的能力，对温度敏感性低，操作稳定不易发生飞温；②中间馏分的选择性好，产品分布稳定；③工艺流程简单，相对投资少，操作容易；④原料适应性较差，不宜加工干点高、氮含量高的原料；⑤装置运转周期相对较短；⑥反应器床层温度偏高，反应末期气体产率较高。

二、两段加氢裂化工艺

两段加氢裂化流程中有两个(或两组)反应器，分别装有不同性能的催化剂。第一个反应器(组)中主要进行原料油的加氢精制，而加氢裂化主要在第二个(组)反应器内进行，并形成独立两段流程体系，其示意图如图7－4所示。

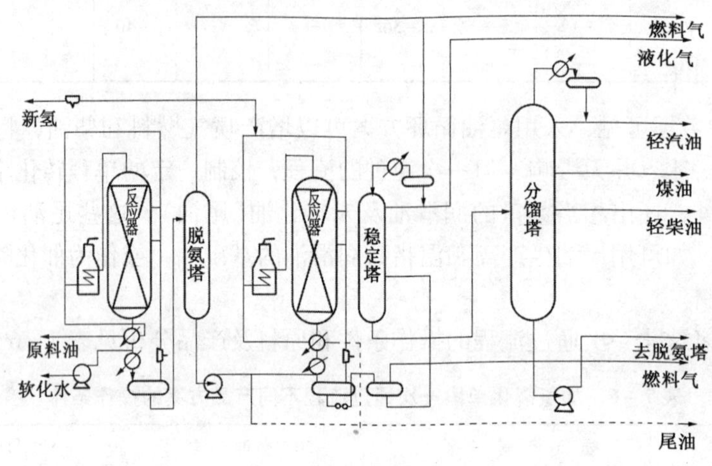

图7－4　两段加氢裂化工艺流程

原料油经高压油泵升压并与循环氢混合后首先与第一段生成油换热，再在第一段加热炉中加热至反应温度，进入第一段加氢精制反应器，在加氢活性高的催化剂上进行脱硫、脱氮反应，原料中的微量金属也被脱掉。反应生成物经换热、冷却后进入第一段高压分离器，分出循环氢。生成油进入脱氨(硫)塔，脱去NH_3和H_2S后，作为第二段加氢裂化反应器进料。在脱氨塔中用氢气吹掉溶解气、氨和硫化氢。第二段进料与循环氢混合后，进入第二段加热炉，加热至反应温度，在装有高酸性催化剂的第二段加氢裂化反应器内进行裂化等反应。反应生成物经换热、冷却、分离，分出溶解气和循环氢后送至稳定分馏系统。

两段加氢裂化有两种操作方案，一种是第一段加氢精制，第二段加氢裂化；另一种是第一段除进行精制外还进行部分加氢裂化，第二段进行加氢裂化。后者的特点是第一段和第二段生成油一起进入稳定分馏系统，分出的尾油作为第二段进料(如流程图中虚线所表示)。

大庆蜡油两段加氢裂化用两种方案所得结果的比较列于表7－8。

表7－8　大庆蜡油两段加氢裂化试验数据

项目		一段只精制		一段有部分裂化	
		第一段	第二段	第一段	第二段
反应条件	催化剂	WS_2	107	WS_2	107
	压力/MPa	16.0	16.0	16.0	16.0
	氢分压/MPa	11.0	11.0	11.0	11.0
	温度/℃	370	395	395	395
	空速/h	2.5	1.2	1.2	1.6
	氢油比(体)	1500	1500	1500	1500

续表

项目		一段只精制		一段有部分裂化	
		第一段	第二段	第一段	第二段
产品产率/%	液体收率/%	99.2	93.8	97.0	93.4
	$C_1 \sim C_4$	14.78		15.56	
	<130℃	15.7		17.6	
	130~260℃	33.9		37.4	
	260~370℃	25.6		30.0	
	>370℃	18.0		8.9	
产品性质	煤油：密度 ρ_{20}/(g/cm³)	0.7730		0.7786	
	冰点/℃	-63		-63	
	柴油：密度 ρ_{20}/(g/cm³)	0.7918		0.7955	
	凝点/℃	-49		-42	

从表7-8中数据可以看出，采用第二方案时，汽油、煤油和柴油的收率都有所增加，而尾油明显减少。这主要是第二方案的裂化深度较大的缘故。从产品的主要性能来看，两个方案并无明显差别。

与单段加氢裂化相比，两段工艺具有如下优点：①气体产率低，干气少，目的产品收率高，液体总收率高；②产品质量好，特别是产品中芳烃含量非常低；③氢耗较低；④产品方案灵活性大；⑤原料适应性强，可加工更重质、更加劣质的原料。

三、一段串联加氢裂化工艺

一段串联工艺是两段工艺的发展。与单段加氢裂化工艺不同的是，一段串联工艺一般使用两种不同性能的主催化剂，因此一段串联至少使用两台反应器，第一个反应器(一反)使用加氢精制催化剂，第二反应器(二反)使用加氢裂化催化剂，两个反应器的反应温度及空速可以不同，比单段工艺操作灵活。由于第二个反应器使用了抗氨、抗硫化氢的分子筛加氢裂化催化剂，所以取消了两段流程中的脱氧塔，使加氢精制和加氢裂化两个反应器直接串联起来，省掉了一整套换热、加热、加压、冷却、减压和分离设备。

与单段工艺相比，一段串联工艺使用了性能更好的精制催化剂和裂化催化剂组合，具有了下面优点：

①产品方案灵活，仅需通过改变操作方式和工艺条件，或更换不同性能的裂化催化剂，就可实现大范围调整产品结构的目的；②原料适应性强，可以加工更重的原料油，包括高干点的重质VGO及溶剂脱沥青油；③可在相对较低的温度下操作，因而热裂化被有效抑制，可大大降低干气产率。

一段串联工艺比单段工艺只多一个(或一组)反应器，其中第一个反应器中装入脱硫、脱氮活性好的加氢催化剂，第二个反应器中装分子筛加氢裂化催化剂，其他部分均与一段加氢裂化流程相同(见图7-5)。

对同一种原料油分别采用三种不同方案进行加氢裂化的试验结果表明：从生产喷气燃料角度来看，单段流程收率最高，但汽油收率较低。从流程结构和投资来看，单段流程也优于其他流程。串联流程有生产汽油的灵活性，但喷气燃料的收率偏低。三种流程方案中两段流程灵活性最大，喷气燃料的收率高，而且能生产汽油。与串联流程一样，两段流程对原料油的质量要求不高，可处理高密度、高干点、高硫、高残炭及高含氮的原料油。而单段流程对原料油的质量要求要严格得多。根据国外炼油厂经验，认为两段流程最好，既可处理单段工艺不能处理的原料，又有较大灵活性，能生产优质喷气燃料和柴油。在投资上，两段流程略

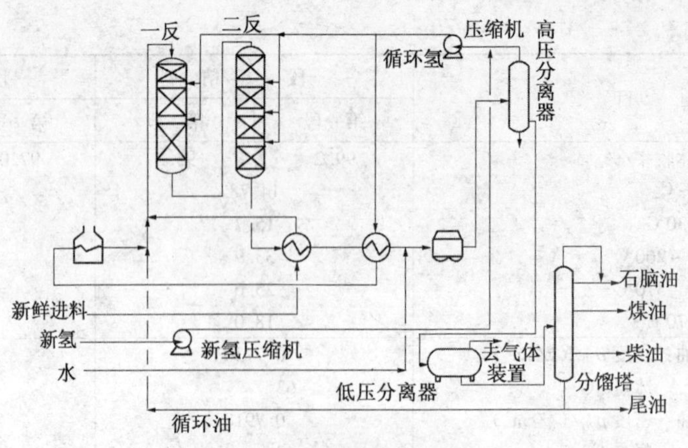

图 7-5　串联加氢裂化工艺流程

高于一段一次通过，略低于一段全循环流程。特别值得指出的是，目前用两段加氢裂化流程处理重质原料油生产重整原料油以扩大芳烃的来源，已受到许多国家重视。我国 80 年代新建的加氢裂化装置，多采用串联加氢裂化流程。

第六节　加氢过程的工艺计算

本节主要介绍加氢过程的反应热、氢耗量及相平衡计算。

一、加氢过程热平衡

1. 反应热计算

反应热是加氢工艺设计中不可缺少的数据，反应热的数值关系到工艺流程的选择、热的利用以及反应器的结构设计等方面。

在加氢裂化过程中，尽管加氢装置的原料油多种多样，生产目的各不相同，但在加氢处理中，主要发生脱硫、脱氧、脱氮以及烯烃和芳烃饱和等一系列加氢反应，这些反应表现为放热反应。在加氢裂化中，主要发生加氢裂化和加氢异构裂化以及芳烃和烯烃饱和等反应。由于加氢裂化采用的是具有裂化和加氢双功能的催化剂，因而它实质上是催化裂化反应和加氢反应的组合，前者属吸热反应，后者是放热反应。裂化反应的吸热量显著低于加氢反应释放的热量，因此，总的效果表现为放热过程。单体烃加氢反应的反应热与分子结构有关，芳烃加氢的反应热低于烯烃和二烯烃的反应热，含硫化物的氢解反应热与芳烃反应热大致相等。

在加氢精制过程中，每一个双键加氢反应的反应热大致为 112kJ/mol。按消耗 1kg 氢计算，烯烃加氢反应热约为 59kJ，芳烃加氢反应热为 35kJ。不同类型硫化物的氢解反应热列于表 7-9。某些单体烃的加氢反应热见表 7-10。

表 7-9　不同类型硫化物的氢解反应热

反　应	反应热 ΔH/(kJ/mol)
$RSH + H_2 \longrightarrow RH + H_2S$	-71.4
$R-S-R' + 2H_2 \longrightarrow RH + R'H + H_2S$	-117.6
(四氢噻吩环，S) $+ 2H_2 \longrightarrow C_4H_{10} + H_2S$	-121.8
(噻吩环，S) $+ 4H_2 \longrightarrow C_4H_{10} + H_2S$	-281.4

表 7-10　单体烃加氢反应热

反　应	反应热 ΔH	
	kJ/kgH_2	kJ/mol 产物
$nC_5H_{10}+H_2 \longrightarrow C_5H_{12}$	-58.38	-117.4
$nC_7H_{14}+H_2 \longrightarrow C_7H_{16}$	-63.0	-126.0
$\longrightarrow$	-60.06	-117.6
$\longrightarrow$	-34.86	-205.0
$\longrightarrow$	-34.7	-338.76

单体烃加氢裂化反应热与烃的相对分子质量无关，而取决于温度和产品的组成。在800℃条件下，一个 C—C 键断开并将碎片饱和成甲烷和正构烷，放出 61.9kJ/mol 热量。只生成正构烷时，放出 51.8kJ/mol 热量；生成异构烷时，放出 66.8kJ/mol 热量。整个过程的反应热与新开的一个键(并进行碎片加氢和异构化)的反应热和断键的数目成正比。表7-11为各种单体烃加氢裂化反应热的数据。

表 7-11　单体烃加氢裂化反应热(根据生成热计算)

加 氢 裂 化 反 应	反应热 ΔH/(kJ/mol)		
	700K	800K	900K
$nC_6H_{14} \xrightarrow{H_2} CH_4+C_5H_{12}$	-60.6	-61.9	-63.5
$nC_8H_{18} \xrightarrow{H_2} CH_4+C_7H_{16}$	-60.6	-61.9	-63.5
$nC_{10}H_{22} \xrightarrow{H_2} CH_4+C_9H_{20}$	-60.6	-61.9	-63.5
$nC_{10}H_{22} \xrightarrow{H_2} C_2H_6+C_8H_{18}$	-51.4	-52.7	-54.3
$nC_{10}H_{22} \xrightarrow{H_2} C_3H_8+C_7H_{16}$	-49.7	-51.0	-52.7
$iC_8H_{18} \xrightarrow{H_2} CH_4+iC_7H_{16}$	-61.4	-62.3	-63.5
$iC_8H_{18} \xrightarrow{H_2} C_3H_8+C_5H_{12}$	-46.0	-47.2	-48.5
环 $C_6H_{12} \xrightarrow{H_2} nC_6H_{14}$	-45.0	-46.4	-47.8
环 $C_6H_{11}—C_2H_5 \xrightarrow{H_2} nC_8H_{16}$	-36.4	-42.6	-44.5
环 $C_5H_9 \longrightarrow CH_3 \xrightarrow{H_2} nC_6H_{14}$	-60.5	-60.8	-61.0
$C_5H_9—C_3H_7 \xrightarrow{H_2} nC_8H_{18}$	-60.2	-60.4	-60.9

催化加氢反应过程会产生大量反应热，所释放的反应热必须加以有效利用，这是降低装置能耗的一个举足轻重的途径。反应热的大小关系到工艺设计时换热流程的安排，同时也与反应器取热内件设计有关。因此，可以说反应热是工艺设计时的必需数据。关于石油馏分加氢反应热的求取可采用以下几种方法解决。文献中关于石油馏分加氢反应热的计算方法有五种：

①通过试验室小型或中型装置的热平衡求取，即：

$$\text{原料油} + H_2 \xrightarrow{\Delta H_{\text{反}}} \text{生成油} + \text{生成气}$$

式中，ΔH 反为反应热。

采用这种方法测定反应热存在缺点，小型装置测定物料平衡不易取准(如误差、漏损等)。由于氢的燃烧热远大于烃的燃烧热，进行物料平衡时氢耗稍有偏差，就会造成计算反应热的大误差。在大型生产装置反应器热平衡测算的误差会小些，但测定时使用的燃料油往往难与设计处理的原料油吻合，所以不能按此法来获取所需要的数据。而且操作处于高压下，难于算准(如热容等)物性数据。

② 用参与反应各种物质的生成热求取，即：

$$\Delta H_{\text{反}} = \text{生成物生成热} - \text{反应物生成热}$$

③ 利用反应物和生成物的燃烧热计算反应热，即：

$$\Delta H_{\text{反}} = \text{反应物燃烧热} - \text{生成物燃烧热}$$

方法②、方法③中的反应物是指原料油和氢气，生成物是指加氢生成油和生成气。

利用方法②、方法③计算时，需要知道反应物和生成物的元素组成，因此使用不便。

④ 根据原料和产物的族组成计算反应热。

该方法认为，过程的热效应，如烷烃的加氢裂化过程的热效应 q，与断开键的数目 r 和一个键的分解热效应(包括碎片的加氢和异构化)成正比；当 1mol 原料转化时有 r 个 C—C 键断开，并生成 $r+1$ 个氢化的碎片，则过程的热效应可以用式(7－3)计算：

$$q = rq_{c-c} \tag{7-3}$$

式中，q_{c-c}为一个键断开的反应热。

由于过程的热效应与原料的相对分子质量无关，因此，可以根据原始物和生成物的摩尔数来计算反应热。下面以烷烃加氢裂化为例说明本法的原理。

烷烃加氢裂化反应式如下：

$$C_nH_{2n+2} + H_2 \longrightarrow C_{n-b}H_{2(n-b)+2} + C_bH_{2b+2}$$

若有 1mol 烷烃加氢裂化并有 r 个 C—C 键断开，生成($r+1$) mol 产物，则过程的反应热为：

$$q = r\Delta H$$

若加氢裂化过程的总括反应为：

$$C_nH_{2n+2} + rH_2 \longrightarrow \sum v'_i C_iH_{2i+2}$$

式中，n、i 分别代表原料和产物中平均碳原子数，$v_i{}'$为由 1mol 原料生成 i 产物的摩尔数。

则：

$$r = (n-1) - \sum v_i'(i-1) \quad (7-4)$$

式中，$(n-1)$表示原料分子中C—C键的数目；$\sum v_i'(i-1)$为所得产物分子中C—C键的数目。

对于烷烃馏分：

$$n=(M_n-2)/14;\ i=(M_i-2)/14$$

式中，M_n、M_i分别为原料和产物i的相对分子质量。

故可得烷烃加氢裂化过程的反应热为：

$$q=\Delta H[(M_n-16)-\sum v'_i(M_i-16)]/14 \quad (7-5)$$

表7-16中，烷烃加氢裂化反应热与原料相对分子质量无关，只与反应温度有关。若取400℃时$\Delta H=-63.3$kJ/mol，则对1kg原料计算反应热的计算式为：

$$q=-4521[(M_n-16)-\sum(M_n/M_i)v_i(M_i-16)]/M_n \text{kJ/kg 原料} \quad (7-6)$$

式中　v_i为以1kg原料为基准的产物的质量产率。

式(7-6)曾被用来对加氢裂化反应器进行模拟计算，所得结果见表7-12。

用方法②和式(7-6)分别计算正癸烷加氢裂化反应热所得结果非常接近(分别为535kJ/mol和538kJ/mol)。由计算结果可见，加氢裂化反应热与转化深度有关，即随产品产率的变化而改变。

表7-12　石油馏分(350~500℃)加氢裂化反应热计算结果

原　　料	产品收率(质量)分率				用式(10-25)计算反应热值/(kJ/mol)
	气体(M=45)	汽油(M=130)	柴油(M=215)	残油(M=380)	
360~500℃(汽油方案)	0.17	0.51	0.25	0.09	-396.0
360~500℃(柴油方案)	0.10	0.15	0.69	0.08	-297.0

⑤ 利用经验数据估算反应热。当缺少计算所需的原始数据时，可以利用经验数据估算反应热。加氢过程反应热的大小与反应深度有关。反应深度大，化学氢耗量大，释放反应热也大；反应深度浅，化学氢耗量减少，释放反应热下降。

在实际生产中，当缺少计算所必须的原始数据时，可以利用经验数据估算反应热。也可参考表7-13中的经验数据选取加氢过程的相应反应热数值。

表7-13　不同加氢反应过程反应热

序　号	加氢反应过程	反应热	
		kcal/Nm³(H_2)	kJ/Nm³(H_2)
1	加氢脱硫	565	2365
2	加氢脱氮	630~705	2638~2952
3	加氢脱氧	565	2365
4	烯烃饱和	1320	5526
5	芳烃饱和	375~750	1570~3140
6	加氢裂化	560~610	2345~2554

注：11cal=4.186kJ。

【例7-1】　加氢裂化反应热的计算方法。利用生成热的数据计算馏分油加氢裂化反应热。

已知：加氢裂化过程物料平衡和油品的元素组成如下：

入方	kg/h	出方		kg/h
原料油	207 （其中新鲜进料 100）	加氢生成油		187.4
		生成气	C_1	7.17
			C_2	5.90
			C_3	4.83
氢气	3.30		C_4	1.69
			H_2S	0.20
			NH_3	0.49
			H_2O	1.64
		损失		0.98
合计	210.3	合计		210.3

原料油与加氢生成油的元素分析

项　　目	元素分析（质量分数）/%				
	C	H	S	N	O
原料油	87.93	8.3	0.18	1.1	2.09
生成油	88.8	8.59	0.09	1.02	1.44

如前所述，过程反应热 ΔH = 生成物生成热 − 反应物生成热。由于缺少计算生成热所需要的原料油和生成油组成数据，所以采用文献中推荐的计算公式来估算生成热：

$$\Delta H_{生} = (78.29C + 338.5H + 22.2S - 42.7O) - \Delta H_{燃}$$

式中　$\Delta H_{生}$——生成热，kcal/kg；

$\Delta H_{燃}$——高热值燃烧热，kcal/kg，是负值。

高热值燃烧热 $\Delta H_{燃}$ 可用下式计算：

$$\Delta H_{燃} = 81C + 300H - 26(O - S)$$

可求出原料油高热值燃烧热为 9638kcal/kg，生成油 $\Delta H_{燃}$ 为 9787 kcal/kg。则：

原料油生成热 $\Delta H_{生} = (78.29 \times 87.93 + 338.85 \times 8.3) + (22.2 \times 0.18 - 42.7 \times 2) - 9638$

$= -29.4(\text{kcal/kg}) = -123.1(\text{kJ/kg})$

生成油生成热 $\Delta H_{生} = (78.29 \times 88.8 + 338.85 \times 8.3) + (22.2 \times 0.09 - 42.7 \times 1.44)$

$- 9787$

$= 13.5(\text{kcal/kg}) = 56.5(\text{kJ/kg})$

故生成物生成热：

生成油生成热：$187.4 \times 13.5 = 2525(\text{kcal/kg})$

生成气生成热：

甲烷	7.17 × 1115 = 8000（kcal/h）	H_2S	0.20 × 141 = 28（kcal/h）
乙烷	5.9 × 673 = 3970（kcal/h）	NH_3	0.49 × 646 = 316（kcal/h）
丙烷	4.83 × 563 = 2720（kcal/h）	H_2O	1.64 × 3795 = 6200（kcal/h）
丁烷	1.69 × 511 = 864（kcal/h）	共计	22623（kcal/h）含生成油生成热 2525

以上各组分生成热数据均可由有关手册查得。常见物质的生成热和燃烧热见表 7－14。

表 7-14 常见物质的生成热和燃烧热

物质名称	相对分子质量	状态	温度/℃	生成热②			燃烧热③		
				kcal/kg	kcal/Nm^3	kcal/mol	kcal/kg	kcal/Nm^3	kcal/mol
氢	2.016	气	25				33883.9	3049.5	68.31
一氧化碳	28.011	气	25	-942.5	-1178.1	-26.39	2415.7	3019.6	67.64
二氧化碳	44.01	气	18	-2137	-4197.7	-94.03			
二氧化硫	64.06	气	18	-1107	-3166	-70.921			
氨	17.031	气	18	-645.9	-491.1	-11			
甲烷	16.043	气	25	-1115	-798.6	-17.889	13264	9499.5	212.8
乙烷	30.07	气	25	-673	-903.3	-20.236	12398	16643	372.8
丙烷	44.097	气	25	-562.9	-1108	-24.82	12033	23686	530.6
正丁烷	58.124	气	25	-511.3	-1326.5	-29.715	11836.5	30711	687.9
异丁烷	58.124	气	25	-541.2	-1404	-31.452	11808.4	30638	686.3
正戊烷	72.10	气	25	-485.1	-1562.5	-35.0	11716	37735	845.3
正戊烷	72.10	液①	25	-557.2	-1794.6	-40.2	11644.4	37504	840.1
异戊烷	72.10	气	25	-512.1	-1648.2	-36.92	11689.6	37650	843.4
硫化氢	34.08	气	18	-140.8	-214.2	-4.8	4000	6080	
二硫化碳	76.13	气	18	289	982.1	22			
水	18.016	气	18	-3207	-2580	-57.781			
水	18.016	液	18	-3795	-3052.3	-68.372			
碳	12	固	25				7840		94.08
斜方硫	32.06	固	25				2215		70.94

① $d_4^{20}=0.6262$。

② 生成热为负值是吸收热，正值是释放热。

③ 燃烧热为释放热。

由此可得过程反应热：

$$\Delta H = \sum(\Delta H_1) - \sum(\Delta H_2)$$

以1kg原料计：

$\Delta H=(22623+29.4\times207)/207=138.5$kcal/kg 工作原料，或 581.7kJ/kg 工作原料，或按1kg新鲜原料计算，得：

$138.5\times207/100=278$kcal/kg 新鲜进料或 1204kJ/kg 新鲜进料

2. 加氢过程反应热的排除

由于工业加氢过程的热效应多为放热过程，而工业加氢反应器又都是绝热反应器，因此，为了确保加氢过程能在最佳温度下进行，保证加氢反应器等温操作，需要及时排除系统中的反应热。反应热的排除是反应器设计中需要着重考虑的问题之一。

（1）排除反应热的重要性

炼油厂工业化操作的加氢反应器为绝热操作的反应设备。加氢为放热反应过程，为了保证加氢反应过程能够在最佳温度下进行，而充分发挥催化剂的效能和适当提高反应速度，因此必须及时排除反应器系统的反应热。特别是加氢裂化过程为强放热反应，且反应温度升高时反应速度加快，释放的反应热相应增大，导致反应温度升高，而过高的温度会触发更强的反应，释放更多的反应热，如果不及时将反应热从系统中导出，势必引起恶性循环，床层温度积累骤升，从而会导致催化剂超温损坏或反应器超温、超压等恶性事故。为了能迅速有效地将反应热排除，要求有良好的反应器内件设计，这是进行反应器内件设计时要重点考虑的问题。

（2）反应热的排除

工业加氢装置排出反应热的办法是将催化剂分层置放，在各层之间注入急冷用的冷介质（冷的循环氢或冷的轻加氢生成油），通过改变注入的冷介质质量来调节催化剂床层的温度分布。工业加氢装置普遍采用注入冷循环氢（称急冷氢）作为加氢装置反应器的取热手段。因为急冷氢通过高效的反应器内件能与器内热的反应物（进料油和氢气）迅速均匀混合而使温度降低，具有调节温度灵敏，操作方便，不易产生超温现象等特点。实践也证明，采用急冷氢作为冷却介质还具有以下一些优点：

① 对加氢反应的平衡转化率有利；

② 对加快反应速度有利；

③ 对提高催化剂的稳定性有利；

④ 有利于提高单位反应空间的效率。

虽然注入冷氢会引起反应物体积增大，缩短了其在反应器内的停留时间。但研究表明，反应速度加快的效果可以抵消缩短停留时间的影响，因而总的效果仍然是使反应速度加快。

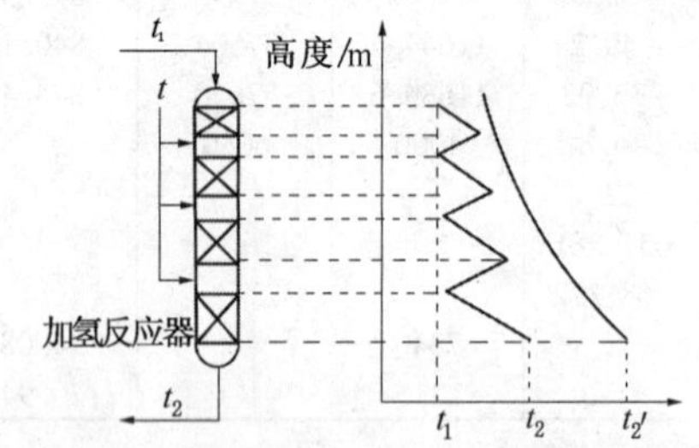

图 7－6　加氢反应器冷氢注入方式及温度分布

t_1—进料入口温度；t_2—注冷介质时反应器出口温度；t'_2—无冷介质时反应器出口温度；t—冷氢温度

对于反应热不大的加氢反应器，可视情况不一定考虑注急冷氢的措施。注入冷油作为冷却介质的方法一般都不采用。其缺点是会降低氢油比，不利于油与氢气在催化剂床层的均匀分布，氢油比过小将使油气分压增加，油料难于汽化。当注入的冷油馏分较重或其性质不够稳定时，还有结焦的危险。在加氢反应器的不同高度注入急冷氢及所形成的温度分布如图 7－6 所示。

一般控制加氢裂化催化剂每个床层温升不大于 10～15℃（分子筛催化剂取低值）。并且尽量使各床层的进口温度相同以有利于延长催化剂的使用寿命。

此外，采用冷氢作冷却介质还具有调节温度灵敏、操作方便、不易产生超温现象等优点。因此，冷氢作为加氢装置反应系统的取热手段是加氢工业装置上普遍采用的方法。

3. 冷氢量的计算及反应器的热平衡计算

冷氢量的计算实质上是反应器的热平衡计算。在未注入急冷氢时，反应热主要用于和消耗在以下方面：

① 升高反应物（进料油和氢气）的温度；

② 升高催化剂床层的温度；

③ 通过反应器壁的散热损失。

当反应热过高时，为确保反应物在最佳温度下进行加氢反应，则必须加入急冷氢。因此，有注入和不注入急冷氢的两种反应器热平衡。

(1) 不注入急冷氢时反应器的热平衡

反应器热平衡示意图见图 7－7。热平衡方程为：

$$Q_1 + Q_R = Q_2 + Q_L \qquad (7-7)$$

式中 Q_1——在进口条件下的反应物热量，kJ/h；

Q_2——在出口条件下的生成物热量，kJ/h；

Q_R——反应热，kJ/h；

Q_L——反应器散热损失，kJ/h；

t_1——反应器入口温度，℃；

t_2——未注冷氢时反应器出口温度，℃；

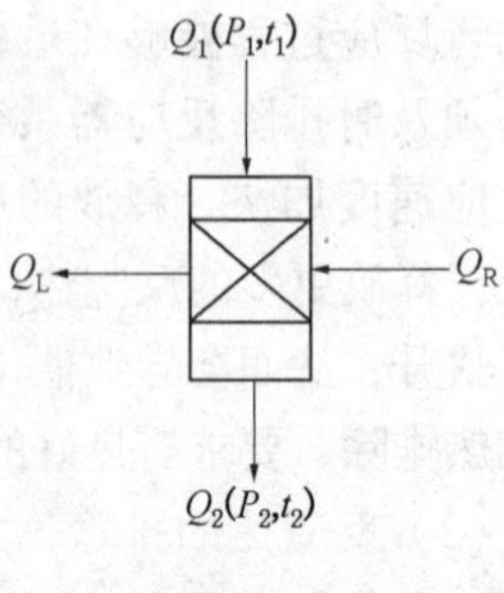

$Q_1(P_1,t_1)$　Q_L　Q_R　$Q_2(P_2,t_2)$

图 7－7　反应器热平衡示意图

P_1——反应器入口压力，MPa(表压)，kPa；

P_2——反应器出口压力，MPa(表压)，kPa。

现代工业加氢反应器均采用热壁型式，为减少散热损失，在反应器外壁敷设一定厚度的绝热保温层，其散热损失 Q_L 可用式(7-8)计算：

$$Q_L = \alpha_T \cdot F(t_w - t_f) \tag{7-8}$$

式中 Q_L——散热量，kJ/h；

α_T——表面自然对流、辐射散热系数，kJ/(m^2·h·℃)；

F——散热面积，m^2；

t_w——设备表面温度,℃；

t_f——环境温度,℃。

表面自然对流、辐射散热系数可从图7-8求取。该图是在环境温度 $t_f=15$℃条件下绘制的。当 $t_f \neq 15$℃时，可由图7-9校正。在散热温差 $t_w - t_f < 60$℃(一般保温良好的表面)时，不需查图7-9校正，加上校正值 $\varphi = 0.04(t_f - 15)$ 即可。

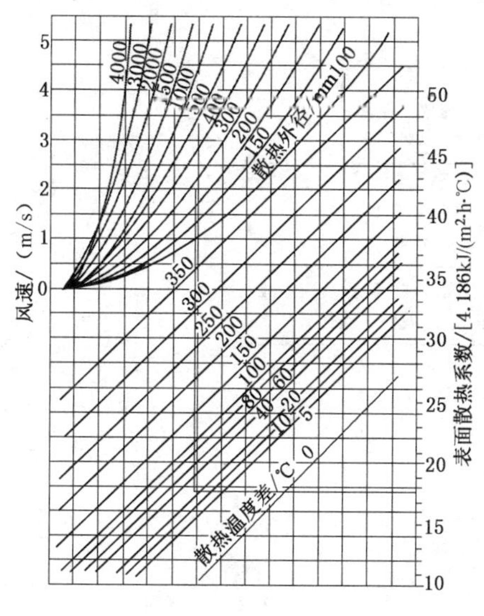

图7-8　表面散热系数算图

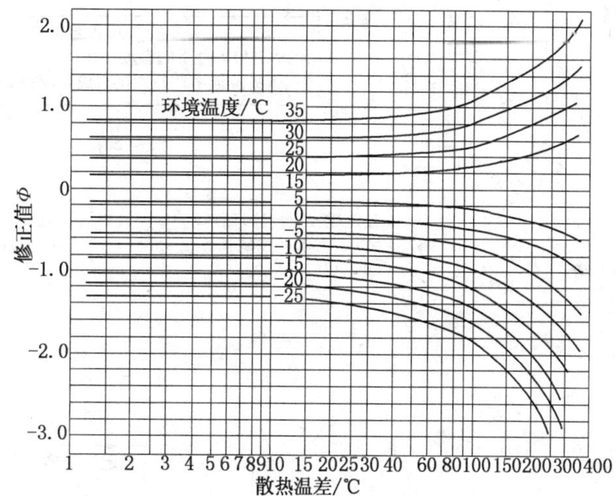

图7-9　环境温度修正图

在反应器外表面保温绝热良好的情况下，散热损失往往低于2%反应热，反应近似在绝热状态下操作。为简化计算，可忽略散热损失，则热平衡式可简化为：

$$Q_R = Q_2 - Q_1 \tag{7-9}$$

在设计工业加氢反应器内催化剂层数时，必须考虑反应器的容积利用系数，当反应器的体积一定时，催化剂的置放层数越多，容积利用系数就越低。而容积利用系数越低，为了处理同样数量的原料，就需增大反应器的尺寸，这将造成设备投资费的增加。所以，在反应器内流体分布、温度分布、接触效率、进出口温差以及容积利用系数之间存在着复杂的依赖关系，一般要通过最佳方案比较来确定。图7-10为催化剂床层数与反应器容积利用系数的关系。所以对于如何设计出具有良好的流体温度分布、接触效率高、床层少、

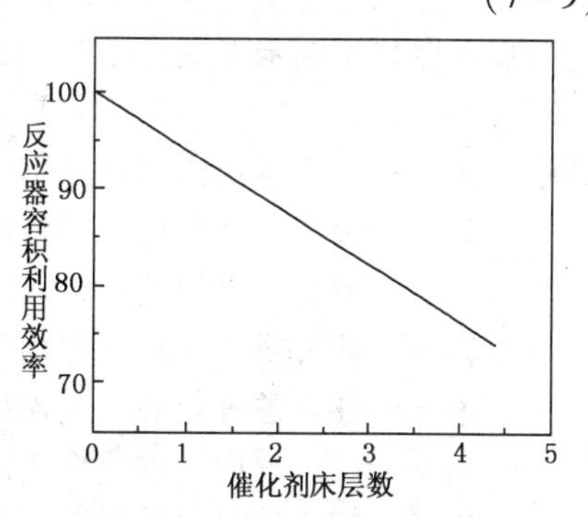

图7-10　催化剂层数与反应器容积利用系数的关系

进出口温度差小、容积利用效率高的反应器内部结构，是研究设计部门应解决的重要课题。生产经验和计算结果表明，对于反应热较小的加氢精制反应器，一般只需设置两层，按4:6或3:7分配催化剂的数量。对于瓦斯油加氢裂化反应器，催化剂可以分成三层，各层催化剂量大至相等，循环氢和冷氢按60:40进行分配，可达到最佳操作效果。

对于一定的加氢工业装置而言，根据所处理原料油性质，要求的产品质量以及所选用的催化剂等，通过试验研究或模拟软件确定出工艺条件以至反应器床层温升和总温升，从而确定反应器的进口状态。由于加氢装置所处理的原料和反应生成油为宽的石油馏分，且处在高温、高压临氢条件下，反应器入口和出口条件下的物料物性数据很难直接通过查表取得。目前的工程设计多是采用大型软件(如 Aspen Plus 或 Pro－Ⅱ)进行流程模拟计算。即按研究单位给定的反应操作条件，选定软件合适的状态方程，通过流程模拟计算出反应器进口状态下的反应物热量 Q_1，以及不注入急冷氢条件下反应器出口状态下的生成物热量 Q_2，从而计算出反应热 Q_R。下面给出以 Aspen Plus 软件计算反应热 Q_R 的程序框图，见图7－11。

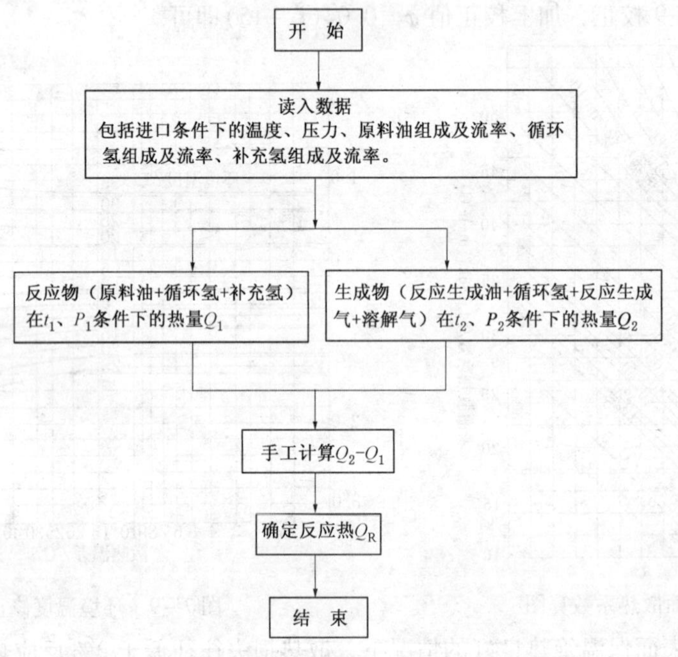

图7－11　Aspen Plus 软件计算反应热 Q_R 的程序框图

(2) 注入急冷氢时反应器的热平衡

反应器热平衡示意图见图7－12，可列热平衡：

$$Q_2 + Q_4 = Q_3 \tag{7-10}$$

式中　Q_2——在上床层出口条件下反应物(原料油＋循环氢＋补充氢)的热量，kJ/h；

Q_3——注入急冷氢后反应器出口生成物(反应生成油＋循环氢＋生成气＋溶解气)降温至 t_3时的热量，kJ/h；

Q_4——急冷氢注入反应器前的热量，kJ/h；

t_3——注入急冷氢后反应器出口温度，℃；

t_4——注入反应器的急冷氢温度，℃；

P_3——注入急冷氢后反应器出口压力，MPa(表压)；

P_4——注入反应器的急冷氢压力，MPa(表压)。

以 Aspen Plus 软件计算急冷氢量的程序框图见图 7－13。

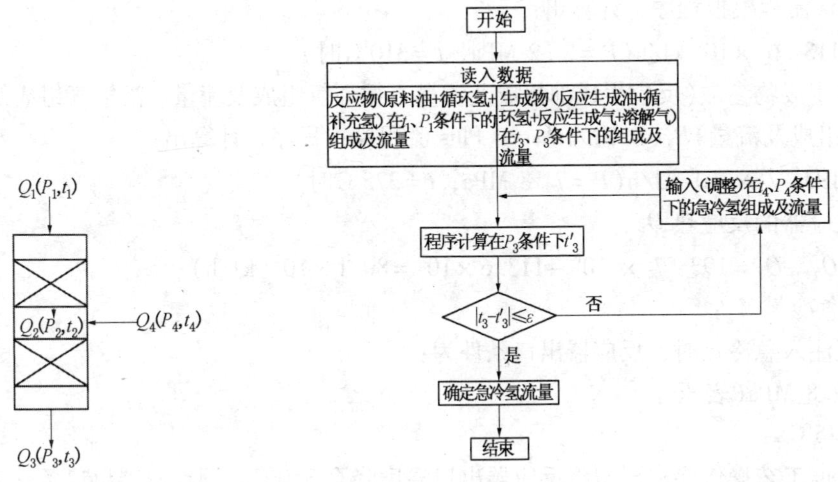

图 7－12　反应器热平衡　　　　图 7－13　Aspen Plus 软件计算急冷氢量的程序框图

【例 7－2】　某一 250×10^4t/a 柴油加氢装置，求其反应热及注入急冷氢量。

已知条件如下：

原料油流量/(t/h)	310
体积空速/h	1.5
化学耗氢/%	0.875
反应器入口氢油比/(Nm^3/ m^3)	450
反应器入口压力(表压)/MPa	8.2
反应器入口温度/℃	310
反应器总温升/℃	65
补充氢体积组成/%	H_2：92.0
循环氢体积组成/%	H_2：83.22，C_1：15.86，$C_2\sim C_4$：0.82
循环氢平均相对分子质量	4.3928
反应器出口压力(表压)/MPa	7.8
急冷氢入口条件	温度 $t=83$℃，压力 $P=8.5$MPa(表压)
原料油质量组成/%	柴油 87.5，石脑油 12.5
反应生成油质量收率/%	99.74
反应生成油质量组成/%	柴油 89.48，石脑油 10.6
反应生成气质量收率/%	1.14
反应生成气体积组成/%	H_2S:69.3,NH_3:6.8,C_1:13.4,C_2:4.6,C_3:1.9,C_4:4.0

解：按图 7－13 程序框图求取反应热 Q_R。

① 反应器入口条件：

$P_1=8.2$MP(表压)

$t_1=310$℃

② 未注入急冷氢时，反应器出口条件为：

$P_2=7.8$MPa(表压)

$t_2=t_1+\Delta t=310+65=375$℃

③ 将反应物参数(原料油组成及流量、循环氢组成及流量、补充氢组成及流量)、P_1、t_1 输入 Plus 流程模拟程序，计算出：

$Q_1 = 113.6 \times 10^6$ kJ/h($P = 8.2$ MPa，$t = 310$℃时)

④ 将生成物参数(反应生成油组成及流量、循环氢组成及流量、溶解气组成及流量、反应生成气组成及流量)P_2、t_2输入 Aspen Plus 流程模拟程序，计算出：

$Q_2 = 193.7 \times 10^6$ kJ/h($P = 7.8$ MPa，$t = 375$℃时)

⑤ 反应器的反应热 Q_R：

$Q_R = Q_2 - Q_1 = 193.7 \times 10^6 - 113.6 \times 10^6 = 80.1 \times 10^6$(kJ/h)

求取急冷氢 W_c：

① 不注入急冷氢时，反应器出口条件为：

$P_3 = 7.8$ MPa(表压)

$t_3 = 375$℃

② 根据工艺操作要求，拟将反应器出口温度降至 350℃，即反应器出口条件为：

$P_3 = 7.8$ MPa(表压)

$t_3 = 350$℃

③ 冷氢注入前的条件为：

$P_4 = 8.5$MPa(表压)

$t_4 = 83$ ℃

④ 将生成物参数(反应生成油组成及流量、生成气组成及流量、循环氢组成及流量、溶解气组成及流量)P_3、t_3输入 Aspen Plus 流程模拟程序。

⑤ 将急冷氢组成、初估流量、P_4、t_4输入 Aspen Plus 流程模拟程序。

⑥ 从模拟程序算出初估的急冷氢流量下的 t'_3 值，若 t'_3 值接近 350 ℃，则此时的急冷氢流量即为所求。否则，重新调整急冷氢初估量，直至达到要求为止。

由此，求得急冷氢量为 $W_c = 15400$kg/h

折算为体积流率 $V_e = \dfrac{15400}{4.3924} \times 22.4 = 78536$(Nm^3/h)

二、加氢过程氢耗量的计算

1. 耗氢的分类及影响耗氢的因素

油品加氢反应是一个耗氢过程。在工业加氢过程中，向加氢反应系统补充的新鲜氢气主要消耗在化学反应、溶解损失、设备漏损和废氢排放损失四个方面，这几方面耗氢所占的比例与加氢过程类型和装置状况有关。

加氢装置所消耗的氢气有两个来源：①由催化重整副产氢气供给，催化重整装置是廉价的氢气来源，应充分加以利用；②如果重整氢不能满足需要或无重整装置，必须建设一套与加氢裂化装置配套的制氢装置，供氢装置的规模决定于加氢装置的耗氢量，而加氢装置耗氢量多少又受到供氢装置供应新鲜氢气纯度的影响。制氢装置的投资约占联合装置总投资的三分之一。而加氢裂化加工 1t 原料所消耗氢气的费用占总费用的 60% ~80%。可见，氢的消耗量对加氢过程的经济效果有很大的影响。所以，无论在制定加工方案或具体设计某一加氢装置，都必须同时仔细研究氢气的供应问题，并详细核算加氢过程的各项消耗量。

加氢装置的耗氢量主要取决于四个因素：原料的加工流程、原料油的性状、氢气的纯度和加氢过程的工艺条件。

（1）影响化学反应耗氢的因素

加氢过程中大部分氢气消耗在化学反应上，即消耗在脱除进料中的硫、氮、氧以及烯烃和芳烃饱和反应以及加氢裂化和开环等反应中。不同的反应过程、不同的进料化学组成和对产品质量的不同要求而导致的不同的反应苛刻度，是影响化学反应耗氢量的主要因素。如在精制深度相同时，对于直馏柴油、催化裂化柴油或焦化柴油为原料的加氢处理，其耗氢量就有所区别。催化裂化柴油和焦化柴油中含有大量烯烃需要加氢饱和，而且油品也较重，含有较多的硫、氮等杂质需要加氢脱除，因此就增加了化学反应耗氢量。当柴油含芳烃多，又要求将其饱和时，耗氢就更大。又如加氢裂化，在装置规模和目的产品相同的情况下，如果分别选用直馏蜡油、催化裂化循环油或焦化蜡油作原料或采取不同的加工流程时，由于原料性质和加工苛刻度不同，其化学耗氢量就有很大的差别。各种加氢过程的耗氢量见表7－15。

表7－15　各种加氢过程的氢耗量

序　　号	加　氢　过　程	化学耗氢量(对进料，质量分数)/%
1	减压瓦斯油一段加氢裂化　一次通过	2.0
	尾油循环	2.5～3.0
2	减压瓦斯油两段加氢裂化	2.4～4.1
3	直馏柴油加氢处理	0.5～0.6
4	催化裂化(或焦化)柴油加氢处理	0.8～1.0
5	焦化汽柴油加氢处理	1.2
6	重整原料预加氢处理	0.05～0.1
7	催化裂化柴油深度脱硫、芳烃饱和	
	产品硫≤0.0003%，芳烃≤0.25%	2.0
	产品硫≤0.0003%，芳烃≤0.15%	3.2
8	催化汽油加氢处理	0.8～1.2

由表7－15可见，加氢裂化的化学耗氢量最高，重整原料预加氢处理的化学耗氢量最小。

（2）影响溶解耗氢的因素

溶解耗氢是指在高压下溶于加氢生成油中的氢气，在加氢生成油从高压分离器减压流入低压分离器时随油排出而造成的损失。这部分的损失与高压分离器的操作压力、温度和生成油的性质及气体(含氢气)的溶解度有关。高压分离器操作压力增高，或操作温度增高时，氢气的溶解损失增大。

（3）工业氢组成及浓度的影响

加氢反应过程的一个重要操作参数是氢分压，它由补充新氢与循环氢组成的混合氢中氢浓度来确定。循环氢的氢浓度受补充的新氢纯度和反应生成的轻烃量影响。新氢纯度低说明其中含有较多的其他组分(如N_2、CH_4等)，这些气体不能全部溶解在反应生成油中，并随着从高压分离器减压至下游的生成油一起排出，而是存留和积累在循环氢中，降低了循环氢中氢气的浓度。因此，必要时只能采用不断补新氢用量，同时排放一定量循环氢(废氢)来保证其中的氢浓度，以达到要求的氢分压，这就加大了排放损失。总的来说，改进催化剂性能，减少反应中生成轻烃，特别是甲烷，有利于提高氢浓度，而提高补充氢纯度则是降低加氢反应器的操作压力，减少排空损失以至降低补充氢耗量的关键，为减少氢耗一般尽量不考虑排放废氢。

氢纯度对氢耗量的影响见表7－16。可看出，新氢纯度高，耗氢量就低一些。这是因为，如果新氢纯度低，其中必含有较多的其他组分(N_2、CH_4等)，这些组分不能溶于生成油中，而是有相当部分积存在循环气中，降低了氢气纯度。为了维持循环氢的纯度，需要释放一部分循环氢，并同时补充一部分新氢，这样就增大了新氢耗量。所以，在生产中希望新氢的纯度越高越好，这样不仅可以降低新氢的耗量，而且也可以降低系统的总压。对于二次加工柴油加氢精制要求的氢气纯度比直馏柴油要高一些。在加氢裂化过程中不管哪一种原料，都希望新氢纯度在95%以上。各种制氢方法得到的新氢组成见表16-17。

表7-16　氢气纯度对耗氢量的影响

补充氢纯度/%(体积分数)	加氢处理耗氢/%			350~500℃馏分加氢裂化耗氢/%		
	直馏柴油	二次加工柴油	二次加工汽油	反应压力5.0MPa	反应压力10.0MPa	反应压力15.0MPa
0.96	0.428	0.965	0.592	1.24	1.791	4.08
0.85	0.475	1.538	0.788	1.644	2.381	5.23

表7-17　各种制氢方法所得新氢组成

制氢过程	新氢组成/%(体)									
	H_2	CO	CO_2	N_2	CH_4	C_2H_6	C_3H_8	C_4H_{10}	Ar	总计
天然气蒸汽转化	95.1	0.001		0.34	4.56	—	—	—	—	100
重油部分氧化	98.0	—		0.63	0.53	—	—	—	0.84	100
重整副产氢	89.8	0.002		—	6.8	1.3	1.2	0.1	—	100
油田气水蒸气转化	94.1	$<10^{-4}$	<0.02	—	5.95	—	—	—	—	100

2. 氢耗量的计算

在加氢过程中新氢主要消耗在以下四个方面：①化学耗氢量；②设备漏损量；③溶解损失量；④弛放损失量。

(1) 化学耗氢

加氢过程大部分氢气消耗在化学反应上，即消耗在脱除油品中的硫、氮、氧以及烯烃和芳烃饱和反应，加氢裂化和开环等反应上。原料的化学组成是影响化学耗氢量的主要因素。

化学耗氢量的数据通常由中小型试验中的物料平衡和氢平衡求得。当缺少这方面的化学耗氢数据时，可以根据进料和反应生成油的分析数据进行估算。不同加氢反应的化学耗氢计算见表7-18。据称用这些数据估算总化学耗氢的准确度为±10%。将表中各加氢反应的耗氢量相加，即为加氢处理过程的化学耗氢量。

表7-18　加氢反应的化学耗氢量

序号	加氢反应	化学耗氢量/[Nm^3/m^3(进料)]
1	加氢脱硫	(18~23)×(进料与生成油含硫质量分数的差值)
2	加氢脱氧	62×(进料与生成油含氮质量分数的差值)
3	加氢脱氮	44.5×(进料与生成油含氧质量分数的差值)
4	烯烃饱和	1.18×(进料与生成油溴价单位的差值)
5	芳烃饱和	4.8×(进料与生成油芳烃体积含量的差值)

(2) 设备漏损量

设备漏损是指管道或高压设备的法兰连接处及循环氢压缩机运动部位等处的漏损。漏损量的大小与设备制造和安装质量有关。一般设备漏损量占总循环氢量的1%~1.5%(体)，或约1~15(N)/m^3原料油。

(3) 溶解损失量

溶解损失是指在高压下溶于生成油中的气体，当减压时这部分气体从生成油排出而造成的损失。这部分损失与高压分离器操作压力、温度和生成油的性质及气体的溶解度有关。

氢气、硫化氢以及低分子烷烃在油中的溶解度分别见图7－14和图7－15。不同加氢过程中的氢溶解损失，可以近似地用表7－19的数据估算。加氢裂化的溶解度损失近似地可取$10m^3(N)/m^3$原料油。也有资料推荐，在分离器温度为400℃时，氢溶解损失按$0.071Nm^3/[m^3(油)\cdot氢分压]$进行估算。

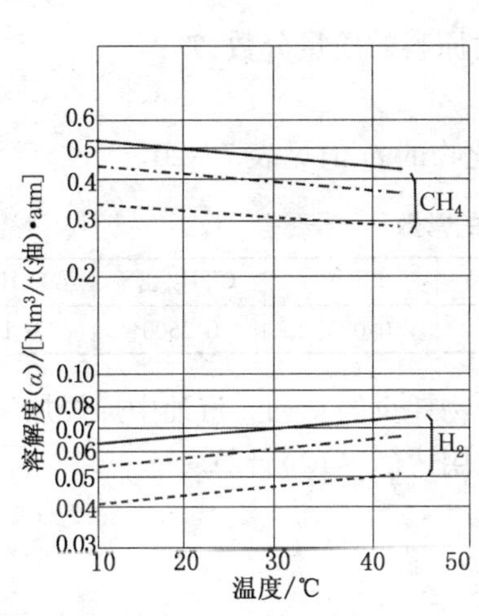

图7－14　氢气和甲烷在油中的溶解度

——— 直馏柴油，K=11.9，M=245；

－－－－ 催化裂化轻循环油，K=10.9，M=210；

－·－·－ 减压馏分油，K=11.8，M=360

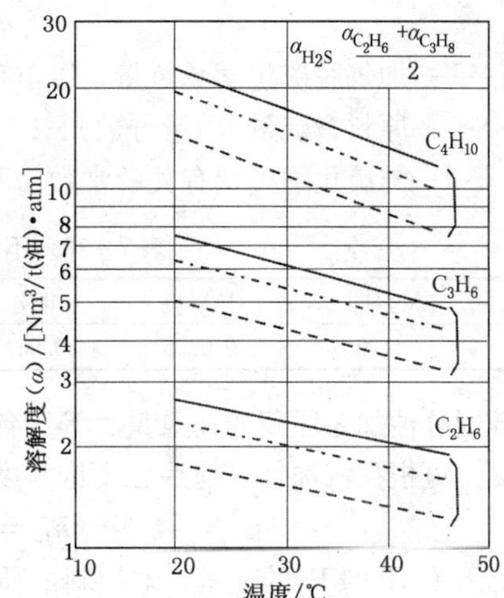

图7－15　低分子烷烃和硫化氢在油中的溶解度

——— 直馏柴油，K=11.9，M=245；

－－－－ 催化裂化轻循环油，K=10.9，M=210；

－·－·－ 减压馏分油，K=11.8，M=360

表7－19　不同加氢过程的氢溶解损失

序号	加 氢 过 程	溶解损失/[Nm^3/m^3(油)]	序号	加 氢 过 程	溶解损失/[Nm^3/m^3(油)]
1	石脑油加氢处理	6.4～10.9	3	减压瓦斯油加氢处理	3.4～6.6
2	馏分油加氢处理	4.1～7.7			

（4）漏损

漏损是指管道或高压设备的法兰连接处及压缩机密封点等部位的泄漏损失。漏损量大小与设备制造和安装质量有关，主要的漏损出自氢气压缩机的运动部位。由于在进油操作前，高压反应系统均通过了密封性试验合格，漏损量应该是很少的。一般设备漏损量取值为总循环氢量体积的1%～1.5%。

（5）弛放损失

弛放损失是指为维持循环氢的纯度而排放出一部分循环氢造成的损失。为了维持循环氢中的氢纯度要求而排放一部分循环氢，并同时补充一部分新氢，构成了氢气排放损失。排放量是根据要求的循环氢的氢纯度与新氢纯度对反应系统作气体平衡计算而求得的（参见第六节气液平衡计算方法），也可近似地取值为5～$10Nm^3/m^3$(油)。

三、化学耗氢量的计算方法

化学耗氢量的数据，通常由研究单位根据中小型试验通过系统的物料平衡及氢平衡计算求得。当缺少试验数据时，可以根据原料油和生成油的分析数据进行估算。下面介绍文献报道的一些经验估算法。

还原1%的硫、氮、氧生成H_2S、NH_3和H_2O所需要的氢数量为：

硫　12.5m^3(N)/m^3 原料油

氮　53.7m^3(N)/m^3 原料油

氧　44.6m^3(N)/m^3 原料油

在加氢脱硫过程中，硫化物加氢所需氢还可用式(7-11)计算：

$$n_{H_2} = mS \tag{7-11}$$

式中　n_{H_2}——加氢脱硫化学耗氢量，以100% H_2计，对原料的质量分数,%；

S——原料含硫量(质量分数),%；

m——与硫化物类型有关的常数，不同类型硫化物的 m 值见表7-20。

表7-20　不同类型硫化物的常数

含硫化物	H_2S	单质硫	RSH	RSR′	RS_2R'	$C'_nH_{2n-4}S$	$C_nH_{2n}S$
m	0	0.0625	0.062	0.125	0.0938	0.2500	0.125

含硫馏分油加氢脱硫的耗氢量，等于各种含硫化合物耗氢的总和。汽油中烯烃加氢所需氢的数量，可根据汽油加氢前后，不饱和度的差值，利用式(7-12)计算：

$$n_{H_2} = 2(\Delta a)/M_c \tag{7-12}$$

式中　n_{H_2}——100% H_2的耗量，对原料的质量分数,%；

Δa——原料和生成油加氢前后不饱和度的差值，以单烯烃占油品的质量分数计算；

M_c——汽油的平均相对分子质量。

直馏渣油脱硫时的氢耗量可参考图7-16进行估算。

将上述各项得到的氢耗量相加便是加氢精制过程的氢耗量(见例题7-2)。若计算加氢裂化的氢耗量，除了加氢精制中各项氢耗外，还应包括用图7-17求出的氢耗，将各项相加，即得到了加氢裂化的氢耗量。

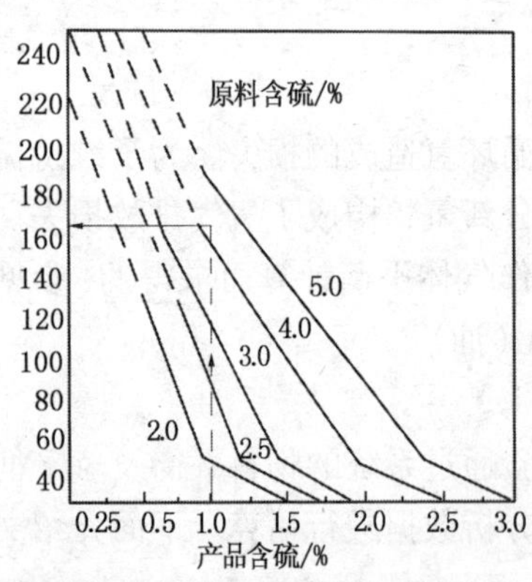

图7-16　直馏渣油脱硫氢耗图

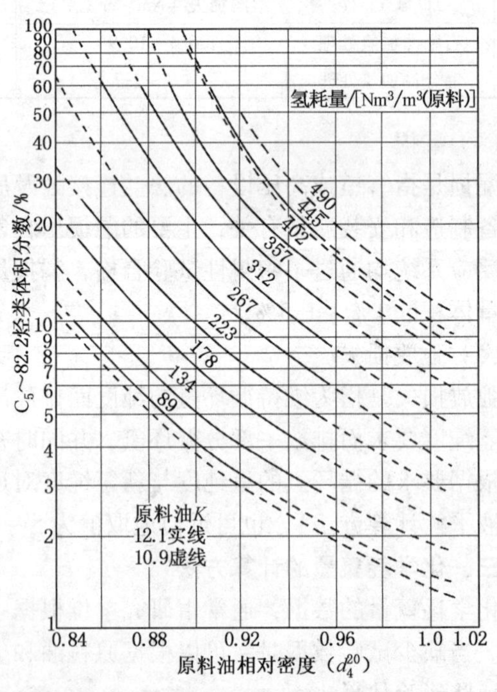

图7-17　加氢裂化氢耗图

【例7-3】 已知原料油(瓦斯油)和生成油中硫、氮、氧和烯烃含量的差值，试估算加氢精制过程的氢耗。现将结果列入表7-21。

由于第二种原料包括烯烃加氢，所以耗氢量高得多。我国胜利炼厂引进的催化裂化柴油加氢精制平均耗氢量为78.0m^3(N)/ m^3原料油，溶解氢加泄漏氢的设计值为3.8 m^3(N)/t原料油。中国石化茂名分公司引进的加氢裂化装置设计氢耗量为335~363m^3(N)/t原料。

表7-21 两种原料加氢精制氢耗量的估算

项　　目	原料油和生成油分析差值		耗氢量/[m^3(N)/m^3 原料油]	
原料油1.2	1	2	1	2
漏损	—	—	1.25	1.25
溶解损失/%	—	—	5.1	5.1
硫	0.7	1.8	8.75	22.5
氮	0.1	0.2	5.35	10.7
氧	0.1	0.2	4.46	8.92
烯烃	—	30	—	33
总计	—	—	24.91	81.47

四、氢-石油馏分体系气液平衡计算

石油馏分的加氢过程是在氢压下进行的多相催化过程。系统中有大量气体进行循环，石油馏分本身也随着操作条件的变化而处于不同的相状态。因此，高、中压下氢-石油馏分体系的相平衡计算，无论对于设备设计还是操作的控制都具有实际意义。加氢系统相平衡常数K是加氢裂化或加氢精制工艺装置的物料平衡、热平衡、流体力学及传热等工程计算的基础数据。

在高压特别是在氢气存在的条件下，烃类相平衡常数与在低压下有很大差别。特别是加氢装置所用原料是一个宽馏分的复杂体系，压力对馏分中各组分的影响有所不同，而大量氢气的存在又增加了对系统相平衡条件的观察和研究的难度，所有这些都给加氢条件下相平衡计算带来困难。

过去国内外进行加氢装置设计时曾采用溶解度系数来计算加氢系统的相平衡。实践证明，溶解度系数的数据来源有困难，而且通过实验测定的溶解度系数值也不够准确。

60年代初期，Chao-Seader提出了适用于计算轻烃系统气液平衡的数学关联式，后来发现，这个模型也可以在石油馏分的气液平衡中应用。但是，C-S关联式在应用于石油馏分气液平衡计算时，考虑到石油馏分的临界压力范围，其高压界限仅在3.0MPa左右，其温度最高界限为500℉(260℃)，因此，不能直接用来计算在高温条件下进行的加氢过程气液平衡。在C-S关联式的基础上，Grayson-Streed根据含氢石油馏分的高温、高压平衡数据，将C-S关联式中的纯组分液相逸度系数计算式中的系数值作了修正，即：

$$\lg v_{\mathrm{i}}^{(0)} = A_0 + A_1/\mathrm{T}_{\mathrm{R}i} + A_2 T_{\mathrm{R}i} + A_3 T_{\mathrm{R}i}^{\ 2} + A_4 T_{\mathrm{R}i}^{\ 3} + (A_5 + A_6 T_{\mathrm{R}i} + A_7 T_{\mathrm{R}i}^{\ 2}) p_{\mathrm{R}i} + (A_8 + A_9 T_{\mathrm{R}i}) p_{\mathrm{R}i}^{\ 2} - \lg p_{\mathrm{R}i} \tag{7-13}$$

修正后系数值见表7-22。经过这样的修正，G-S关联的高温界限延伸到482℃，高压界限扩展到20.0MPa，可用于氢-石油馏分系统的气液平衡的电算。洛阳炼油设计研究院利用G-S的关联式并经过适当修正，对中国石化茂名分公司引进加氢裂化装置反应系统和胜利炼厂引进催化柴油加氢精制装置反应系统的气液平衡进行了电算，得到了与实际情况相符的结果。

表 7-22 G-S 关联式中 $\lg\nu_i^{(0)}$ 计算式中常数

常数	简单流体	甲烷	氢	常数	简单流体	甲烷	氢
A_0	2.50135	1.36822	1.50709	A_5	0.08852	0.10486	0.008585
A_1	-2.10899	-1.54831	2.74283	A_6	0	-0.02529	0
A_2	0	0	-0.02110	A_7	-0.00872	0	0
A_3	-0.19396	0.02889	0.00011	A_8	-0.00353	0	0
A_4	0.02782	-0.01076	0	A_9	0.00203	0	0

据国外过程公司提供的资料表明，G-S 关联式只适用于加氢装置反应系统气液平衡的电算，但产品汽提塔的计算例外。对于后者，建议采用其他关联式和计算方法。

除了 G-S 关联式外，Mobil 石油公司也推荐用近似方法计算加氢系统气、液平衡。他们提出的含氢混合物平衡常数 K 计算式为：

$$K_i = p_i\{\exp[V_i(p-p_i)/RT]\}/p \tag{7-14}$$

$$V_i = \text{相对分子质量}/\rho_i$$

式中 K_i——组分 i 在温度 T、压力 P 时的气液平衡常数；

p_i——组分 i 在温度 T(K)时的蒸气压，kg/cm²；

p——系统压力，kg/cm²；

V_i——组分 i 在温度 T(K)时的摩尔液体体积；

ρ_i——组分 i 在温度 T(K)时的液体密度，kg/m³；

T——温度，K；

R——常数，为 848kg/(kmol·K)。

使用这一公式时，需要求出各个组分的液体体积，这对于较重的组分(大于 C_6 的组分)不会遇到困难；对于低分子烷烃建议采用内插法进行计算，假定在该温度下 $\lg K_i$ 值与相对分子质量成一直线关系。氢气的平衡常数建议用以下经验式计算(计算时一般可取 p_{H_2}/p 为 0.5)：

$$K_{H_2} = p_{H_2}/p + B/p \tag{7-15}$$

式中 p_{H_2}——气相中氢的分压，kg/cm²；

p——系统压力，kg/cm²；

B——与原料油相对分子质量有关的系数，由专用图查出。

硫化氢的平衡常数可用经验式(7-16)求出：

$$K_{H_2S} = (K_{C_2} + K_{C_3})/2 \tag{7-16}$$

即等于乙烷平衡常数和丙烷的平衡常数的平均值。计算石油馏分的平衡常数时，要采用虚拟组分法，即切取真沸点蒸馏 20℃ 窄馏分作一虚拟组分。根据虚拟组分的物性，利用式(7-14)算出各自的平衡常数，然后在 $\lg K_i$-相对分子质量的图上将各 K 值与氢的 K 值连接，成一直线，即可求出几以下各 C_6 以下各组分的 K 值。

第七节 加氢裂化反应器

加氢反应器是加氢装置的主要设备，根据工艺特点，加氢反应器主要分为固定床反应器和沸腾床反应器两种。

固定床反应器是指在反应过程中，气体和液体反应物流经反应器中的催化剂床层时，催化剂床层保持静止不动的反应器。固定床反应器按照反应物料流动状态的不同又可分为鼓泡床、滴流床和径向床反应器。滴流床反应器适用于多种气－液－固三相反应，即在反应条件下部分石油馏分呈液相，部分已汽化馏分和氢气呈气相存在，与固定床上的催化剂形成气－液－固三相系统。

滴流床反应器结构简单，造价低，在石油的加氢装置上大量使用。影响滴流床反应器加氢效果的因素较多，在工程设计上，通常考虑以下几个方面的影响：

① 气液相的流体流动状态；

② 液体的径向分布；

③ 床层压力降。

在石油的加工领域，固定床滴流式反应器大量应用于馏分油、石蜡、润滑油的加氢精制、馏分油的加氢裂化和大部分的渣油加氢处理上。加氢裂化反应器通常由筒体和内部构件两部分组成。

一、反应器筒体

加氢反应器按其结构特征可分为冷壁反应器和热壁反应器两种，其示意结构如图 7－18 所示。

冷壁反应器是在设备内壁设置非金属隔热层，有些还在隔热层内衬不锈钢套。由于具有了内保温隔热衬里，所以其筒体条件缓和、设计制造简单、价格较低，早期使用较多。但由于内保温隔热衬里占据了内壳空间，降低了反应器容积的利用率，浪费了材料。同时因衬里损坏影响生产的事故也时有发生，造成了施工和维修费用较高。随着反应器向大型化发展，冷壁反应器内构件设计、侧壁开孔等都受到限制，故冷壁反应器已逐渐被热壁反应器所取代。

热壁反应器的器壁直接与介质接触，器壁温度与操作温度（420℃左右）基本一致，所以被称为热壁反应器。尽管热壁加氢反应器的制造难度较大，一次性投资较高，但由于它可以保证长周期安全运行，目前已在国际上普遍采用。

热壁反应器和冷壁反应器一样是由带法兰的上端盖、筒体和下端盖组成，所不同的是热壁反应器内壁没有隔热衬里（内保温），而是采用双层堆焊衬里，同时侧壁开有热电偶口、冷氢管口和卸料口。

二、反应器构件

加氢裂化反应器的内部结构要达到气液均匀分布为主要目标。典型的加氢裂化滴流床反应器内部构件如图 7－19 所示。

（1）入口扩散器（B－1）

入口扩散器是介质进入反应器遇到的第一个部件，它置于反应器顶部，其作用是：

①将进入的介质扩散到反应器的整个截面上；②防止气液介质直接冲击气液分配盘；③通过扰动促使气液两相混合，起到预分配的作用。

图 7－20 所示的入口扩散器是一种双层多孔板结构。两层孔板上的开孔大小和疏密是不同的。反应介质在上部锥形体整流后，经两层孔的节流、碰撞后被扩散到整个反应器截面上。这种扩散器应用效果良好，目前国内设计的加氢反应器大多采用这种形式。

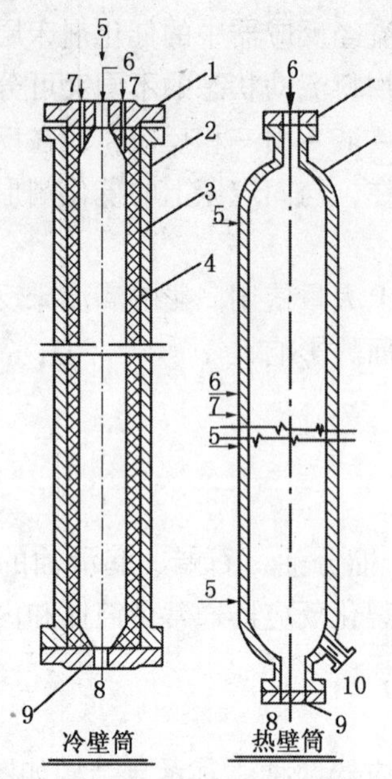

图 7-18　加氢反应器两种筒体结构简图

1—上端盖；2—筒体；3—内保温层；4—内衬筒；5—测温热偶管入口；6—反应物料入口；7—冷管入口；8—反应产物出口；9—下端盖；10—催化剂卸料口

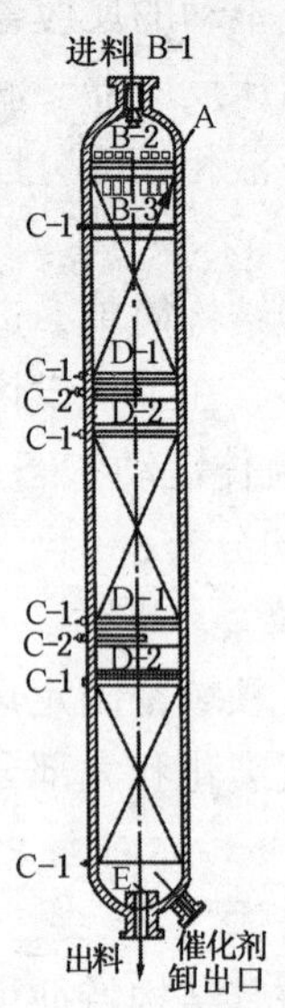

图 7-19　反应器内部结构示意图

A—反应器壳体；B-1—入口扩散器；B-2—进料泡帽分配盘；B-3—去垢篮筐；C-1—热偶管；C-2—冷氢管；D-1—催化剂支持盘；D-2—冷氢箱与再分配器；E—出口集油器

（2）分配盘(B-2)

在催化剂床层上面，采用分配盘是为了均布反应介质，改善其流动状况，实现与催化剂的良好接触，进而达到径向和轴向的均匀分布。

分配盘由塔盘板和在该板上均布的分配器组成。分配器有多种形式，见图 7-21 所示。

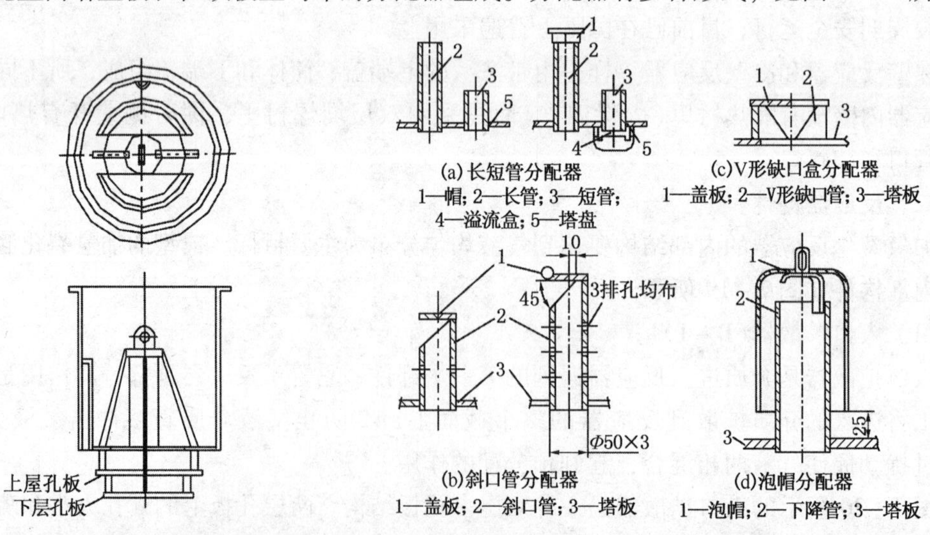

图 7-20　入口扩散器图

图 7-21　四种分配器详图

近年来，我国自行设计制造的加氢反应器多采用泡帽型分配器。泡帽分配器的外形类似泡帽塔盘，泡帽的圆柱面上均匀地开有数个平行于母线的齿缝，其下端与塔盘板相连。当塔盘上液面高于泡帽下缘时，分配器进入工作状态。从齿缝进入的高速气流，在泡帽与下降管之间的环行空间内产生强烈的抽吸作用，致使液体被冲碎成液滴，并为上升气流所携带而进入下降管，实施气液分配。从分配机理上分析，它的功能较为完善。其液体下溢的主要动力是气流的抽吸，从而摆脱了以液面为主要溢流动力的分配器。

(3) 去垢篮(B-3)

在加氢反应器的顶部催化剂床层上有时设有去垢篮，与床层上的瓷球一起对进入反应器的介质进行过滤。

为了使整个床层截面上达到流体更加均匀地分布，更为了滤除进料中的固体杂质，减少床层压降，一般在加氢裂化过程的第一个反应器(即加氢精制反应器)的进料分配盘的每三个泡帽下面，安装一个金属网编织成的篮筐，外部均匀装填粒度上大下小的瓷球。篮筐用铁链固定在分配盘梁上。

目前工程上采用几种去垢篮，其形状和尺寸相似。图7-22的去垢篮是在不锈钢骨架外蒙上不锈钢丝网，其优点是过滤效果好，价格便宜；缺点是丝网强度差，易变形和破损。目前国内反应器一般安装去垢篮，而国外近年来有取消去垢篮的趋势。

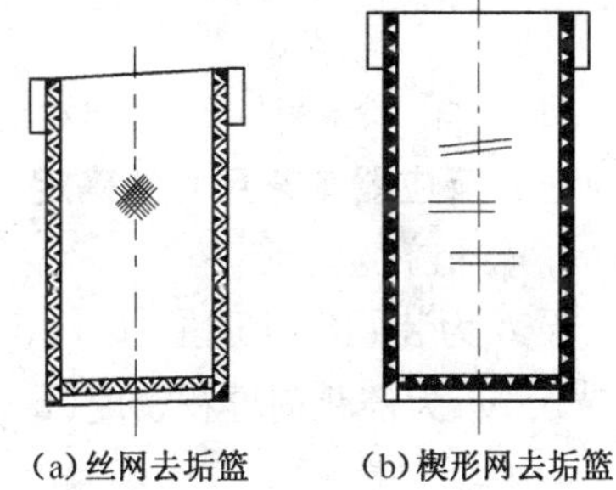

图7-22　去垢篮示意图

(4) 引入管

C-1为热电偶引入管，C-2为冷氢引入管。

(5) 催化剂支撑盘(D-1)

如果反应器有两个以上的催化剂床层，上层催化剂就需要支撑。使两个催化剂床层分开，有时还会在中间注入冷氢。催化剂支撑盘由倒“T”梁格栅、金属网及瓷球组成，承受催化剂重量形成床层。结构上要尽量减少流体压降。倒“T”梁及简体支持因凸台的强度设计载荷，除构件本身重量外，还要考虑流体净压降、床层上部结垢之后增加的阻力、催化剂及其内储液体的重量、反向激冷增加的压降和紧急放空时，流速剧增产生的压降。在条件许可时，机械设计要留有一定的裕量，避免因结垢过量而过早停气。

(6) 冷氢箱(D-2)

冷氢箱实际上是一个混合箱和预分配盘的组合体，其结构见图7-23。它是加氢反应器内的热反应物与冷氢气进行混合及热量交换的场所。冷氢箱的作用是将上床层流下来的物料与冷氢管注入的冷氢在该箱内进行充分混合，吸收反应热，控制反应物的温度不超过规定值，避免反应器超温。

冷氢箱的第一层为挡板盘，挡板上开有节流孔。由冷氢管出来的冷氢与上一床层流下来的热反应物在挡板盘上先预混合，然后由节流孔进入冷氢箱。进入冷氢箱的冷氢气和上床层下来的热油流经过反复折流混合后，流向冷氢箱的第二层——筛板盘，在筛板盘上再次折流强化混合，然后再分配。筛板盘下有时还有一层泡帽分配盘对预分配后的油气再作最终的分配。

(7) 出口集油器(E)

出口集油器(见图7-24)起支撑下层催化剂床层的作用，在集油器周围填入磁球。

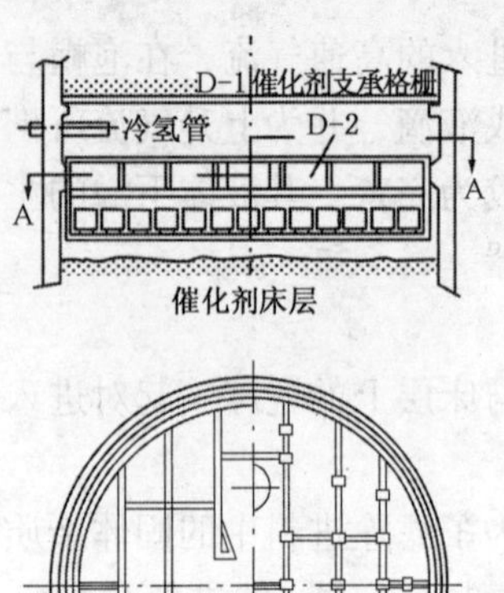

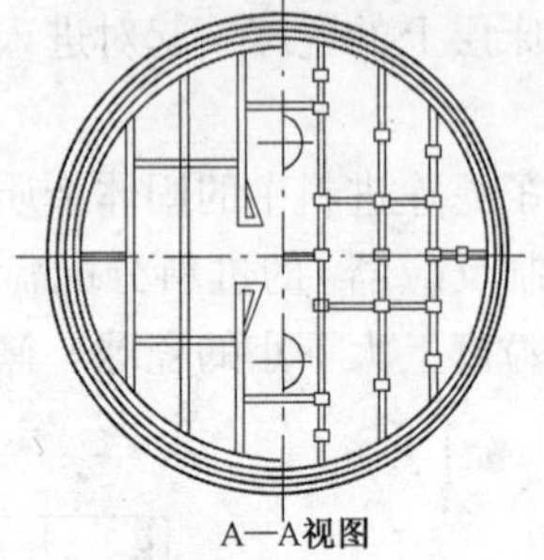

图 7－23　冷氢箱与再分配盘示意图

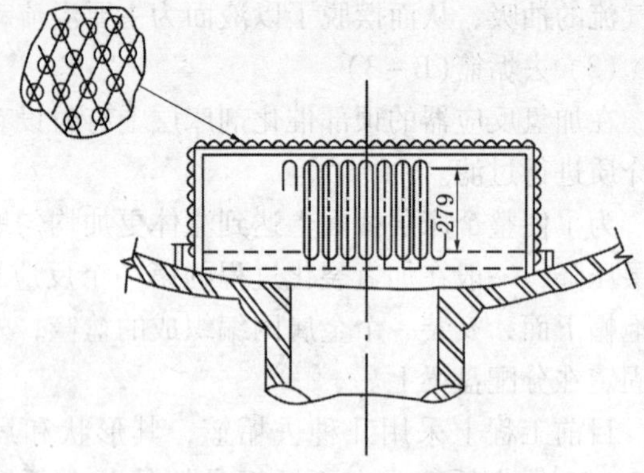

图 7－24　出口集油器结构简图

三、反应器工艺尺寸的确定

1. 催化剂装入量

设 G 为装置年处理量(t/a)，T 为年有效生产时间(h)，ρ 为油的密度，S_V 为体积空速(h^{-1})，γ_c 为催化剂堆积密度(t/m^3)，则反应器的催化剂装入量(m^3/t)为：

$$V_c = \frac{G}{T}\frac{1}{\rho}\frac{1}{S_v} \quad (7-17)$$

$$W_c = V_c r_c \quad (7-18)$$

2. 反应器的容积

设 F 为反应器的有效利用系数，则反应器容积为：

$$V_t = \frac{V_c}{F} \quad (7-19)$$

一般有内保温的反应器(冷壁反应器)，其有效利用系数只有 0.5～0.6，而热壁反应器的有效利用系数为 0.7～0.8。当催化剂分层置放时，取上限。

3. 反应器的直径和高度

反应器的直径和高度没有严格限制，但考虑到流体分配和制造成本、运输等原因，反应器直径不可过大和过小。在反应器高度选择上，还要考虑安全、催化剂压碎等因素，也不能过长或过短。反应器的总床高与其直径之比称为高径比，即高度/直径。高径比只能根据试验、生产经验和工艺要求来确定。一般来说，应着重考虑反应热的排出、混相进料的分配以及干净床层压降。

对反应热不大的气相进料，由于不必注入冷氢，而且物流处于气相，容易均匀分布，催化剂不需分层置放，所以采用较小的高径比。但当床层深度较浅、压降过小时，将使流体分布不均，催化床接触效率差。实践证明，决定反应器直径和高度的一个重要条件，是单位床层高度压降大于 2.3kPa 以及高径比大于 1.0。

高径比的选择范围较广，一般为 2.5～12。对于较轻、易于汽化的原料油加氢反应器，一般选择 2.5～5，通常选择 3；对于较重、不易汽化的原料油，如石蜡和润滑油加氢反应器，一般选择 6～12，通常选择 8，并通过床层压力降核算后确定。反应器单个床层高度一般控制在 15m 以下，最好不要超过 9m。

确定反应器直径后，就知道了催化剂床层高度。安排好床层数目后，再加上冷氢盘空间高度、惰性填充物高度和分配器净空高度，可求得反应器切线高度。

四、压力降

反应器的压力降是滴流床加氢反应器设计的重要内容之一。压力降不可设计得过小，那样会因为过小的压力降导致床层内流体分布不均。设计过大会造成装置能耗增加，加大支撑件的负荷，还会造成催化剂压碎。

在开工初期干净床层情况下，合适的反应器压力降范围为：

一般装填	0.08 ~0.12MPa
密相装填	0.18 ~0.25MPa

反应器的压力降包括入口分配器、分布盘、冷氢箱、出口收集器和催化剂床层的阻力降。反应器内件的阻力降在设计内件尺寸时就已经确定，其数值范围如下：

入口分配器	0.003 ~0.006MPa
泡帽分布器	0.004 ~0.008MPa
冷氢箱	0.010 ~0.030MPa
支撑盘	0.003 ~0.006MPa
收集盘	0.004 ~0.007MPa

催化剂床层的阻力降计算有多种关联式可供采用，如 Larkins 方程、Turpin 公式、修正的 Ergun 和 Larachi 方程式等。

五、反应器材质选择与保护

由于反应条件苛刻(高温、高压、临氢及含有硫化氢)，故反应器材质选择及保护要以满足工艺条件的要求，并确保安全为前提。

除钢材满足强度条件外，还需考虑氢腐蚀和硫化氢腐蚀等现象。

1. 氢腐蚀

在常温、常压下氢气无腐蚀作用，而在高温下氢对钢材的腐蚀性常是钢制设备发生破坏事故的原因。

氢腐蚀的表现形式有四种：氢渗透、氢鼓泡、氢脆变和金属脱炭。

氢渗透就是原子氢扩散到金属晶格里。在常温常压下，氢气是以分子状态存在，由于它的直径大，不可能渗入金属中，但在高温、高压下或在初生态时，氢分子可以转变成氢原子，由于氢原子直径小，可以穿透金属表面层，扩散到金属晶格内或者穿透金属向外排出。这是氢腐蚀的第一步。

渗入金属晶格里的原子氢，在金属的内部存留和集聚，在一定条件下又转化成氢分子，放出热量，体积增加，从而出现鼓泡现象。氢鼓泡的结果，使金属强度下降和产生内应力集中。此外，脱炭时产生的甲烷，也能发生鼓泡现象。

原子氢渗入到金属晶格后，与金属内的碳原子作用生成甲烷，叫做金属脱碳。

$$Fe_3C + 2H_2 \longrightarrow 3Fe + CH_4$$

脱碳按其深度可分为表面脱碳和内部脱碳，当温度较高(550℃以上)而压力较低(1.4MPa 以下)时，碳钢会发生表面脱碳；但当温度超过 221℃而压力大于 1.4MPa 时，则发生内部脱碳。由于生成的甲烷在金属中不能扩散，只能积聚在金属内原有的微孔隙中，形成局部高压，引起鼓泡并发展成裂纹。

鼓泡和金属脱碳的结果，金属的延性降低，脆性增高，在金属晶体之间形成裂纹。开始时裂纹很微小。但到后期，无数裂纹相连，形成大裂纹以致突然断裂。

无论何种钢，在高压氢气中，保持一定温度时均存在着发生脆化的“潜伏期”。微裂纹在该潜伏期内成长至足够使拉伸试验或冲击试验的试件发生脆化的程度。潜伏期的长短是非常重要的，它将确定钢材在高温、高压氢气中安全使用的年限。

为了防止氢腐蚀，过去曾采用内保温的方法，将反应器壁温由450℃以上降至200℃左右，使壁温低于氢腐蚀开始的温度(即使用冷壁筒)。现在采用双层堆焊的方法(即使用热壁筒)。

2. 硫化氢腐蚀

在加氢裂化的原料里常含有硫，即使含硫很低，但为使催化剂保持一定的活性，必须维持循环氢中具有一定的硫化氢浓度，不足时还要加硫，因此会产生硫化氢腐蚀，同时氢气的存在还对硫化氢腐蚀起催化加速作用。

硫化氢腐蚀程度主要取决于硫化氢的浓度和操作温度。浓度越大，腐蚀越严重。硫化氢气体在200~250℃以下，对钢不产生腐蚀或腐蚀甚微。高于260℃时，腐蚀加快，与铁作用生成硫化铁。这是一种具有脆性、易剥落，不起保护作用的锈皮，会造成堵塞管路，增大压降而往往导致停产。

采用不锈钢堆焊层和非金属耐热材料均可防止硫化氢对铬钼钢的腐蚀。

为此，现在加氢裂化反应器常用的材料是2¼Cr-1Mo，它具有良好的抗氢蚀性能和较高的蠕变强度；具有足够的淬硬性，能够使大于500mm的厚截面通过水淬完全硬化。所以经淬火加回火热处理后，提高了强度又改善了韧性，在设计温度为450℃下具有较高的以拉伸强度为基础的设计应力，在低温下具有较高的韧性，具有良好的可焊性，只要适当预热(~200℃)不会出现焊接裂纹。正由于上述的优点，铬-钼钢系材料在加氢反应设备中得以广泛的应用。

以2¼Cr-1Mo作为热壁反应器的筒体，其内壁堆焊层的金属材料，一般选用奥氏体不锈钢类，分单层结构和双层结构两种。在要求较高、抗裂性较强的反应器部位采用双层结构。过渡层(E_{309})+耐蚀层(E_{347})，厚度6~8 mm。采用含较高铬镍过渡层的目的是要弥补母材与堆焊层之间的稀释。单层推焊采用E_{347}材料，单层厚度3~4mm，这种结构的经济效果十分显著。因此，除反应器支持圈凸台、八角垫密封槽的堆焊层用双层结构外，一般筒体部分用单层结构。

第八章　加 氢 处 理

第一节　概　述

现代石油加工中的催化加氢技术，按照在加氢反应过程中裂化程度的大小可以分为加氢处理和加氢裂化两大类技术。在加氢反应过程中仅有≤10%的原料油裂化为较小分子的加氢技术统称为加氢处理。与加氢裂化相比，加氢处理的反应条件比较缓和，原料的平均摩尔质量以及分子骨架结构变化较小。

在加氢处理过程中，在催化剂和氢气存在下，石油馏分中含硫、氮、氧的非烃组分发生脱除硫、氮、氧的反应，金属有机化合物发生氢解反应，烯烃(包括二烯烃)发生加氢饱和反应，芳烃发生加氢饱和或部分加氢饱和或不发生反应。

按照加工原料的不同，加氢处理包括催化裂化汽油及其馏分的选择性加氢脱二烯、重整原料加氢预处理、焦化汽油加氢生产裂解原料、催化裂化汽油加氢脱硫、喷气燃料加氢脱硫、柴油加氢脱硫脱芳、减压馏分油和焦化馏分油加氢处理、常压渣油和减压渣油的加氢处理以及润滑油馏分和石蜡的加氢补充精制等。

在上述过程中，催化裂化汽油加氢脱硫、喷气燃料加氢脱硫、柴油加氢脱硫脱芳以及润滑油馏分和石蜡的加氢补充精制等以提高产品质量为目的，催化裂化汽油及其馏分的选择性加氢脱二烯、重整原料的加氢预处理、焦化汽油加氢生产裂解原料、减压馏分油和焦化馏分油加氢处理、常压渣油和减压渣油的加氢处理等是对原料进行精制，以保护后续加工过程催化剂活性或延长加工周期。

加氢处理催化剂可以是负载型的也可以是非负载型的，目前工业加氢处理工程普遍应用负载型的催化剂，其载体主要是氧化铝，近年来也发展了氧化钛、氧化锆及其与氧化铝和氧化硅的复合氧化物。催化剂的活性组分主要是钴、钼、镍、钨的二元或多元硫化物。对于较为纯净的原料，当以加氢饱和为目的时，可选用镍、铂、钯等催化剂。非负载型催化剂正在开发之中。

加氢处理反应条件随原料性质以及对加氢处理产物质量的要求不同而有所变化，一般氢分压1~15MPa、反应温度280~420℃，当以原料中二烯烃的选择性加氢为目的时，反应温度一般低于80℃。

各种加氢处理过程的工艺流程基本相同，普遍采用固定床反应器。原料油与一定比例的氢气混合后，送入加热炉加热或换热器换热到一定温度后，进入装有催化剂的固定床反应器，反应产物经过气液分离，氢气经过脱硫化氢或脱氨后，用氢气压缩机加压后循环使用。对于氢油比较低的过程，氢气也可以不回用。当反应过程有裂化反应发生时，液体产物需要经过稳定塔，分出气态烃等低摩尔质量的物质，塔底即为加氢处理产物。

随着原油重质化和劣质化趋势加大以及环保法规对石油加工产品清洁性要求日益严格，加氢处理技术将有更迅速的发展。

第二节　加氢处理过程的化学反应

在加氢处理过程中主要发生两类反应。一类是氢气参与的反应，如含硫、氮、氧和金属的化合物加氢脱杂原子与金属的反应，这些反应的规律相同，都是以氢解反应为主，生成相应的烃类、硫化氢、氨、氢和水。烯烃、二烯烃及芳烃的加氢饱和反应是主要的耗氢反应；另一类是临氢条件下的异构化、芳构化等反应。

一、加氢脱硫

石油及其馏分中的硫化物主要包括：硫醇、硫醚、二硫化物、噻吩、苯并噻吩、二苯并噻吩、苯并萘并噻吩、苯并硫芴等类型。各类含硫化合物的 C—S 键（键能为 272kJ/mol）是比较容易断裂的，其键能比 C—C（384kJ/mol）或 C—N（305kJ/mol）键的键能小许多。因此，在加氢过程中，一般硫化物中的 C—S 键先行断开，生成相应的烃类和 H_2S。

$$RSH + H_2 \longrightarrow RH + H_2S$$

$$RSR' + 2H_2 \longrightarrow RH + R'H + H_2S$$

$$RSSR' + 3H_2 \longrightarrow RH + R'H + 2H_2S$$

$$\text{(四氢噻吩)} + 2H_2 \longrightarrow C_4H_{10} + H_2S$$

$$\text{(噻吩)} + 4H_2 \longrightarrow C_4H_{10} + H_2S$$

$$\text{(二苯并噻吩)} + 2H_2 \longrightarrow \text{(联苯)} + H_2S$$

含硫化合物的加氢难易程度与其分子结构和相对分子质量大小有关，不同类型的含硫化合物的加氢反应活性按以下顺序依次增大：

二苯并噻吩＜苯并噻吩＜噻吩＜四氢噻吩≈硫醚＜二硫化物＜硫醇

环状含硫化合物的稳定性比链状含硫化合物高，且随着分子中环数的增多（其中的环烷环和芳香环）稳定性增强，加氢脱硫越困难，如二苯并噻吩含有三个环时，加氢脱硫最难。这是由于空间位阻所致。噻吩类硫化物环数大于 3 后，加氢脱硫变得容易。这是由于多元芳香环在加氢之后，氢化芳香环皱起，空间阻碍变得不那么严重了。

含硫化合物的加氢脱硫是放热反应，因此过高的反应温度对加氢脱硫反应不利。

二、加氢脱氮

石油中的含氮化合物分为碱性氮化物和非碱性氮化物两大类。石油中的碱性氮化物主要有吡啶系、喹啉系、异喹啉系、吖啶系和苯胺类衍生物，随着馏分沸点的升高碱性氮化物的环数也相应增多。石油中的弱碱性和非碱性氮化物主要有吡咯系、吲哚系和咔唑系。随着馏分沸点的升高，非碱性氮化物的含量逐渐增加，主要集中在石油较重的馏分和渣油中。氮化物加氢脱氮生成相应的烃类和氨。

$$R—NH_2 + H_2 \longrightarrow RH + NH_3$$

$$RCH + 3H_2 \longrightarrow RCH_3 + NH_3$$

N
H
$$+4H_2 \longrightarrow C_4H_{10} + NH_3$$

N
H
$$+3H_2 \longrightarrow \quad (C_2H_5) \quad + NH_3$$

N
$$+5H_2 \longrightarrow C_5H_{12} + NH_3$$

N
$$+4H_2 \longrightarrow \quad (C_3H_7) \quad + NH_3$$

加氢脱氮反应速率与氮化物的分子结构和大小有关，苯胺、烷基胺、腈等非杂环化合物的反应速率比杂环含氮化合物快得多。在杂环化合物中，五元杂环的反应速率比六元杂环快，六元杂环最难加氢，其稳定性的大小与苯环相近。而且氮化物的相对分子质量越大，其加氢脱氮越困难。

碱性氮化物加氢脱氮的反应速率常数差别不大，其中喹啉脱氮速率最高，且随着芳环的增加脱氮速率略有下降。

加氢脱氮是放热反应，因此过高的反应温度对加氢脱氮反应不利。

三、加氢脱氧

在石油中，氧元素都是以有机含氧化合物的形式存在的，主要分为酸性含氧化合物和中性含氧化合物两大类。石油中的酸性含氧化合物包括环烷酸、芳香酸、脂肪酸和酚类等，它们总称为石油酸；中性含氧化合物包括醇、酯、醛及苯并呋喃等，它们的含量非常少。

OH
$$+H_2 \longrightarrow \quad + H_2O$$

COOH　　　　CH$_3$
$$R- \quad +3H_2 \longrightarrow R- \quad +2H_2O$$

含氧化合物在加氢条件下，反应速率较快。加氢反应活性的顺序为：

呋喃环类 < 酚类 < 酮类 < 醛类 < 烷基醚类

四、加氢脱金属

随着渣油加氢技术的发展，加氢脱金属的问题越来越受到重视。渣油中的金属主要以金属卟啉化合物形式和非卟啉化合物的形式(如环烷酸铁、钙、镍)存在，加氢后生成相应的烃类和金属，而金属沉积在催化剂表面上。

镍沉积物等 ← … → 镍沉积物等

五、加氢饱和

柴油(特别是催化裂化柴油)中的芳烃严重影响柴油的十六烷值，多环芳烃严重影响汽车尾气中有毒有害物质的排放量，在现行国家车用柴油标准对多环芳烃含量有严格的限制。芳烃加氢饱和后主要生成环烷烃。

苯 $\underset{0.1}{\overset{2.8}{\rightleftharpoons}}$ 环己烷

联苯 $\underset{0.1}{\overset{3.0}{\rightleftharpoons}}$ 环己基苯 $\xrightarrow{0.6}$ 联环己烷

萘 $\underset{21}{\overset{57.8}{\rightleftharpoons}}$ 四氢化萘 $\xrightarrow{1.4}$ 反 + 氢化萘；四氢化萘 $\xrightarrow{0.4}$ 顺 + 氢化萘

延迟焦化和催化裂化产物中含有烯烃和二烯烃，其性质不稳定，借助加氢可使其双键饱和，其反应如下：

$$R—CH=CH_2 + H_2 \longrightarrow RCH_2CH_3$$

$$R—CH=CH—CH=CH_2 + 2H_2 \longrightarrow RCH_2CH_2CH_2CH_3$$

环己烯 $+ H_2 \longrightarrow$ 环己烷

环己二烯 $+ 2H_2 \longrightarrow$ 环己烷

六、加氢裂化

在深度加氢处理条件下，会发生少量的烷烃裂化成小分子烷径、烷基芳烃脱烷基以及环烷烃开环反应。

此外，还常常有缩合反应生成焦炭沉积在催化剂的表面上。在一定温度下，采用较高的氢分压，催化剂上炭沉积减少。温度升高或原料油中稠环分子较多时，催化剂炭沉积增加。原料油中的金属有机化合物，在加氢精制条件下，不论是否分解，都沉积在催化剂表面上。加氢时硫、氮化合物和烯烃的反应速率比较见表8－1。

脱金属、脱氧、脱硫一般是最快的反应；烯烃加氢饱和的速度也很快，但有硫化物存在时，由于硫化物能优先吸附在催化剂上，烯烃的加氢受到抑制。在芳烃的加氢反应中，多环芳烃转化为单环芳烃比单环芳烃加氢饱和要容易得多。脱氮是一个比较难以完成的反应，所以对于含氮量高的油品，要采用苛刻的条件。

表8－1 硫、氮化合物和烯烃的加氢反应速率

加氢反应	相对反应速度常数			
	$Ni-Mo/Al_2O_3$	$Ni-W/Al_2O_3$	$Co-Mo/Al_2O_3$	WS_2
$+3H_2 \longrightarrow$	1	1	1	1
$+2H_2 \rightleftharpoons$	10	18	21	23
$+H_2 \rightleftharpoons$	36	40		62
$+H_2 \rightleftharpoons$	4			

第三节 加氢处理催化剂

加氢处理催化剂在加氢过程中起着重要的作用，在很大程度上决定着一套加氢处理装置的投资、操作费用、产品质量和收率，直至决定着加氢技术的发展。加氢处理催化剂按照有无载体可以分为非负载型和负载型两大类。目前工业应用的加氢处理催化剂主要是负载型的催化剂。负载型加氢处理催化剂主要由活性组分、助剂和载体组成。

一、活性组分与助剂

在加氢处理过程中，催化剂的性能主要依赖于催化剂载体(其中包括载体形状、孔结构、酸性等)和活性组分(活性组分的种类、加入方法、加入数量、助剂等)。

1. 活性组分

常用的加氢处理催化剂活性组分是ⅥB族的Mo、W和Ⅷ族的Fe、Co、Ni等金属硫化物以及金属Ni和贵金属Pt、Pd。

贵金属Pt和Pd具有最高的加氢活性，在较低的温度下即显示出较高的加氢活性，但是对S、N及某些重金属比较敏感，容易中毒而失活，因此常用于含硫量较低或不含硫的原料。由于贵金属价格昂贵，其使用受到限制。

目前常用的硫化型加氢处理催化剂主要有双金属的Mo－Co系、Mo－Ni系和W－Ni系，还有选用三组分的，如 W - Mo - Ni 系和 Mo - Co - Ni 系，甚至还有四组分的 W - Mo - Ni - Co 系。选用哪种组合要根据原料油性质、产品质量标准以及加氢精制的主要反应是脱硫、脱氮还是脱芳(芳烃加氢饱和)等而加以选择。

Mo - Co 型催化剂对 C - S 键断裂具有高活性，低温下脱硫性能显著。Mo - Co 型催化剂对 C - N、C - O 键断裂也有活性，但是对 C - C 键断裂作用弱。因此，Mo - Co 型催化剂具有液体收率高、氢耗低、结焦缓慢等优点。对轻质馏分油，在相同条件下进行加氢脱硫时，Mo - Co 型催化剂的脱硫率为 91.0% ~93.0%，而 Mo - Ni 型催化剂的脱硫率却为 89.0% 左右。直馏馏分油以及催化裂化汽油加氢脱硫时，通常选择 Mo - Co 系金属组分。

Mo - Ni 型活性组分具有高加氢脱硫、加氢脱氮及芳烃饱和活性。当对含氮及芳烃量都高的催化裂化和加氢裂化进料进行加氢处理时，通常选用 Mo - Ni 型催化剂。在有硫存在下，Mo - Ni 型比 Mo - Co 型催化剂的加氢脱氮活性高 2.0 ~2.5 倍，而且此类原料中含有的硫化合物多半是噻吩类，尤其是烷基苯并噻吩类(如 4，6 - 二甲基二苯并噻吩等)，难以直接脱除，必须经过先行加氢后脱硫的反应历程，所以具有较高加氢活性的 Mo - Ni 型催化剂更为有利。因此，在很多加氢处理催化剂中，大多选用 Mo - Ni 作为加氢处理催化剂的活性组分。各种金属硫化物的加氢活性见表 8 - 2。

表 8 - 2　不同金属硫化物的加氢活性

催　化　剂	烯烃和芳烃加氢饱和	加氢脱硫	加氢脱氮
纯硫化物	Mo > W > > Ni > Co	Mo > W > Ni > Co	Mo > W > Ni > Co
硫化物组合	NiW > NiMo > CoMo > CoW	CoMo > NiMo > NiW > CoW	NiW ≥ NiMo > CoMo > CoW

活性组分的加入量以及ⅥB 族金属与Ⅷ族金属的比例，对催化剂的活性有显著的影响。Ⅷ族金属/(ⅥB 族金属 + Ⅷ族金属)的比值在 0.25 ~0.40 较为适宜。活性金属氧化物的质量分数以 15% ~25% 为宜，其中，CoO 或 NiO 约为 3% ~6%、MoO_3 或 WO_3 约为 10% ~20%。

2. 助剂

助剂本身的活性并不高，有的助剂能够使促进副反应的活性中心丧失，从而提高催化剂的选择性，有的助剂能够使催化剂的结构稳定而提高稳定性。助剂的添加量也对催化剂的活性有影响。通常助剂的添加量都不大，一般不超过 10%。

常用的助剂有：P、B、F、Si、Ti、Zr、K、Li 等。其中，P、B、F、Si 等助剂有利于提高载体的表面性质、表面酸性、活性组分的分散度，减少活性金属与载体之间的相互作用。Ti、Zr 有利于调节载体的电表面性质和减少活性金属与载体之间的相互作用。K、Li 等有利于降低载体的表面酸性，提高活性组分的分散度。

二、载体

目前工业应用的加氢处理催化剂的载体主要是 Al_2O_3，通常含有小于 10% 的 SiO_2，为了提高催化剂的加氢脱氮和加氢脱芳活性，也可加入少量分子筛。含 Al_2O_3、SiO_2、TiO_2 和 ZrO_2 的复合载体也在开发之中。加氢处理原料的特殊性要求催化剂载体具有较大的比表面积、平均孔径以及适宜的孔分布。对于馏分油加氢处理多选用介孔较多的载体，而对于渣油加氢处理则选用介孔和大孔都比较集中的双峰型孔径分布的载体。

三、催化剂预硫化

工业制备的加氢处理催化剂金属组分通常呈氧化物的状态，加氢活性较低，只有以硫化物状态存在时才具有较高的加氢活性，贵金属催化剂除外。由于这些金属的硫化物易氧化、不便运输，所以目前加氢处理催化剂都是以其氧化态装入反应器，然后再在反应器内在一定温度下，并在有氢气及硫化氢的存在下将其转化为硫化态，这一过程称之为器内预硫化或原位预硫化。

上述催化剂中金属的硫化反应是很复杂的，实际上是金属氧化物的还原－硫化过程，是强放热反应。反应式如下：

$$4NiO + 3H_2S + H_2 \longrightarrow NiS + Ni_3S_2 + 4H_2O$$

$$9CoO + 8H_2S + H_2 \longrightarrow Co_9S_8 + 9H_2O$$

$$WO_3 + 2H_2S + H_2 \longrightarrow WS_2 + 3H_2O$$

$$2MoO_3 + 5H_2S + H_2 \longrightarrow MoS_2 + MoS_3 + 6H_2O$$

在预硫化过程中最关键的问题就是要避免催化剂床层“飞温”和催化剂中活性金属氧化物与硫化氢反应前被热氢还原。因为被还原生成的金属态钴、镍及钼的低价氧化物（如 Mo_2O_5 和 MoO_2）较难与硫化氢反应转化为低价态硫化物，而金属态的钴和镍又易于使烃类氢解并加剧生焦，从而降低催化剂的活性和稳定性。

加氢处理催化剂的预硫化过程有两种：一是干法预硫化，即采用含硫化氢的氢气硫化；二是湿法预硫化，即将易分解的低分子含硫化合物加入原料油中进行硫化，如果原料油本身含硫很高，也可依靠其自身硫化。但是，自身硫化的效果不如外加硫化剂硫化。我国常用的硫化剂是二硫化碳和二甲基二硫化物，也有用正丁基硫醇和二甲基硫醚的，它们的硫含量及分解温度见表 8－3。其中，二甲基二硫化物的硫含量较高，分解温度较低，比较安全，应用最广泛。

表 8－3　常见硫化剂的硫含量及分解温度

硫　化　剂	硫含量/%（质量分数）	分解温度/℃
CS_2	84.2	175
CH_3SSCH_3	68.1	200
$n-C_4H_9SH$	34.7	225
$(CH_3)_2S$	51.1	250

处理催化剂预硫化的速度和程度与硫化温度有密切的关系。硫化速度随温度的升高而增加，而每个温度下催化剂的硫化程度有一极限值，达到此值后即使再延长时间，催化剂上的硫含量也不会明显增加。这说明催化剂上存在着硫化难易程度不同的活性组分。工业上加氢处理催化剂预硫化采用逐步升温、梯次预硫化的办法，温度一般在 230～320℃，见表 8－4。预硫化温度过高对催化剂的活性不利。

表 8－4　预硫化温度对催化剂活性的影响

预硫化温度/℃	催化剂 A		催化剂 B	
	加氢脱硫相对活性/%	加氢脱氮相对活性/%	加氢脱硫相对活性/%	加氢脱氮相对活性/%
270	138	103	101	122
300	132	103	107	118
330	127	101	105	119
370	120	101	89	108

器内预硫化需要设置专门的预硫化设施（硫化剂储罐、进料泵和控制系统），并且存在着硫化度不高、不安全、床层“飞温”风险、腐蚀、环保等一系列问题。为此，近年来开发出了加氢催化剂器外预硫化技术，即在催化剂制造过程中采用特殊的技术和专门的预硫化装

置将催化剂预先硫化制成硫化态催化剂，或将固体硫化剂预置在催化剂中并经处理制成半预硫化的催化剂。此类催化剂装入反应器后只需要经过氢气存在下的升温处理即可使用，从而一方面避免了器内预硫化的麻烦，也提高了催化剂的活性。

四、失活加氢处理催化剂的再生

加氢处理催化剂失活主要有以下几个原因：

(1) 加氢处理过程中，难免也伴随着聚合、缩合等副反应，特别是当加工含有较多的烯烃、二烯烃、稠环芳烃和胶状沥青状物质的原料时更是如此。这些副反应形成的积炭逐渐沉积于催化剂表面，覆盖其活性中心，从而导致催化剂活性不断下降。一般来讲，加氢处理催化剂上的积炭达10% ~15%时，就需要再生。

(2) 在长期经受高温和氢气的条件下，作为加氢催化剂活性组分的负载在载体上的金属硫化物纳米粒子(2 ~5nm)会发生表面迁移和聚集，从而使催化活性表面积降低而造成活性下降。含氧化合物和微量水的存在也会使催化剂因硫的流失而失活。

(3) 原料中尤其是重质原料中某些金属元素会沉积于催化剂上，堵塞其孔道，致使加氢处理催化剂永久失活。

加氢处理催化剂上的积炭可以通过烧焦除去，以基本恢复其活性。但须指出，在烧焦的同时，金属硫化物也将发生燃烧，所以释放的热量是很大的，如不加控制，再生温度就会太高。而过高的再生温度会造成活性金属组分的熔结，从而导致催化剂活性的降低甚至丧失；此外，也会使载体的晶相发生变化，晶粒增大，表面积缩小。当有蒸汽存在时，在高温下上述变化更为严重。而再生温度过低，则会使催化剂上积炭燃烧不完全，或燃烧时间过长。一般，加氢处理催化剂的最高再生温度一般都控制在450 ~480℃范围内。

催化剂再生时，采用在惰性气体中加氧的方法进行。氧含量从0.5%逐渐提高到1.0%。所用的惰性气体可以是蒸汽也可以是氮气，其中以用氮气时恢复活性效果较好，再生速度也较快。

加氢催化剂的再生可以采取器内的方式，即装置停工后无需卸出催化剂，通入再生气体逐步升温再生，也可以采取器外的方式，即将催化剂卸出，然后在专门的再生装置中再生。目前加氢催化剂的再生已经全部采用器外再生。器外再生的优点在于：可以剔除催化剂结块和粉尘、再生完全、活性恢复度高，完全避免了对加氢装置的腐蚀和再生飞温的风险。

第四节　加氢处理影响因素

加氢处理的操作条件根据原料性质和加氢产物质量要求的不同差别很大，同时也受氢的纯度以及装置的经济性的影响。一般而言，馏分越重，杂质(硫、氮、氧、金属、芳烃、胶质、沥青质等)含量越高，所需的反应条件越苛刻(温度高、氢压和氢油比大、空速低)。延迟焦化和催化裂化装置生产的汽油和柴油所需的反应条件比直馏汽油和柴油所需条件苛刻。

工业上加氢处理的操作条件大体范围是：反应压力1.5 ~17.5MPa，反应温度280 ~420℃，空速0.1 ~12h^{-1}，氢油体积比50 ~1000。

一、原料性质

1. 原料杂质

(1) 氧化沉渣

原料在储存时，其中的芳香硫醇氧化产生的磺酸可与吡咯发生缩合反应而产生沉渣。烯烃与氧可以发生反应形成氧化产物，氧化产物又可以与含硫、氧、氮的活性杂原子化合物发生聚合反应而形成沉渣。沉渣是结焦的前驱物，它们容易在加氢设备中的较高温部位，如生成油与原料油换热的换热器及反应器顶部，进一步缩合结焦，造成反应器和系统压降升高、换热效果下降等。

为了防止原料油与氧气接触，避免和减少换热器和催化剂床层顶部结焦，通常采用惰性气体(氮气或瓦斯气)保护和内浮顶储罐保护。惰性气体中的氧含量应低于5μL/L。

(2) 水分

原料油中含水有多方面的危害，一是引起加热炉操作波动，炉出口温度不稳，反应温度随之波动，燃料耗量增加，产品质量受到影响；二是原料中大量水汽化后引起装置压力变化，影响各控制回路的运行；三是对催化剂造成危害。高温操作的催化剂如果长时间接触水分，容易引起催化剂表面活性金属组分的老化聚结，活性下降，强度下降，催化剂颗粒发生粉化现象，堵塞反应器。通常在原料油进加热炉前设置卧式脱水罐，将加氢原料中的水分脱至300μg/g以下。

(3) 固体颗粒

原料油中常带有一些固体颗粒(如焦化汽油、焦化柴油和焦化蜡油中含有一定量的碳粒)，特别是当原料油酸值高时因设备腐蚀还生成一些腐蚀产物。这些杂质将沉积在催化剂床层中，导致反应器压降升高而使装置无法操作。因此，原料油在进入反应器前应先经过过滤装置，脱除其中的固体颗粒物。

目前，加氢装置多采用自动切换的多列原料过滤器。固体颗粒沉积在过滤元件上，当压降升高到预先设定的差压值时，差压开关启动过滤器的反冲洗程序，并将原料油自动切换到另一列过滤器。反冲洗下来的油经沉降后再进入加氢装置。过滤器的滤芯孔一般小于20~25μm。

(4) 硅

少量的硅沉积就可使催化剂孔口堵塞、活性下降、床层压降上升、装置运转周期缩短、并使得催化剂无法再生使用。硅主要由上游装置进入加氢原料油中，如焦化装置注消泡剂引起焦化石脑油、焦化柴油和焦化蜡油中含硅。其中焦化石脑油中含硅最多，约占1/3。加氢原料中的硅不容易完全脱除。加氢原料含2μg/g的硅时就需要在反应器顶部加装专门吸附硅的催化剂，或者加保护反应器。

2. 硫含量

随着原油馏分变重，硫含量升高，难脱硫的噻吩类、苯并噻吩类和双β位取代的二苯并噻吩硫化物显著增加。因此，馏分越重，硫含量越高，加氢脱硫产品的硫含量降至一定水平时，所需要的催化剂的加氢活性越高，反应条件越苛刻。

加氢脱硫深度与催化剂的失活密切相关。研究结果表明，在压力5.0MPa、空速2.0h^{-1}的常规条件下，生产30μg/g硫含量柴油的反应温度需要比生产500μg/g硫含量产品时高约30℃，催化剂失活速度快7倍；如果空速降至1.0h^{-1}，反应温度需提高15℃，催化剂失活速率为原来的3倍。图8-1说明了在恒定的VGO进料性质、氢分压和空速下，加氢脱硫率为95%时，催化剂的失活速度比脱硫率为65%时的大5倍。类似的规律也适合于加氢脱氮和加氢脱芳烃反应。

加氢脱硫反应速率较大，并且是强放热反应。产品硫含量每下降1%，耗氢量约为8.9~17.9Nm^3/m^3，每千克进料放热为16.2kJ。因此原料油硫含量增加时可能引起反应器入

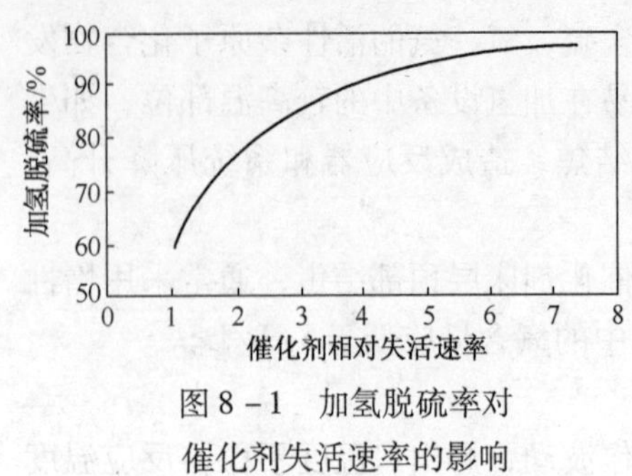

图 8-1　加氢脱硫率对催化剂失活速率的影响

口催化剂床层温升明显增加，如不加以控制，将引起后续床层温度升高，导致过度的加氢，甚至造成反应器超温。

石油馏分加氢处理过程中，某些工艺经常采用贵金属催化剂，如重整生成油后处理、裂解汽油或催化裂化汽油选择性加氢脱双烯、柴油馏分两段深度脱芳烃工艺的第二段反应器、润滑油加氢异构裂化生成油后处理等。贵金属催化剂极易发生硫中毒，即使是微量硫的存在也可导致催化剂活性大幅下降，因此贵金属催化剂要求原料油中的硫含量在几个μg/g。

3. 氮含量

国产原油具有低硫高氮的特点，国内原油馏分的含氮量一般高于中东含硫原油相应的馏分，同种原油的二次加工油含氮量高于直馏馏分，并且随着沸点的增加，氮含量增高。

在同样的反应条件下，加氢脱氮反应比加氢脱硫反应要难得多。图 8-2 给出了加氢脱氮率与加氢脱硫率之间的关系。大多数加氢处理装置在低氢分压等级和 $CoMo/Al_2O_3$ 催化剂的作用下脱硫率就可以达到 90%，而此时脱氮率只有 30% 左右。使用加氢活性较高的 $NiMo/Al_2O_3$ 催化剂和中等氢分压脱氮率可以达到 40%。国内原油馏分油的氮含量普遍比国外原油同馏分的高，所以在得到相同氮含量的加氢产品时，加工国内原料所需的反应温度较高。

原料油中的碱性氮化物及所有的加氢脱氮反应的中间产物均具有较强的碱性，它们可与催化剂的活性中心产生很强的吸附作用，且难于脱附，因此在一定程度上对催化剂反应活性产生抑制作用或暂时性中毒。因此。在加氢处理中，原料油氮含量升高时，往往引起脱氮率下降，产品氮含量升高，脱硫率也受到影响。

由于有较多的氮化物以氮杂环形式存在于馏分油中，这些氮化物比脂肪族类氮化物更难脱除，它们的加氢脱氮反应一般都要先经过氮杂环的加氢饱和这一步骤，因此要达到深度加氢脱氮总是伴随着大量的耗氢。图 8-3 所示为催化裂化柴油馏分(LCO)、直馏减压蜡油(VCO)原料在不同加氢脱氮深度时的化学氢耗量，由图看见，当加氢脱氮反应由中等苛刻度上升到高苛刻度时，化学氢耗量可以增加一倍。

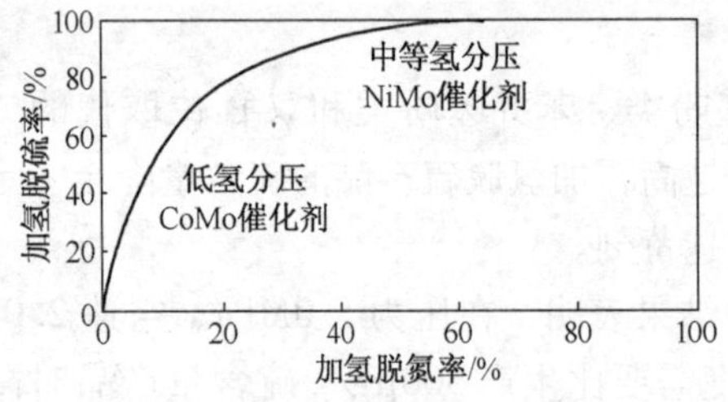

图 8-2　脱氮率与脱硫率的相对关系

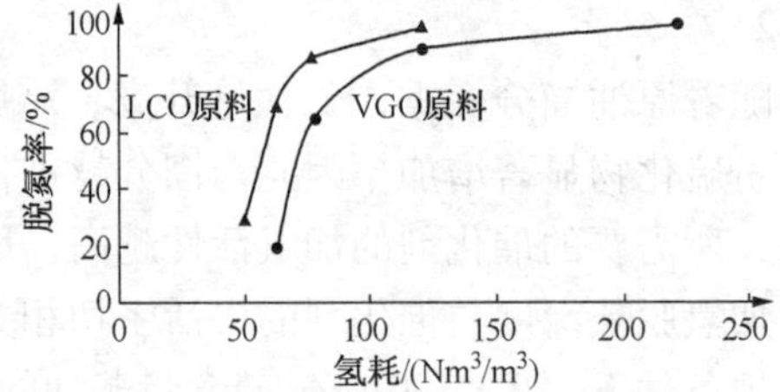

图 8-3　加氢脱氮深度与氢耗的关系

4. 烯烃

直馏原料一般含烯烃较少，但延迟焦化和催化裂化产品含烯烃较多。烯烃含量的高低对催化剂加氢脱硫、加氢脱氮、芳烃饱和的活性影响较小。但是烯烃易发生聚合反应，其聚合物会引起床层上部催化剂表面的结焦，使反应器催化剂床层压降迅速增加，缩短装置的运转周期。此外，烯烃的加氢饱和是强放热反应，溴价每降低 1 个单位，耗氢量约为 1.07 ~

$1.42Nm^3/m^3$，每千克进料的放热量为16.2kJ。因此原料油中烯烃含量高会引起催化剂床层高的温升和化学氢耗提高。

5. 芳烃

原料油的芳烃含量主要和原油的种类及上游加工工艺有关。催化裂化柴油和焦化柴油的芳烃含量较高，因此其十六烷值较低。直馏柴油和减黏柴油的芳烃含量较低。

在通常的加氢处理条件下，由于竞争吸附作用，芳烃对硫化物的加氢脱硫反应有一定的抑制作用，而对氮化物的加氢脱氮反应抑制作用很小。但原料油中存在大量芳烃时，可能增加催化剂积炭量，降低其活性，从而影响加氢脱硫及加氢脱氮效果。

芳烃化合物由于其共轭双键的稳定作用而使得加氢饱和非常困难，存在逆反应。并且由于芳烃的加氢饱和反应是一个强放热反应，提高反应温度对加氢饱和反应不利。原料油的芳烃含量高也会造成氢耗增加。

7. 沥青质

沥青质是一种主要的结焦前驱物，即使微小地增加沥青质含量，也会使催化剂失活速率大幅度增加，缩短运转周期。而且沥青质中常包括一些金属，它也是催化剂的毒物。因此，必须严格控制原料油中的沥青质含量。

沥青质主要存在于渣油中，对于常规加氢处理过程，通常要求进料中的沥青质含量低于100μg/g。原料油中沥青质含量过高，将会大大增加保护剂的用量。

8. 金属

石油馏分的金属大部分富集于重质油，特别是渣油中。对加氢装置操作影响比较大的金属有铁、钙、镁、钠、镍、钒、铜、铅、砷等。

铁对催化剂活性的影响较小，但是它很容易成为硫化物而沉积在催化剂床层表面，一般以结壳的形式出现在催化剂床层的顶部，引起床层压降的上升，严重时被迫停工。一般要求加氢装置进料中铁含量小于2μg/g，最好小于1μg/g。在反应器顶部加装脱铁保护剂可使操作周期平均延长6个月至2年。

与铁相类似，高的钙、镁、钠含量也会导致催化剂床层表面的污垢沉积。但对产品收率、性质及催化剂活性影响较小。为了避免催化剂微孔被这些金属盐类堵塞，需要增加保护剂的用量。由于钙、镁、钠等金属大部分来源于原油，因此只要保证原油脱盐工艺效果，基本上可以消除其影响。

重金属，特别是镍、钒、铜、铅等极易沉积在催化剂的孔隙中，覆盖催化剂表面活性中心，导致催化剂永久失活，不能通过催化剂再生来恢复活性。由图8-4可见，沉积有重金属的催化剂即使经过再生，其加氢脱硫活性也远低于新鲜剂的水平，而且随着运转时间的延长，催化剂失活速率加快。因此在催化剂经过第一周期运转之后，必须更换因金属沉积而失活的催化剂。由于重金属一般以有机金属化合物（如卟啉镍、卟啉钒）的形式存在，因此应严格控制进料的95%馏出点温度，以减少重金属含量。在一般的馏分油加氢处理工艺中，通常要求铁以外金属含量小于1μg/g。

砷是加氢催化剂的毒物，催化剂上即使沉积少量的砷，其活性也会大幅下降。如图8-5所示，即使是高抗砷中毒能力的催化剂上沉积5000μg/g的砷时就会造成30%以上的活性损失，而对于低抗砷中毒能力的催化剂，当其上沉积的砷质量含量达到1000μg/g时，活性下降幅度可以达到50%。通常，当催化剂上砷含量超过500~1000μg/g时不再进行再生。

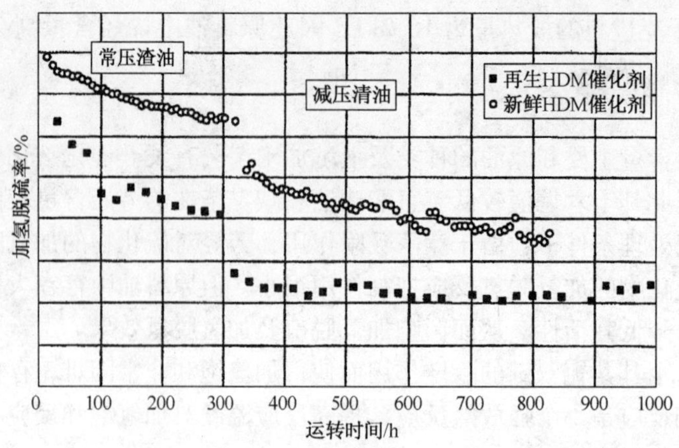

图 8-4　新鲜 HDM 催化剂与沉积有金属的再生 HDM 催化剂的活性对比

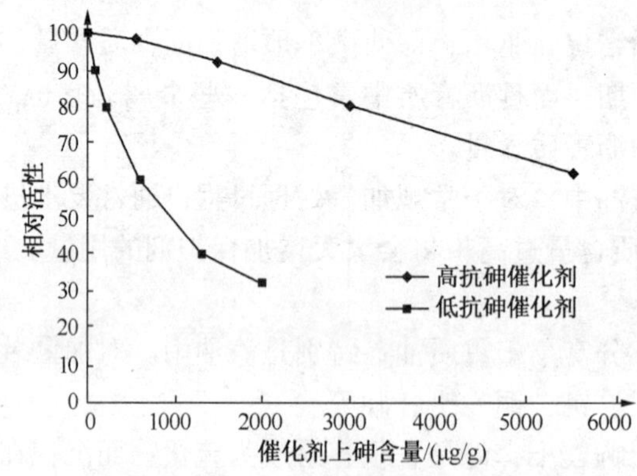

图 8-5　砷含量对加氢催化剂活性的影响

对于进料中砷含量的限值范围一直有争议，但一般认为加氢处理催化剂能耐受的原料油中砷含量小于200μg/kg。对于高砷含量的原料油，一般采用在反应器顶部加装脱砷剂，或者在主反应器前设置脱砷反应器的做法。

二、工艺条件

1. 氢分压

由于加氢是体积缩小的反应，所以从热力学看，提高压力对于化学平衡是有利的。同时，在压力增加时，催化剂表面上反应物和氢的吸附浓度都增大，其反应速率也随之加快。反应压力的选择主要取决于原料和补充氢的纯度。一般来说，随着原料沸点范围的升高，其中的非烃化合物的结构愈趋复杂，这就需要用更高的压力才能脱除其中的杂原子，并且抑制催化剂因积炭而过快失活。需要指出的是，这里起作用的是氢分压而不是总压，所以补充氢的纯度越高，要达到一定的氢分压其总压也就越低。

馏分油加氢过程中，氢分压的大小通常用反应器入口氢分压(简称反入氢分压)表示。其计算方法如下：

反应器入口氢分压 = 反应器入口总压 × 室温状态下反应器入口气体中氢气的体积分率(即进入反应器的新氢和循环氢混合气中氢气的体积纯度)

如图 8-6 所示，在正常温度范围内，升高氢分压能提高加氢处理反应的速率，尤其对加氢脱氮的影响更大。但是，压力也不能太高，过高的氢分压并不能显著提高加氢效果，反而会使过多的氢气消耗在芳香环的饱和上，从而增加成本。

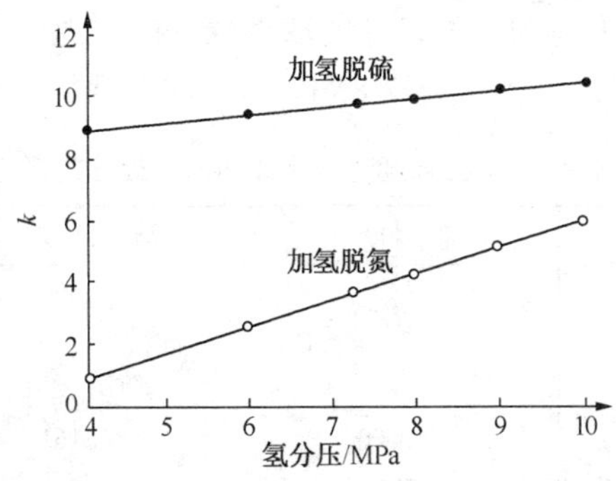

图 8－6　氢分压对加氢脱硫及加氢脱氮反应速率的影响

（原料为胜利减压馏分；催化剂为 $WMoNi/Al_2O_3$）

氢分压对加氢脱氮速率常数的影响大于对加氢脱硫速率常数的影响，是由于加氢脱氮反应需要先进行氮杂环的加氢饱和所致，而提高压力可显著地提高芳烃的加氢饱和反应速率和平衡转化率。

表 8－5 给出了 $MoNi/Al_2O_3$ 为催化剂，分别以直馏柴油和混合柴油(直馏柴油/催化裂化柴油 =80/20)为原料油的加氢处理试验结果。从表中数据可以看出，对于直馏柴油原料，当氢分压从 4.0MPa 上升到 8.5MPa 时，芳烃饱和率(HDA)从 25.0% 上升到 81.2%；对于混合柴油原料，氢分压从 5.5MPa 上升到 10.0MPa 时，芳烃饱和率从 49.0% 上升到 87.3%。可见氢分压对加氢脱芳烃深度有很大影响。

表 8－5　直馏和混合柴油加氢处理时压力对脱芳烃的影响

原料性质	直馏柴油 硫：1.31% 芳烃：26.7%			80/20 直馏柴油/LCO 硫：1.16% 芳烃：39.2%		
产品目标						
芳烃/%	20	10	5	20	10	5
HDA/%	25.0	62.5	81.2	49.0	74.5	87.3
WABT/℃	基础	基础	基础	基础	基础	基础
LHSV/h^{-1}	基础	基础	基础	基础	基础	基础
氢分压/MPa	4.0	6.5	8.5	5.5	8.0	10.0
化学氢耗/(Nm^3/m^3)	61	90	110	116	135	155
硫/(μg/g)	25	20	<10	22	20	<10
氮/(μg/g)	<1	<1	<1	<1	<1	<1
十六烷指数	60	63	65	55	56	57

轻质油加氢处理的操作压力一般为 1.5～2.5MPa，而其氢分压仅为 0.6～0.9MPa，这是由于存在着较高的轻组分蒸气分压所致。柴油馏分加氢处理的压力一般为 3.5～8.0MPa，氢分压约为 2.5～7.0MPa。而减压渣油加氢处理所需的压力则高达 12～17.5MPa，氢分压约为 10～15MPa。

2. 反应温度

由于加氢是强放热反应，所以从化学平衡的角度看，过高的温度对反应是不利的。过高的反应温度还会由于裂化反应的加剧而降低液体收率，以及使催化剂因积炭而过快失活。但从动力学考虑，温度也不宜低于 280℃，否则反应速率会太慢。此外，由于加氢脱氮比较困难，往往需采用比加氢脱硫更高的温度，才能取得较好的脱氮效果。原料油含氮 10000μg/g 时，采用 $CoMo/Al_2O_3$催化剂，反应压力 4.8MPa 时反应温度的影响见表 8-6。

表 8-6　反应温度对焦化柴油加氢处理的影响

项　　目	原料油	精制柴油	精制柴油
平均反应温度/℃		360	380
油品性质			
密度(20℃)/(g/cm³)	—	0.8176	0.8161
硫含量/(μg/g)	10000	161	4
氮含量/(μg/g)	71.0	0.6	<0.5
色度(ASTM D-1500)	0.9	0.7+	1.5+
(直观颜色)	(淡黄)	(浅绿)	(黄绿)
总芳烃含量/%	25.9	18.3	20.2

注：反应压力为 4.8MPa。

由于芳烃分子的共轭 π 键非常稳定，因此芳烃加氢饱和反应需要较高的反应温度。但是由于加氢受热力学的影响较大，因此通常加氢处理条件下，芳烃脱除率只有 50%~60%。

实际生产中一般根据原料性质和产品要求来选择适宜的反应温度。加氢处理的温度范围一般为 280~420℃，对于较轻的原料可用较低的温度，而对于较重的原料则需用较高的温度。

重整原料预加氢的反应温度为 260~360℃。催化裂化汽油加氢处理的温度如超过 340℃后，会导致生成的 H_2S 与烯烃重新结合为硫醇，反而使产物的含硫量达不到要求。柴油加氢反应一般为 300~400℃，超过 400℃会造成产品颜色变差。为保证产品质量、避免裂化和微量烯烃的产生，润滑油的加氢补充精制所用的温度以 260~320℃为宜。蜡油馏分加氢反应温度一般为 340~420℃。渣油加氢的反应温度一般为 340~420℃。

因为加氢反应是强放热反应，所以在绝热的反应器中反应体系的温度会逐渐上升。为控制温度，需向反应器中分段通入冷氢。

3. 空速

降低空速可使反应物与催化剂的接触时间延长，加氢反应程度加深，有利于提高产品质量。但是过低的空速会使反应时间过长，由于裂化反应显著而降低液体收率，氢耗也会增大。同时，对于一定大小的反应器，降低空速即意味着降低其处理能力。因此，必须根据原料性质、催化剂活性、加氢深度的要求以及反应器的容积利用效率等多方面权衡选择合理的空速。

表 8-7 列出了催化裂化柴油加氢产品质量随空速变化的中试结果。

表 8-7　空速对加氢处理的影响

项　　目	原料油(催化裂化柴油)	体积空速/h^{-1}			
		1.0	0.8	0.5	0.3
总芳烃/%②	53.4	31.9	27.1	20.1	12.8
双环以上芳烃/%②	35.3	4.6	3.6	2.7	1.7
硫含量/(μg/g)	1518	40	20	17	13
氮含量/(μg/g)	959	2.2	1.2	0.6	0.4
密度(20℃)/(g/cm³)	0.8761	0.8450	0.8406	0.8347	0.8307

续表

项目	原料油（催化裂化柴油）	体积空速/h^{-1}			
		1.0	0.8	0.5	0.3
馏程(D-86)/℃					
初馏点	191	180	176	179	171
50%	282	268	264	264	262
终馏点	365	364	362	364	363
总芳烃脱除率/%		40.3	49.2	62.4	76.0
双环以上芳烃脱除率/%		87.0	89.8	92.4	95.2

① 氢分压为基准，反应温度为363℃。

② 质量分数。

由表中数据可见，随着空速的降低，脱硫率、脱氮率、总芳烃脱除率及双环以上芳烃脱除率都明显提高。

对于石脑油馏分的加氢处理可以用较高的空速，如在3.0MPa压力下，空速一般为2.0~4.0h^{-1}甚至更高。而对于柴油馏分的加氢处理，在压力为4~8MPa下，一般空速也只能在1.0~2.0h^{-1}之间。蜡油馏分加氢处理的空速一般为0.5~1.5h^{-1}。渣油加氢的空速一般为0.1~0.4h^{-1}。对于含氮量高的原料则需用较低的空速，才能得到较好的脱氮效果。

4. 氢油比

氢油比是指进到反应器中的标准状态下的氢气与冷态(20℃)进料的体积比(单位为m^3/m^3)。在压力、空速一定时，氢油比影响反应物与生成物的汽化率、氢分压以及反应物与催化剂的实际接触时间。

① 氢油比加大，反应器内氢分压上升，参与反应的氢气分子数增加，有利于提高反应深度，有助于抑制结焦前驱物的脱氢缩合反应，使催化剂表面积炭量下降，既可维持催化剂的高活性，又可延长催化剂的使用周期。

② 氢油比上升意味着循环氢量相对增加，可带走更多的反应热。循环氢有较高的比热系数。每kg氢气温度上升1℃所吸收的热量相当于8.5kg烷烃气体温度下降1℃时释放的热量。因此，大的氢油比可以使催化剂床层温升减小，催化剂床层平均温度下降。

③ 氢油比提高，可改善氢气对原料油的雾化效果，提高原料油汽化率，促进油与氢气的混合。在原料油较重，大部分呈液相滴流状态流过催化剂床层的情况下，循环氢流量增加后，反应器压降增加，可使物流在反应器内的分布更均匀，从而改善进料与催化剂间的接触效率，提高反应效果。

④ 氢油比增大，单位时间内流过催化剂床层的气体量增加，流速加快，反应物在催化剂床层里的停留时间缩短，反应时间减少，不利于加氢反应的进行。

硫含量为1.25%直馏柴油馏分，在$CoMo/Al_2O_3$催化剂上和5.0MPa、371℃、2.5h^{-1}条件下，氢油比的影响见图8-7。由图可见，加氢处理效果先是随氢油比的加大而改善，到达一最高点后，又随氢油比的加大而变差。

此外，氢油比对操作成本也有较大的影响。一套加氢装置的操作成本中，新氢压缩机和循环氢压缩机的能耗占有相当大的比例，氢油比越小、循环氢压缩机负荷越低，能耗越小，装置操作成本越低。因此，合适的氢油比必须根据原料的性质、产品的要求，综合考虑各种技术和经济因素来选择。通常，汽油馏分加氢处理的氢油比为 60～250m^3/m^3，柴油馏分加氢处理的氢油比为 150～500m^3/m^3，减压馏分油加氢处理的氢油比为 200～800m^3/m^3。

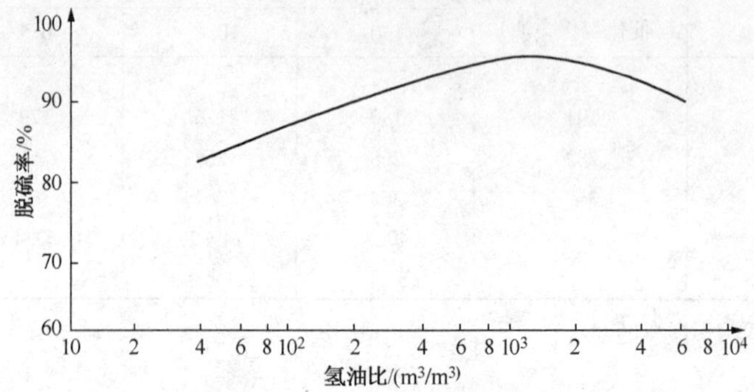

图 8－7　氢油比与脱硫率的关系

第五节　加氢处理工艺流程

石油馏分加氢处理的工艺流程尽管因原料不同和加工目的不同而有所差异，但是其基本原理相同，因此各种石油馏分加氢处理的工艺流程原则上没有明显的差别。现以催化裂化汽油、柴油和渣油加氢处理为典型例子进行介绍。

一、催化裂化汽油加氢脱硫工艺流程

以中国石化北京石油化工科学研究院（RIPP）开发的 RSDS－Ⅱ工艺为例，介绍催化裂化汽油选择性加氢脱硫流程，见图 8－8 所示。

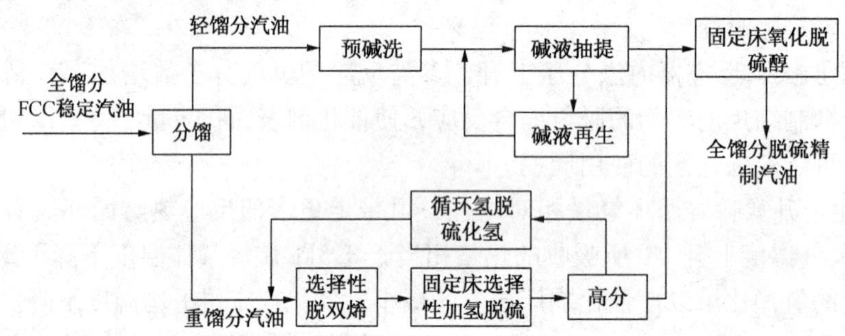

图 8－8　催化裂化汽油选择性加氢脱硫工艺原则流程图

1. 分馏

针对催化裂化汽油硫化物富集在高沸点馏分、烯烃集中在轻馏分汽油中的特点，需要对催化裂化汽油进行切割，仅对重馏分汽油进行加氢脱硫，以求在催化裂化汽油脱硫的同时减少辛烷值损失。一般根据原料性质和产品目标，选择合适的切割点为 80～100℃。切割温度对轻馏分汽油和重馏分汽油性质的影响见表 8－8，切割温度对脱硫率以及加氢汽油烯烃含量和辛烷值的影响见表 8－9。

表 8－8　不同切割温度下轻馏分汽油和重馏分汽油的典型性质

切割点/℃	60	70	80	90	100	110
轻馏分						
收率/%	25	32	36	43	50	57

续表

切割点/℃	60	70	80	90	100	110
硫/(μg/g)	61	119	176	233	339	502
烯烃/%(体)	65	63	61	59	57	54
重馏分						
收率/%	75	68	64	57	50	43
硫/(μg/g)	2110	2284	2408	2632	2850	3021
烯烃/%(体)	29	27	24	21	18	16

表8－9　切割温度对脱硫率及加氢汽油烯烃含量和辛烷值的影响

项　　目	硫/(μg/g)	HDS/%	烯烃/%(体)	RON	ΔRON
FCC 汽油原料	1635	—	52.9	93.8	—
全馏分 HDS 方案	125	92.3	18.5	85.3	8.5
70℃切割 HDS 方案	176	89.2	36.5	91.7	2.1
90℃切割 HDS 方案	192	88.3	42.1	92.1	1.7

工艺条件：反应压力1.6MPa，反应温度280℃、体积空速3.0h^{-1}、氢油体积比300。

由表8－8可以看出，随着切割温度提高，轻重馏分汽油的烯烃含量均逐渐降低，硫含量均逐渐增加。由表8－9可以看出，切割温度提高，加氢汽油残余硫和烯烃含量增加，辛烷值减小。因此在满足汽油硫含量和烯烃要求的条件下，应尽量选择较高的切割温度，以尽可能减少辛烷值的损失。

2. 碱液抽提

催化裂化汽油中含有的硫醇是一种氧化引发剂，在汽油储运过程中，易使汽油中的不稳定物氧化，缩合生成胶状物质，从而使汽油的安定性变差。硫醇还有腐蚀性，它不但使发动机机件和储运设备受到严重腐蚀，还能使单质硫的腐蚀性显著增加。因此，必须对催化裂化轻汽油进行脱硫醇处理。

硫醇具有一定的酸性，能与NaOH反应生成溶于NaOH的硫醇钠。利用这一性质，可以将硫醇从汽油中抽提出来，同时也降低汽油的总含硫量。

$$\mathrm{RSH}(\text{油相}) + \mathrm{NaOH}(\text{水相}) \xlongequal{\text{催化剂}} \mathrm{NaSR}(\text{水相}) + \mathrm{H_2O}$$

抽提后NaOH碱液送去氧化再生。在再生过程中，NaOH碱液中的硫醇钠在催化剂的作用下被氧化成二硫化物。二硫化物不溶于碱，它与碱液分层以后，碱液即可循环使用。常用的催化剂是磺化酞菁钴。

$$4\mathrm{RSNa} + \mathrm{O_2} + 2\mathrm{H_2O} \xrightarrow{\text{催化剂}} 2\mathrm{RSSR} + 4\mathrm{NaOH}$$

硫醇分子越小，酸性越强，越易与NaOH反应，越容易从汽油中抽出。

轻馏分汽油含有硫化氢和酚类等酸性物也能与NaOH反应，因此直接影响脱硫醇效果，并影响催化剂寿命。因此在脱硫醇之前用5%～10%的NaOH溶液进行预碱洗，除去这些酸性杂质。

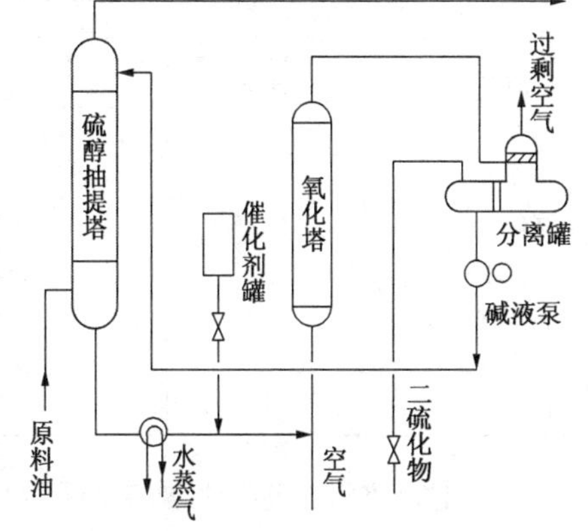

图8－9　碱(NaOH)液抽提工艺流程

脱去酸性杂质的原料油(轻汽油馏分)进入硫醇抽提塔下部，含有催化剂的NaOH溶液从抽提塔上部进入，二者进行逆流接触。硫醇在催化剂的作用下与

NaOH 反应生成硫醇钠，溶于 NaOH 溶液中。抽提后的轻汽油馏分从塔顶流出，送入固定床氧化脱硫醇部分。

从硫醇抽提塔底部排除的含有硫醇钠和催化剂的 NaOH 溶液加热后与空气混合，进入氧化塔，使硫醇钠与氧气和水作用转化为二硫化物，送入二硫化物分离罐，分离出过剩的空气和生成的二硫化物，上层二硫化物排出系统外(或进入加氢反应器)，下层分离出来的再生后含有催化剂的 NaOH 溶液送回抽提塔上部循环使用。

抽提一般在常温下进行，压力应大于轻馏分汽油的饱和蒸气压。NaOH 溶液浓度一般为 10%，催化剂在 NaOH 溶液中浓度一般为 100～200μg/g。NaOH 溶液循环量随油中含硫醇量及油的性质而有所不同。一般对于催化裂化汽油，NaOH 溶液与汽油体积比为 0.1%～0.2%，对于直馏汽油，碱液与汽油体积比为 0.3%～0.6%。

氧化塔氧化温度一般为 40～65℃，空气用量根据原料中含硫醇量和处理量计算，考虑到副反应，供氧量为硫醇氧化的理论需氧量的两倍，即每千克硫醇约需 0.5kg 或 1.67Nm^3 空气。

3. 选择性脱二烯烃

重馏分汽油先通过换热达到一定温度后进入选择性加氢脱二烯烃反应器脱除二烯烃。催化裂化汽油重馏分的二烯值一般为 0.5～3.5gI_2/100mL，二烯烃在一定温度下除自身发生聚合反应外，还会同催化裂化汽油中其他烃类发生反应生成胶质或结焦前身物(通常 160～180℃被认为是开始发生反应的温度)。反应温度越高，二烯烃越容易生成胶质直至焦炭，沉积到催化剂床层上部导致压降上升。为保证装置长周期运转，必须设选择性脱二烯烃反应器。工业装置的选择性脱二烯烃反应器装填 RGO－2 催化剂，主要性质见表 8－10。

4. 固定床选择性加氢脱硫

脱二烯烃后的重馏分汽油经过加热炉加热到一定温度后进入选择性加氢脱硫反应器。加氢产物进入高压分离器，分出的氢气脱除硫化氢后循环使用。因为如果不脱除反应过程生成的硫化氢，必然造成循环氢中硫化氢浓度的积累，硫化氢还会与烯烃反应生成硫醇，加氢脱硫转化率下降和汽油硫醇含量超标。一般要求循环氢中硫化氢含量低于 500μg/g。

加氢脱硫反应器装填 RSDS－21 和 RSDS－22 二种催化剂，RSDS－21 具有高加氢脱硫活性，RSDS－22 具有高加氢脱硫选择性。RSDS－21 和 RSDS－22 组合可以达到最佳的脱硫活性与选择性，它们的性质见表 8－10。

表 8－10　加氢催化剂的性质

物化性质	RGO－2	RSDS－21	RSDS－22
w(NiO)/%	≥2.5	—	—
w(CoO)/%	—	≥3.5	≥3.5
$w(MoO_3)$/%	≥50	≥11.0	≥11.0
载体	氧化铝	氧化铝	二氧化硅
比表面积/(m^2/g)	≥170	≥100	≥100
孔体积/(mL/g)	≥0.50	≥0.40	≥0.35
径向强度/(N/mm)	≥12.0	≥14	≥25(N/粒)
形状	三叶草	蝶形	球形

催化裂化汽油选择性加氢脱硫的反应条件见表 8－11，原料与选择性加氢后重汽油的性质见表 8－12。

表 8－11　催化裂化重汽油选择性加氢脱硫的反应条件

项　　目	操作条件	项　　目	操作条件
体积空速(主剂)/h^{-1}	3.32	平均反应温度/℃	240
反应器入口氢分压/MPa	1.70	循环氢中 H_2S/(μg/g)	328
氢油体积比	870		

表 8－10　催化裂化重汽油选择性加氢脱硫前后性质的变化

项　　目	原　　料	产　　物	项　　目	原　　料	产　　物
密度(20℃)/(g/cm^3)	0.7768	0.7772	烯烃	10.9	9.0
硫含量/(μg/g)	553	42	芳烃	42.1	42.65
族组成/%(体)			RON	93.9	93.5
饱和烃	47.0	48.35	MON	82.5	82.4

在氢分压 1.70MPa、主剂体积空速 3.32h^{-1}、平均反应温度 240℃的条件下，重馏分加氢汽油中硫的含量为 42μg/g，脱硫率为 92.41%，而研究法辛烷值只损失了 0.6 个单位。

5. 固定床氧化脱硫醇

重馏分汽油加氢脱硫反应过程中生成部分硫醇，轻馏分汽油中也会残存少量硫醇，造成产品汽油的脱硫含量和博士试验不合格。这二部分硫醇在碱液中溶解度有限，因此更适合采用固定床氧化工艺脱除。硫醇转化为二硫化物留在汽油中。

经碱液抽提后的轻馏分汽油与加氢脱硫后的重馏分汽油混合，进入固定床氧化脱硫醇反应器，在压力 0.29MPa，温度 30℃，适宜的空气量和活化剂量下，使硫醇硫含量低于 5μg/g。RSDS－Ⅱ技术工业应用结果见表 8－13。

表 8－13　RSDS－Ⅱ技术工业应用结果

项　　目	原　　料	产　　物	项　　目	原　　料	产　　物
硫含量/(μg/g)	460～470	28～34	(RON＋MON)/2 损失		0.5～0.6
硫醇/(μg/g)	51	<3	汽油收率/%		99.62
烯烃/%	40～41	39～40	氢耗/%		0.18
RON	93.9	93.3			

二、柴油加氢处理工艺流程

典型的柴油加氢处理流程见图 8－10。

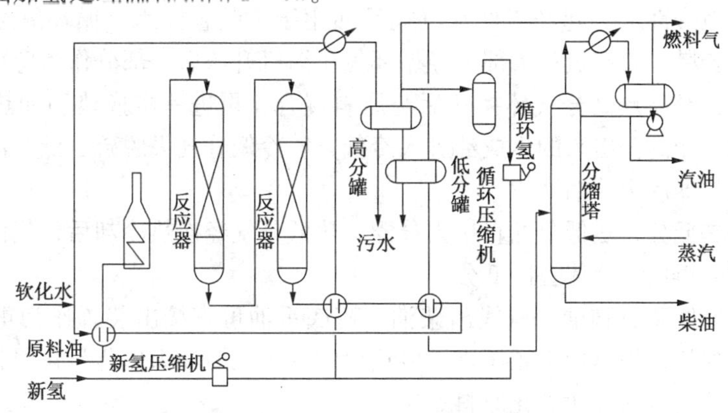

图 8－10　典型的柴油加氢处理流程图

原料油与加氢生成油在换热器中换热后，进入加热炉中，在炉出口与循环氢混合，依次进入串联的两个加氢处理反应器。在该流程中循环氢不经加热炉而是在炉后与原料油混合，此时为了保证混合后能达到反应器入口温度330～410℃的要求，循环氢应在混合前先与加氢生成油换热。但也有一些装置循环氢与原料油在炉前混合，以气液相混合状态进入加热炉加热至反应温度。

加氢生成油经过与循环氢、分馏塔进料和原料油换热后注入软化水，以清洗加氢反应时生成的氨和硫化氢，防止生成多硫化铵或其他铵盐堵塞设备，然后经过冷却，再进入高压分离器，分出含铵盐的污水排入下水道。高压分离器分出的循环氢大部分进入分液器，进一步分离携带的油滴后，进入循环氢压缩机，并在临氢系统中循环，另一部分循环氢作为燃料气排出装置。加氢过程消耗的氢气由新氢压缩机补充。

加氢生成油分出循环氢后经减压进入低压分离器中，放出的燃料气排出装置，底部分出的油品经与加氢生成油换热后进入分馏塔，塔底吹入过热水蒸气，以保证柴油的闪点和腐蚀合格。塔顶油气经冷凝冷却器冷凝冷却后进入油水分离罐，分出的汽油一部分打回流控制塔顶温度，其余送出装置。塔底加氢柴油经与进塔油换热并经冷却后送出装置。

若处理的原料油含硫较高时，即使在高压分离器排放高压燃料气、循环氢中的硫化氢浓度仍高达1%以上，低压分离器和分馏塔分出的低压燃料气含硫化氢也高。这样循环氢压缩机及其入口管线、分馏塔顶油气冷凝冷却器均会有腐蚀，燃料气系统也会发生腐蚀。因此为了保证循环氢的纯度，避免 H_2S 在系统中积累，一些装置设有脱除硫化氢系统，即用乙醇胺溶液将循环氢中硫化氢吸收。

柴油馏分加氢处理的操作条件因原料不同而异，直馏柴油馏分的加氢处理条件比较缓和，催化裂化柴油和焦化柴油加氢处理则要求更苛刻的反应条件。

三、渣油加氢处理工艺流程

某公司减压渣油加氢脱硫(VRDS)装置流程见图8－11。该装置能力为1.5Mt/a。原料重金属(Ni＋V)含量95μg/g，硫的质量分数3.5%。

原料油从缓冲罐抽出，经分馏部分低压余热换热到要求的温度，并经过滤后进入进料缓冲罐。经高压泵升压，并与氢气混合，再经过热高分气、反应产物换热器换热后，再经加热炉加热到需要的温度，进反应器。反应产物经换热达到控制的温度，进热高压分离器。热高分顶部气体与混氢原料、氢气换热后，再经空冷器进冷高压分离器进行三相分离。冷高分分出的酸性水与其他酸性水一起经酸性水汽提后回用于本装置注水。循环氢经特殊的除氨设备，进循环氢脱硫塔。脱硫氢气大部分经循环氢压缩机升压后，部分作为急冷氢气，另一部分与补充氢一起，经与热高分气体换热后与原料混合，再进一步换热和加热升温至要求温度，进入反应器。冷高分出来的生成油进入冷低分。冷低分气去脱硫。低分油与热低分闪蒸冷凝油一起经换热器后去分馏。

热高分油进热低分，热低分油直接去分馏。热低分气经换热冷却后，气体含氢较多，作为补充氢的一部分再用。液体去冷低分。

分馏塔顶出气体和石脑油，侧线出柴油，塔底重油可直接出装置作为重油催化裂化原料，也可部分经加热炉加热后进减压塔。侧线出的减压瓦斯油为催化裂化原料，塔底减压渣油作为低硫燃料油或重油催化裂化原料。

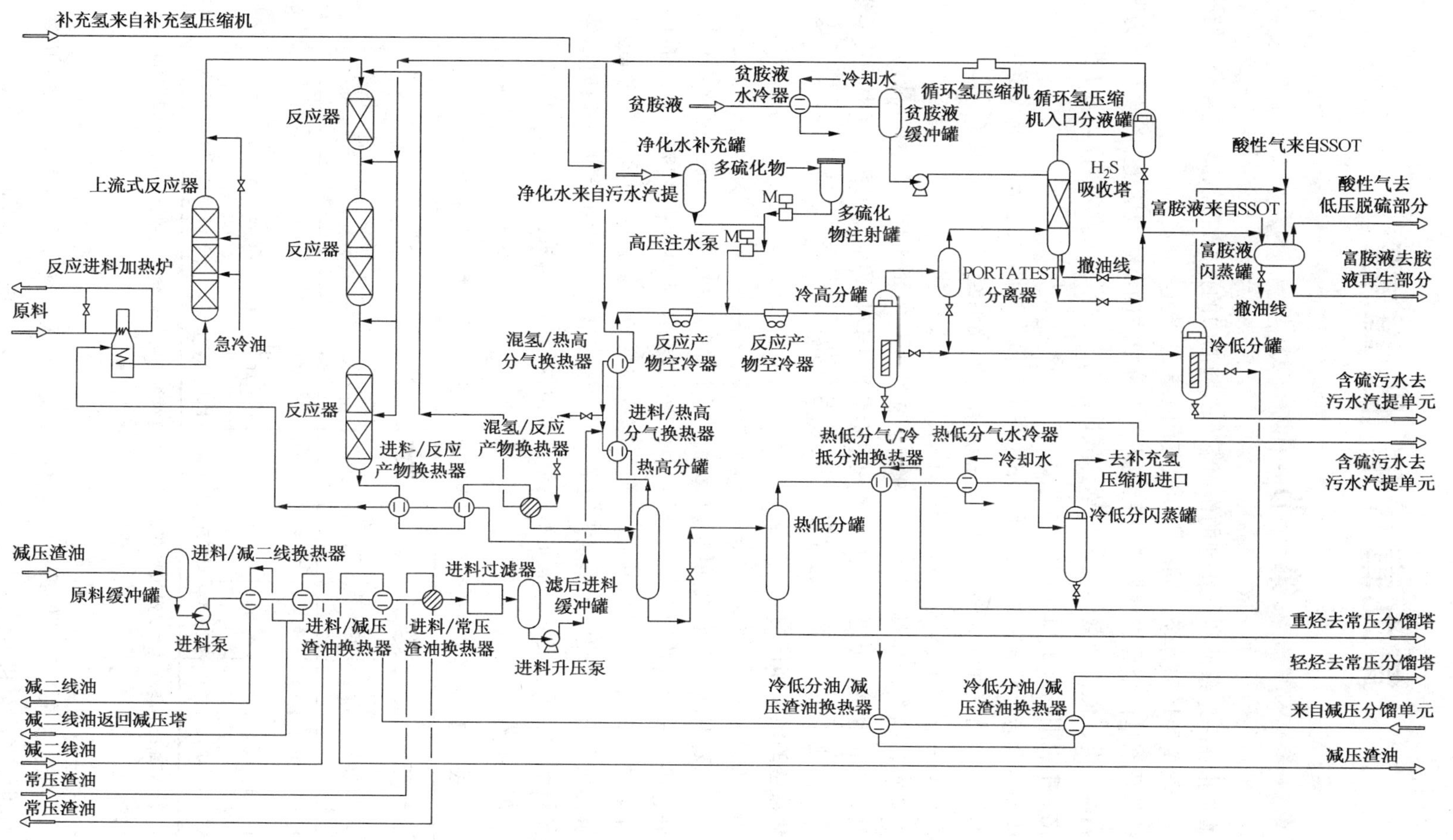

图 8-11　中国某公司减压渣油加氢处理流程图

第九章　催化重整

第一节　概　述

催化重整是指在一定条件和催化剂的作用下，石脑油中的正构烷烃和环烷烃分子结构重新排列，转化为异构烷烃和芳烃，同时产生氢气的工艺过程。

催化重整催化剂是由金属、酸性组分和载体三部分组成的负载型催化剂。金属分为非贵金属和贵金属两大类，催化剂载体是氧化铝，酸性组分是卤素(一般为氯)，为了提高芳构化活性，催化剂中也加入分子筛。

重整生成油富含芳烃和异构烷烃，可以作为高辛烷值汽油调合组分，一般复杂炼油厂中催化重整汽油约占产品汽油的30%～40%左右。重整生成油经芳烃抽提生产的苯、甲苯和二甲苯(简称BTX)占世界BTX总产量的70%左右，是重要的化纤、橡胶、塑料以及精细化工的原料。催化重整的副产高纯度(80%～90%)氢气可直接用于炼油厂的各种加氢装置，是炼油厂加氢装置的主要氢源之一。因此催化重整装置不仅是炼油厂工艺流程中的重要组成部分，而且在石油化工生产过程中也占有十分重要的地位。

一、催化重整的地位和作用

1. 催化重整是炼油厂重要的二次加工装置

近十年来，随着对高辛烷值汽油组分和石油化工原料芳烃需求的增加，催化重整加工能力呈稳步发展态势。催化重整加工能力占原油加工能力的比例保持在12%左右。近几年世界催化重整加工能力情况统计见表9-1。车用燃料的低硫化促进了加氢工艺的快速发展，同时也使能够提供廉价氢源的催化重整工艺得到了快速发展，在今后相当长一段时期催化重整仍然是主要石油加工工艺之一。催化重整是世界范围内除催化裂化和加氢处理之外加工能力最大的二次加工装置。

表9-1　世界及主要国家催化重整加工能力及占原油加工能力的比例

年　份	全世界		中　国①		日　本		美　国		俄罗斯		德　国	
	能力/Mt/a	比例/%	能力/Mt/a	比例/%	能力/Mt/a	比例/%	能力/Mt/a	比例/%	能力/Mt/a	比例/%	能力/Mt/a	比例/%
1995	468.12	12.60	8.63	5.3	29.55	12.1	155.80	20.30	—	—	17.12	16.1
2003	485.14	11.83	6.75	2.98	31.41	13.36	150.71	18.05	33.33	12.27	17.05	14.90
2006	488.85	11.48	6.71	2.15	30.56	13.07	152.07	17.61	32.07	12.01	17.59	14.55

①有关中国的数据统计不准确。截止到2005年，中国共有连续重整装置68套，实际加工能力为22.68Mt/a，约占原油加工能力的7.29%。

2. 催化重整在清洁汽油生产中作用巨大

20世纪90年代以来，为了保护环境，美国和欧洲相继实施了新的汽车排放污染物控制标准和汽油标准，对汽车和燃料提出了较高的要求。要求汽油具有较低的硫含量、苯含量、芳烃含量和烯烃含量，并具有较高的辛烷值。

催化重整汽油具有如下优点：①催化重整汽油辛烷值(RON)高达95～105，是炼油厂生产高标号汽油(如93号和97号)的重要调合组分，是调合汽油辛烷值的主要贡献者；②催化重整汽油的烯烃含量少(一般在0.1%～1.0%之间)、硫含量低(小于2μg/g)，作为车用汽油调合组分可大幅度地降低成品油中的烯烃含量和硫含量；③催化重整汽油的头部馏分辛烷值较低，后部馏分辛烷值很高，与催化裂化汽油恰好相反，二者调合可以改善汽油辛烷值分布。因此，催化重整装置在清洁汽油生产中将发挥越来越重要的作用。

此外，由于低硫燃料油规格的实施，加氢裂化和加氢处理装置等加氢工艺迅速发展，造成对氢气的需求急剧增加。催化重整过程副产氢气产率较高(一般为2.5%～4.0%)，一套600kt/a的半再生重整装置，每年约产纯氢量15kt。一套600kt/a的连续再生重整装置，年产纯氢量约24kt，可供一套1.20～2.00Mt/a柴油加氢精制装置的用氢量。与建设新的制氢装置相比，催化重整副产氢气是清洁燃料生产过程急需的廉价氢源。

3. 催化重整是重要的芳烃来源

催化重整是重要的高辛烷值汽油组分生产装置，同时也是石油化工基本原料BTX的主要生产装置。美国芳烃69.0%来自重整生成油，西欧芳烃40%左右来自重整生成油，亚洲的芳烃51.9%来自重整生成油。随着炼化一体化程度的不断提高，催化重整装置在生产石油化工原料方面的作用将越来越显著。

二、催化重整的发展概况

1. 催化重整催化剂发展概况

1940年，美国Mobil公司在泛美公司炼油厂建成了世界上第一套催化重整装置。该装置以重汽油为原料，采用MoO_3/Al_2O_3为催化剂，在480～530℃、1～2 h^{-1}(氢压)的条件下，所得汽油的辛烷值可达60(MON)左右。后来有的催化重整装置使用Cr_2O_3/Al_2O_3为催化剂。这类重整称为临氢重整(又称钼重整或铬重整)，在第二次世界大战期间共建了7套临氢重整工业装置。临氢重整由于催化剂活性低、失活快、汽油辛烷值低、反应周期短和操作费用高，在第二次世界大战后停止了发展。

1949年，美国UOP公司建成了世界上第一套铂重整(Platforming)工业装置，采用其开发的以贵金属铂为活性组分的重整催化剂(Pt/Al_2O_3)。铂重整催化剂活性高，积炭速度较慢，反应周期长，铂重整工业装置的投产是世界催化重整工艺过程发展中的一个重要里程碑。从此，催化重整得到了迅速的发展。我国于1958年研制开发了第一个铂重整催化剂，并于1965年用于大庆炼油厂我国第一套催化重整工业装置中。

1967年，美国Chevron Research公司开发出铂-铼双金属重整催化剂($Pt-Re/Al_2O_3$)，1968年在美国埃尔帕索炼油厂投入工业应用，命名为铼重整工艺(我国称之为铂铼重整)，从此进入了双(多)金属催化剂发展阶段。与单金属铂催化剂(Pt/Al_2O_3)相比，铂铼催化剂的活性更高，选择性和稳定性更好。例如，铂铼催化剂在积炭达20%时仍有较好活性，而铂催化剂在积炭达6%时就需要再生。铂铼催化剂促进了烷烃环化的反应，有利于增加芳烃的产率，汽油辛烷值(RON)可高达105，芳烃转化率可超过100%。铂铼催化剂能够在较高温度和较低压力(0.7～1.5MPa)的条件下进行操作，这是铂催化剂重整所不可能做到的。

1971年，美国UOP公司开发了以贵金属铂锡为活性组分的双金属重整催化剂($Pt-Sn/Al_2O_3$)，用于连续重整工业装置。

1980 年以来，各大公司主要研究开发高铼/铂比的铂铼催化剂和铂锡系列双(多)金属催化剂。提高铂铼催化剂的铼/铂比有助于提高催化剂的稳定性和降低催化剂成本。铼/铂比由 1.0 提高到 2.0，催化剂的稳定性可提高 0.8 倍。

目前，催化重整催化剂的发展正处于一个相对稳定的时期，铂铼催化剂主要用于固定床重整工艺，铂锡催化剂主要用于移动床连续重整工艺。由 IFP、ACREON 和 Procatalyse 三家公司联合开发的新型三元金属重整催化剂 RG-528 铂铼催化剂相比，操作和再生步骤相似，可明显提高重整汽油的液收和氢气产率。

2. 催化重整工艺的发展概况

应用较为广泛的催化重整工艺有固定床半再生催化重整、固定床循环再生催化重整、移动床连续再生催化重整以及低压组合床催化重整等工艺。

1949 年，UOP 公司建成了第一套固定床半再生催化重整工业装置，其特点是 4 个固定床反应器并列串联操作。当催化剂活性下降不能继续使用时，将装置停下来进行催化剂再生(或更换新催化剂)，然后重新开工运转。采用双(多)金属催化剂和固定床半再生催化重整工艺，可以生产辛烷值(RON)为 85~100 的重整汽油，操作周期一般为 1~3 年，催化剂可再生 5~10 次。我国的第一套采用铂催化剂的固定床半再生催化重整工艺于 1965 年在大庆建成投产，加工能力为 100kt/a。

固定床循环再生催化重整工艺是在固定床半再生催化重整工艺的基础上形成的，其特点是采用 5 个固定床反应器，其中任何一个反应器都可以从反应系统切出，进行催化剂再生，以保持系统中催化剂的活性与选择性。催化剂再生周期可以为几周或几个月。固定床循环再生催化重整工艺流程复杂。

20 世纪 70 年代末，Exxon 公司开发了末反再生工艺，设置 3~4 个反应器串联操作，最后一个反应器(末反)中催化剂装量占催化剂总量的 50% 以上。前面反应器主要进行脱氢反应，催化剂失活较缓慢。末反中主要进行烷烃的脱氢环化反应，催化剂失活较快。基于这一特点，为末反设置一个独立的再生系统，一般每运转 3 个月将末反切出，进行催化剂再生，然后返回系统。我国新疆克拉玛依炼化总厂采用了末反再生工艺。

1971 年美国 UOP 公司投产了世界第一套重叠式催化剂连续再生的连续重整装置。1973 年法国 IFP/Axens 的第一套并列式连续再生催化重整装置(Octanizing)在意大利的 San Quirico 炼油厂投产。1988 年 IFP 的低压连续再生催化重整装置在意大利的 IROM 投产，加工能力为 645kt/a。

连续再生催化重整工艺的特点是除设置移动床反应器外，还设置催化剂再生器。反应和催化剂再生连续进行，因此允许装置在高苛刻度下操作，压力和氢油比低，产品收率高，运转周期长，可以生产辛烷值(RON)为 95~106 的重整汽油。

目前 UOP 和 IFP 的连续重整技术均已发展到了第三代。

2002 年 3 月我国自行研究开发的 500kt/a 的低压组合床催化重整装置在中国石化长岭炼油厂建成成功。低压组合床催化重整工艺的前部采用固定床反应器，最后一个反应器采用移动床反应器，并配置催化剂连续再生系统，在低压(0.6~0.9MPa)、低摩尔比(3.5~4.5)下操作。与半再生重整工艺相比，重整生成油收率可提高 3.0% 以上，芳烃收率提高 2%~3%，氢产率明显提高。

近年来，移动床连续再生重整加工能力增长较快，固定床半再生和固定床循环再生工艺的比例有所下降，但半再生重整在三种催化重整再生型式中仍占主导地位。2004 年世界主要国家采用的三种催化重整工艺类型的统计见表9－2。

表9－2　主要国家三种催化重整工艺加工能力和所占比例

国　　家	总能力/(Mt/a)	固定床半再生		固定床循环再生		连　续　重　整	
		总能力/(Mt/a)	比例/%	总能力/(Mt/a)	比例/%	总能力/(Mt/a)	比例/%
中国	21.79	10.00	45.9	0	0	11.79	54.10
日本	28.96	15.99	55.2	0.93	3.2	12.04	41.6
美国	150.71	64.56	42.8	38.39	25.5	47.76	31.7
前苏联	33.69	35.69	77.4	4.97	13.93	3.09	8.66
全世界	487.93	229.12	47.0	62.81	12.8	196.00	40.2

发展具有较高液体产品收率和经济效益的连续重整技术，是当今重整工艺技术发展的主要方向。因为催化重整反应压力越低，重整汽油和副产氢气的收率越高，有利于提高经济效益，并可以显著降低重整汽油中苯的含量。连续重整催化剂重点是通过载体性能的调变，提高 C_5^+ 液体产物和氢气的收率，降低催化剂的积炭速率；在铂锡(Pt－Sn)双金属组元基础上，引入新的组元最大限度地提高催化剂的选择性；改进催化剂(包括载体)制备方法，如纳米分散技术，提高催化剂的活性和选择性等。半再生重整催化剂除需要进一步提高催化剂的活性、选择性和稳定性之外，还要提高对高苛刻度条件的适应性。

第二节　催化重整的化学反应

催化重整的目的是制取芳烃或高辛烷值汽油组分并副产氢气。因此，必须了解在重整过程中所发生的化学反应。

催化重整中发生的主要化学反应有：六元环烷烃脱氢生成芳烃、五元环烷烃脱氢异构生成芳烃、烷烃脱氢环化生成芳烃、烷烃的异构化、各种烃类的加氢裂化以及积炭反应。

1. 六元环烷烃的脱氢

六元环烷烃脱氢是吸热和体积增大的可逆反应。六元环烷烃的脱氢反应迅速，一般可进行完全。由于存在异构化反应，因此，烷基取代六元环烷烃脱氢产物中三种异构体。

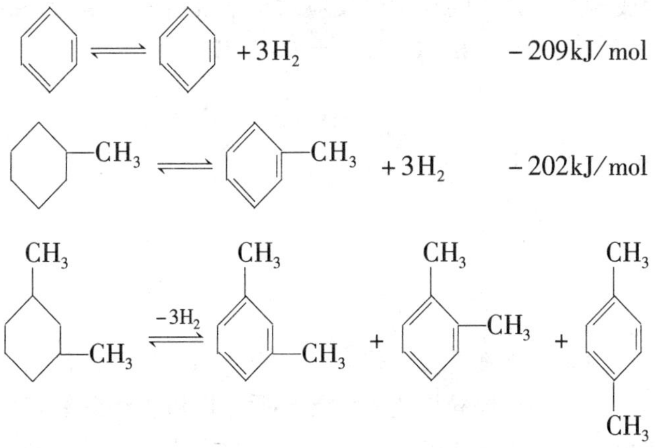

$$\text{环己烷} \rightleftharpoons \text{苯} + 3H_2 \qquad -209kJ/mol$$

$$\text{环己烷}-CH_3 \rightleftharpoons \text{苯}-CH_3 + 3H_2 \qquad -202kJ/mol$$

$$\text{1,3-二甲基环己烷} \xrightleftharpoons{-3H_2} \text{间二甲苯} + \text{邻二甲苯} + \text{对二甲苯}$$

2. 五元环烷烃脱氢异构

五元环烷烃脱氢异构是吸热体积增大的可逆反应，五元环烷烃脱氢异构的反应也比较迅速。

$$\text{甲基环戊烷} \rightleftharpoons \text{环己烷} \rightleftharpoons \text{苯} + 3H_2 \quad -190.5kJ/mol$$

$$\text{1,3-二甲基环戊烷} \rightleftharpoons \text{甲基环己烷} \rightleftharpoons \text{甲苯} + 3H_2 \quad -177.1kJ/mol$$

3. 烷烃脱氢环化

六个碳以上的烷烃环化能够生成五元以上环烷烃，经异构化或直接生成六元环，最后脱氢生成芳烃。这类反应也是吸热和体积增大的可逆反应。由于可以使低辛烷值的烷烃变为高辛烷值的芳烃，所以它是提高重整汽油辛烷值或增加芳烃收率的最显著的反应。但其反应较慢，故要求有较高的反应温度和较低的空速等苛刻条件。

$$n-C_6H_{14} \xrightleftharpoons{-H_2} \text{环己烷} \rightleftharpoons \text{苯} + 3H_2 \quad -266kJ/mol$$

$$n-C_7H_{16} \xrightleftharpoons{-H_2} \text{甲基环己烷} \rightleftharpoons \text{甲苯} + 3H_2 \quad -231kJ/mol$$

$$i-C_8H_{18} \rightleftharpoons \text{邻二甲苯} + 4H_2 \quad -234.5\sim-251.2kJ/mol$$

$$\text{邻二甲苯} \rightleftharpoons H_3C-C_6H_4-CH_3 \text{（对二甲苯）} + 4H_2$$

$$\text{邻二甲苯} \rightleftharpoons \text{间二甲苯} + 4H_2$$

4. 异构化

烃类在重整催化剂上的异构化反应包括烷烃的异构化和芳烃的异构化。正构烷烃异构化后，不仅可提高汽油的辛烷值，而且由于异构烷烃比正构烷烃更容易进行脱氢环化反应，因而也间接地有利于生成芳烃。芳烃的异构化反应对于辛烷值和芳烃产率的影响不大。

$$n-C_7H_{18} \rightleftharpoons i-C_7H_{18}$$

$$\text{甲基环戊烷} \rightleftharpoons \text{环己烷}$$

$$\text{间二甲苯} \rightleftharpoons \text{邻二甲苯}$$

烷烃和五元环烷烃的异构化都是微放热反应，由于催化重整常常采用较高的温度，因此异构化反应相对较弱。五元环烷烃异构化为六元环后，即可很快脱氢转化为芳烃，因此其转化率较高。而正构烷烃的异构化转化率较低，并且产物多为单支链烷烃，因此正构烷烃异构化对汽油辛烷值的贡献并不大。

5. 加氢裂化

烷烃的加氢裂化反应是放热的不可逆反应，由于生成小分子的 C_3、C_4烷烃，使液体收率下降。环烷烃开环裂化生成异构烷烃，也造成芳烃产率和辛烷值的下降。同时烷烃和环烷烃的加氢裂化反应是耗氢反应，会造成氢气产率下降。烷基芳烃在重整条件下会脱烷基转化为小分子芳烃和烷烃。加氢裂化反应在重整条件下的反应速度最慢，只有在高温、高压和低空速时，其影响才逐渐显著。

$$n-C_7H_{16}+H_2 \longrightarrow n-C_3H_8+i-C_4H_{10}$$

$$\text{(甲基环戊烷)}-CH_3+H_2 \longrightarrow CH_3-CH_2-CH_2-CH(CH_3)-CH_3$$

$$\text{(1,2,3-三甲基苯)}+H_2 \longrightarrow \text{(1,2-二甲基苯)}+CH_4$$

在重整催化剂的金属中心作用下，烷烃或烷基芳烃的分子末端 C—C 键断裂，气体产物以甲烷为主，也称氢解反应。其结果导致液体收率和氢气产率下降。例如：

$$C_6H_{13}-CH_2-CH_3+H_2 \longrightarrow C_6H_{13}-CH_3+CH_4$$

$$C_6H_5-CH_2-CH_2-CH_3+H_2 \longrightarrow C_6H_5-CH_2-CH_3+CH_4$$

6. 积炭反应

烃类脱氢生成烯烃进一步发生叠合和缩合等反应，产生焦炭使催化剂活性降低。但在较高氢压下，由于重整催化剂有较高的活性，可使烯烃饱和而控制焦炭的生成，从而较好地保持了催化剂的活性。

第三节　重整催化剂

催化重整的发展，在很大程度上依赖于催化剂的改进。重整催化剂对产品的质量、收率及装置的处理能力起着决定性的作用，其质量优劣是关系到整个重整技术水平高低的关键。

一、重整催化剂的组成

重整催化剂由金属活性组分(例如，铂)、助催化剂(例如，铼、锡等)和酸性载体(例如，含卤素 $\gamma-Al_2O_3$)组成。

催化重整催化剂是一种双功能催化剂，其中的铂构成脱氢活性中心，促进脱氢、加氢反应；而酸性载体提供酸性中心，促进裂化、异构化反应。氧化铝载体本身具有很弱的酸性，甚至接近中性，但含少量的氯或氟的氧化铝则具有一定的酸性，从而能提供酸性功能。改变催化剂中卤素含量可以调节其酸性功能的强弱。重整催化剂的这两种功能平衡必须适当配合，否则就会影响到催化剂的活性和选择性。

如果脱氢活性过强，则只能加速六元环烷烃的脱氢，而对五元环烷烃和烷烃的芳构化及烷烃的异构化则促进不大，达不到提高芳烃产率和提高汽油辛烷值的目的。相反，如果酸性功能过强，则促进了异构化反应和加氢裂化反应，液体产物收率就会下降，五元环烷烃和烷烃生成芳烃的选择性降低，也不能达到预期目的。因此，如何保证催化剂两种功能之间很好地配合，是重整催化剂制造和重整工艺操作中的重要问题。

1. 贵金属

重整催化剂的脱氢活性、稳定性和抗中毒能力随铂含量的增加而增强，但铂含量接近1%时，继续再提高铂含量几乎没有什么显著的效果。铂又是贵金属，铂催化剂的制造成本主要决定于铂含量，随着载体理化性质的改进及催化剂制备技术的进步，使得分布在载体上的金属均匀地分散，重整催化剂的含铂量趋向于降低。工业用重整催化剂的铂含量一般在0.2%～0.3%。

重整催化剂在使用过程中，不可避免地要受到高温、氧和水蒸气等的影响，使铂晶粒因凝聚作用而长大，活性下降。为改善铂的分散度，抑制铂晶粒的凝聚，除铂外，常加入铼、锡、铱等第二组分。

铂铼系列催化剂是国内外工业应用最广泛的催化剂系列。铼的主要作用是减少或防止铂的聚集，提高容炭能力，从而使催化剂活性稳定性大大提高。目前工业应用的铂铼催化剂的活性稳定性达到了单铂催化剂的8～9倍。同时选择性稳定性也明显提高，C_5^+液体收率在整个运转周期内下降十分缓慢。铂铼催化剂具有很强的氢解性能，开工时需要进行预硫化。铂铼系列催化剂特别适用于固定床反应器。当今铂铼系列双金属重整催化剂正逐步向高密度、高铼/铂比方向发展。

铂锡重整催化剂在高温和低压条件下具有良好的选择性和再生性能，不但优于单铂催化剂，也优于铂铼双金属催化剂。以60～130℃直馏石脑油为原料，在520℃、0.69MPa、$LHSV=2.0h^{-1}$的条件下，铂锡催化剂的芳烃产率比铂铼催化剂高2%～3%。而且锡比铼价格便宜，新剂及再生剂不必预硫化，生产操作比较简便。虽然铂锡重整催化剂的稳定性不如铂铼催化剂，但是其稳定性足以满足连续重整工艺的要求，因此广泛应用于低压连续再生式重整装置。

铂铱系列催化剂的脱氢环化能力强，但其氢解能力也强，所以在铂铱催化剂中常常要引入第三组分作为抑制剂，以改善其选择性和稳定性。目前铂铱系列催化剂未被广泛使用。

2. 活性氧化铝载体

重整催化剂是负载型催化剂，一般均以活性氧化铝为载体。活性氧化铝在重整催化剂中的作用是作为催化剂的组成部分，分散贵金属和提高催化剂的容炭能力。

重整催化剂是双功能催化剂，其酸性中心主要由含卤素的氧化铝载体提供，改变卤素含量可调节催化剂的酸性功能。随着卤素含量的增加，催化剂对异构化和加氢裂化等酸性反应的催化活性也增强。氟在催化剂上比较稳定，在操作时不易被带走，但氟的加氢裂化性能较强，使催化剂的选择性变差。氯在催化剂上不稳定，容易被水带走，因此，在操作中可根据系统中的水－氯平衡状态注氯，在注氯多时也可适量注水。同时，在催化剂再生后还要进行氯化更新等措施来维持氯在催化剂上的适宜含量。卤素含量太低时，由于酸性功能不足，催化剂活性下降，芳烃转化率降低或汽油辛烷值下降。一般新鲜的全氯型催化剂含氯为0.6%～1.5%，实际生产中要求氯含量稳定在0.4%～1.0%。

二、重整催化剂的种类

现代催化重整工业装置中应用的重整催化剂，主要是用于固定床半再生重整装置的铂铼催化剂和用于移动床连续重整装置的铂锡催化剂。

虽然重整催化剂的种类不多，但是具体牌号较多，各种牌号催化剂的性能也相差较大。表9－3列出了一些应用比较广泛的有代表性的重整催化剂。

表 9-3　某些工业用重整催化剂

商品牌号	金属组元/%		形状	堆积密度/(kg/m³)	生产公司	工业应用时间
	铂	其他				
CB-6	0.30	Re0.27	φ1.5~2.5 球	820	中国石化	1986
CB-7	0.21	Re0.42	φ1.5~2.5 球	820	中国石化	1990
CB-9	0.25	Re0.25+X	φ1.5~2.5 球	820	中国石化	1997
CB-11	0.25	Re0.40	φ1.5~2.5 球	760	中国石化	1998
3933	0.21	Re0.45	圆柱体	780	中国石化	1995
PRT-C	0.25	Re0.25	挤条	—	中国石化	2002
PRT-D	0.21	Re0.47	挤条	—	中国石化	2002
E-603	0.3	Re0.3	φ1.4×5 条	721	美国 ENGELHARD	1976
E-803	0.22	Re0.44	φ1.4×5 条	780	美国 ENGELHARD	1985
3961	0.35	Sn0.3	小球	560	中国石化	1996
3861-Ⅱ	0.58	Sn0.5	小球	580	中国石化	1998
R-164	0.29	Sn	φ1.6 球	670	美国 UOP	1998
CR-401	0.35	Sn0.23	φ1.8 球	650	法国 PROCATIYSE	1998
GCR-100	0.28	Sn0.31	φ1.4~1.6 球	570	中国石化	1998
RC-011	0.28	Sn+A+B	小球	560	中国石化	2001
RC-041	0.35	Sn0.41	φ1.4~2.0 球	560	中国石化	2004

三、重整催化剂的使用性能

催化剂的化学组成和物理结构如比表面积、孔径、孔容和堆积密度等，与催化性能有密切联系，但在工业上，人们更为关心的还是其使用性能，例如，活性、选择性、稳定性、再生性能、机械强度和寿命等。

1. 活性及选择性

以生产芳烃为目的时，用芳烃转化率或芳烃产率表示催化剂的活性。

以生产高辛烷值汽油为目的时，可以用所产汽油的辛烷值来比较其活性。常用来评价催化剂活性的重整汽油“辛烷值-产率曲线”如图 9-1 所示。

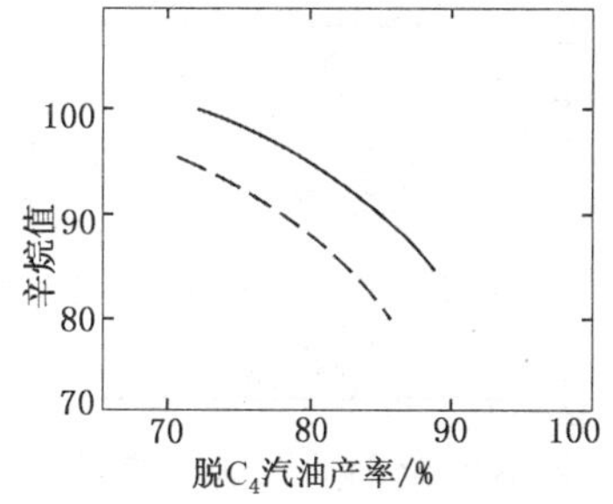

图 9-1　辛烷值-产率曲线

—— 高活性催化剂；---- 低活性催化剂

图 9-1 中两条曲线，虚线表示活性差的催化剂的辛烷值-产率关系，实线表示活性高的催化剂辛烷值-产率关系。对于一定的原料和催化剂，在比较苛刻的反应条件(较高的反应温度或较低的空速)下得到的重整汽油，辛烷值较高，但是，汽油的产率却较低，显然这种活性评价方法实际已包含了催化剂选择性的因素。

2. 稳定性和寿命

在正常生产中，由于积炭和在高温下连续运转催化剂某些微观结构(如铂晶粒、载体的微孔结构等)发生变化，催化剂活性和选择性将下降，结果是芳烃转化率或重整汽油的辛烷值降低。催化剂保持活性和选择性的能力称为稳定性。稳定性分活性稳定性和选择性稳定性，前者以反应前、后期的催化剂反应温度的变化来表示，后者以新催化剂和运转后期催化剂的选择性变化来表示。

对于固气体催化重整为了维持一定水平的芳烃转化率或重整汽油辛烷值，随着催化剂活性下降，反应温度需要逐渐地提高，但当反应温度提到某一定限度时，液体产率已下降很多，继续反应经济上不再合理就应停止进料，对该催化剂进行再生。

从新催化剂投用到因失活而停止使用这一段时间称为催化剂的寿命，可用小时表示。对重整催化剂，表示寿命的方式更多地是用每公斤催化剂能处理的原料数量，即 t 原料/kg 催化剂或 m^3 原料/kg 催化剂，一般在 $100m^3$ 原料/kg 催化剂左右。催化剂的稳定性越好，则使用寿命越长，重整装置的有效生产时间越多。

3. 再生性能

由于积炭而失活的催化剂可经过再生来恢复其活性，再生性能好的催化剂经再生后，其活性基本上可以恢复到新鲜催化剂的水平，这是因为催化剂对热稳定性能好。再生时，金属在载体上的分散程度没有大的变化和载体结构没有遭到破坏的缘故。但催化剂经过多次再生过程时，其活性还是会逐渐下降，每次再生后的催化剂一般往往只能达到上一次再生的 85% ~95% 左右，当催化剂的活性不再满足要求就需更换新催化剂。对于铂铼催化剂，一般可使用 5 年以上。

4. 机械强度

催化剂在使用过程中，会由于装卸或操作条件变动等因素的影响造成粉碎，因而导致床层压降增大，这不仅使氢压机能耗增加，而且对反应也不利。所以要求催化剂必须具有一定的机械强度。工业上常以耐压强度（N/cm^2）来表示重整催化剂的机械强度。

四、重整催化剂的失活与中毒

重整催化剂在生产过程中由于物理化学性质的变化，活性和选择性逐渐降低，甚至导致严重失活。造成催化剂失活的原因见表 9 -4。

表 9 -4 重整催化剂失活原因

序号	失活原因	失活类型	序号	失活原因	失活类型
1	积炭	可逆失活	5	氯含量降低	可逆失活
2	S、N 化合物中毒	可逆失活	6	重金属污染	不可逆失活
3	金属表面积降低（烧结）	可逆失活	7	催化剂颗粒破碎形成细粉	可逆失活
4	载体表面积降低（烧结）	不可逆失活	8	设备腐蚀产物	可逆失活

重整催化剂的失活分为可逆失活（暂时失活）和不可逆失活（永久失活）。催化剂的积炭失活、硫和氮化合物中毒失活、金属表面积降低（烧结）失活以及氯含量降低导致的失活，催化剂颗粒破碎形成细粉和设备腐蚀产物沉积造成的失活等为可逆失活，可以采取必要的措施使催化剂的性能得到恢复或部分恢复。而载体表面积降低（烧结）和重金属污染造成的失活为永久性失活，采取再生的办法其活性得不到恢复，这种催化剂必须进行更换。

1. 积炭失活

铂铼催化剂积炭达到 20% 时，其活性降低 50% 以上。研究表明，重整催化剂上的积炭首先发生在金属活性中心上，烃类经过一系列反应脱氢和裂化反应形成深度脱氢的不饱和物种（积炭前身物），这些积炭前身物在反应初期在金属活性中心上形成可逆积炭，可逆积炭可以被加氢或氢解消除，可以在金属中心上形成积炭，也可以通过气相迁移到催化剂酸性中心上形成不可逆积炭。所以重整催化剂的积炭即发生在活性金属表面，也发生在酸性载体表面。所以催化剂上积炭的速度即与原料性质和操作条件有关，也与催化剂性质有关。

原料的干点高、不饱和烃含量多时积炭速度快，因此，必须恰当地选择原料的终馏点并限制原料油的溴价不大于1gBr/100g油。此外，五元环状化合物被认为是积炭前身物，原料中五元环状化合物越多，产生的积炭也越多。

催化剂金属分散度越高，金属晶粒越小，积炭越少。铂铼重整催化剂的铼/铂比对催化剂的积炭影响较大。随铼/铂比提高，催化剂对不饱和积炭前身物的加氢和氢解作用增强，催化剂金属活性中心表面积炭减少，使催化剂稳定性大大提高。例如，美国 Engerlhard 的 E－803的铂含量只有 E－603 的73.3%，其稳定性却为 E－603 的1.8倍。同样，对于铂锡重整催化剂，锡通过与铂的相互作用，调变了铂的性质，使金属中心上的积炭减少。

载体氧化铝上氯含量越高，酸性越强，催化剂上的积炭量也越大。铂铼催化剂的最佳氯含量随铼/铂比的提高而提高。新鲜催化剂的最佳铼/铂比为1～2。

反应条件对积炭的影响也较大。提高反应温度、降低反应压力、降低空速和氢油比，催化剂上积炭量增加。

2. 中毒失活

很少量的某些物质就会使催化剂严重失活，这种现象称为催化剂的中毒，而这类物质则称为毒物。催化剂的中毒可分为永久性中毒和非永久性中毒两种。永久性中毒，催化剂活性不能再恢复；非永久性中毒，在更换不含毒物的原料后，催化剂上已经吸附的毒物可以逐渐排除而恢复活性。

（1）永久性中毒

重整催化剂常见的金属毒物有砷、铁、铅、锌、铜、汞、锡等。这些金属毒物能和铂形成非常稳定的化合物，很难通过再生的方法消除，造成不可逆的永久性中毒，这些金属毒物被称为永久性毒物，其中以砷的危害最大。砷与铂有很强的亲和力，它与铂形成合金（$PtAs_2$），造成催化剂永久性中毒。通常催化剂上砷含量超过200μg/g时，催化剂的活性完全丧失，如果要求催化剂的相对活性保持在80%以上，则催化剂含砷量应<0.01%，因此，重整原料油中含砷量必须严加控制，生产中一般控制在1μg/g以下。

在一般石油馏分中，其含砷量随着沸点的升高而增加，而且原油中约90%的砷是集中在蒸馏残油中。石油中的砷化合物会因受热而分解。因此，在原油常减压蒸馏时，初馏塔顶所得初馏点～130℃馏分中砷含量一般<100μg/g，而在常压塔顶分出的汽油中，砷含量有的常高达1000μg/g以上。使用含砷量高于200μg/g的原料油进行重整时，必须经预脱砷催化剂进行脱砷处理，使其砷含量小于200μg/g，然后进入预加氢反应器进行加氢精制，使砷含量降至1μg/g以下。对于含砷量低于200μg/g的原料油不必进行预脱砷，可直接进行加氢精制。

（2）非永久性中毒

非金属毒物如硫、氮、氧等则为非永久性毒物。它们引起的中毒为非永久性中毒。

① 硫中毒。在重整反应条件下，原料中的含硫化物生成 H_2S，若不从系统中除去，H_2S 强烈吸附于金属中心表面，使催化剂的活性下降。有的研究数据表明，当原料中硫含量为0.01%及0.03%时，铂催化剂的脱氢活性分别降低50%及80%。因此，在使用铂催化剂时，限制重整原料含硫在10μg/g以下。使用铂铼催化剂时，对硫更为敏感，限制在1μg/g以下。随着 Re/Pt 比增加，催化剂抗硫性能下降，当 Re/Pt 比大于2时，原料的硫含量应低于0.25μg/g。

一般情况下，硫对铂催化剂是暂时中毒，一旦原料中不再含硫，经过一段时间后，催化剂活性可以恢复。

但是实践证明，完全除去原料中的硫也不好，因为有限的硫含量可以抑制加氢裂化反应，这一点对铂铼催化剂尤为重要，在开工时要有控制地对催化剂进行预硫化，以抑制催化剂过高的活性，减少过多的积炭。

② 氮中毒。原料中的氮化合物在重整反应条件下转化为氨，氨为碱性，与催化剂的酸性部分作用形成铵盐(NH_4Cl)，降低了催化剂的酸功能，抑制了催化剂的加氢裂化、异构化和脱氢环化性能。氮中毒能引起催化剂积炭速率加快，寿命缩短。

氮对催化剂的作用是暂时性中毒，通常要求经过预加氢的原料油，氮含量小于1μg/g，氮中毒后可通过提高温度、增氯来消除，产率不受严重影响，但会降低催化剂的寿命。

③ 一氧化碳和二氧化碳中毒。一氧化碳能和铂形成络合物，造成铂催化剂永久性中毒。二氧化碳可还原成一氧化碳也是毒物。因此，要限制使用的氢气和氮气中一氧化碳的含量小于0.1%，二氧化碳含量小于0.2%。

几种重整原料的杂质含量见表9－5。

表9－5　几种重整原料的杂质含量

项　目	大庆直馏	胜利直馏	大港直馏	焦化汽油
密度/(kg/m^3)	690.6	701.3	712.4	687.9
溴价/(gBr/100g)	1.75	0.31	0.29	66.9
杂质含量				
砷/(ng/g)	175	12	6.81	150
铜/(ng/g)	4	5	—	—
铅/(ng/g)	7	7	—	—
硫/(μg/g)	183	25	9.4	140.7
氮/(μg/g)	1	<1	3.85	2.14

3. *烧结失活*

烧结是由于高温导致催化剂活性表面损失的物理过程，催化重整催化剂的烧结分为金属烧结和载体烧结。在金属位上，催化活性的损失主要是由于金属颗粒的长大和聚集造成的；在载体上，高温导致载体比表面积降低和孔结构变化以及酸性位活性降低。金属烧结失活是可逆的，可以通过采取适当措施使金属重新分散。载体的烧结失活是不可逆的，无法使活性恢复。

在正常的催化重整操作过程中，反应温度在470～530℃范围内，金属和载体发生烧结的可能性非常小。催化剂烧焦过程伴随着放热和水的产生，在催化剂颗粒内部产生高温和水的作用，载体会发生烧结；金属在高温和在氧化条件下，比在氢气气氛下更容易烧结。影响金属烧结的因素主要有催化剂组成、温度、气氛、氯含量和载体的性质。氯在氢气气氛下是一种金属稳定剂，在氧化气氛下是一种金属分散剂。

五、重整催化剂的水氯平衡

催化重整过程中对氯和水的含量有严格的要求，但是它们对催化剂的影响，本质上不同于其他毒物，控制氯含量的目的是在控制双功能催化剂中酸性组分与金属组分合适的比例。

在生产过程中，催化剂上的含氯量常会发生变化。当原料含氯量过高时，氯会在催化剂上积累而使催化剂含氯量增加；当原料含水量过高或反应生成的水过多(含氧化物在反应条件下会生成水)时，这些水分会冲洗氯而使催化剂上的含氯量减少。此外，水和氯还会生成HCl而腐蚀设备。还有一些研究表明，水对脱氢环化反应也有阻碍作用。

为了严格控制系统中氯和水的量，国内重整装置限制原料油的氯含量不得大于5μg/g；对于全氯型铂催化剂，限制原料油含水量不大于20μg/g，对于氟氯型铂催化剂限制原料油含水量不大于30μg/g，对于铂铼催化剂限制原料油含水量不大于5μg/g。最近UOP公司规定重整原料油的氯含量不大于0.5μg/g，水含量不大于2μg/g。

仅仅限制原料油的含氯量和含水量，不能保证催化剂上含氯量经常保持在最适宜的范围内，还应在装置上依靠不同途径判断催化剂上的氯含量，然后采用注氯、注水等办法来保证催化剂最适宜的含氯量。这种办法也就是所谓的“水－氯平衡”。维持“水－氯平衡”的办法是定期从反应器进料、生成油、进出气体采样分析水、氯摩尔比，也可根据操作情况判断。如重整汽油辛烷值下降，可考虑注氯，注氯通常是采用二氯乙烷等有机氯化物。

一般在重整反应系统中，水分压应保持在40～60Pa，相当于平均反应压力为1.47～1.67MPa的重整装置，循环气中水含量为20～35μL/L。考虑到水对烷烃的脱氢环化反应有抑制作用，所以对于石蜡基原料，环烷烃含量低，烷烃的脱氢环化反应非常重要，循环气中水应低一些，保持在20～25μL/L较适宜。而对于环烷基原料，环烷烃含量高，烷烃的脱氢环化反应的作用低一些，循环气中水可偏高一些，以25～25μL/L较适宜。

对于不同的原料，适宜的氯含量不同。对石蜡基原料，催化剂的氯含量应控制在1.1%；对环烷基原料，催化剂的氯含量应控制在0.9%～1.0%。

六、重整催化剂的再生

重整催化剂再生包括烧焦、氯化更新、还原和预硫化等过程，分为器内再生和器外再生两种。

1. 重整催化剂的正常再生

(1) 催化剂烧焦

再生过程是用含氧气体烧去催化剂上的积炭从而使催化剂活性恢复的过程。

重整失活催化剂上焦炭所在位置不同，其烧焦速率有较大差别，一般可分三种类型。第一种类型的焦炭沉积在少数仍裸露的铂原子上，在烧焦过程中受铂的催化氧化作用，其烧焦速率很高；第二种类型是以多分子层形式沉积在载体上及被焦炭覆盖的金属铂上，其烧焦速率较慢；第三种类型的焦炭是大部分焦炭烧去后残余的受新裸露的金属铂催化影响的焦炭，这部分焦炭的烧焦速率又较快。三种焦炭的烧炭速率常数之比约为50:1:(2～3)，第二种类型焦炭占焦炭的绝大部分。

烧焦之前，反应器应降温，停止进料，并用氮气循环和置换系统中的氢气，直至爆炸试验合格。再生过程是在系统压力为0.5～0.7MPa，循环气(含氧0.2%～0.5%的氮气)量500～1000m^3/(m^3催化剂·h)的条件下分三个段进行的。根据每一个阶段反应器出入口气体中的氧含量来判断该阶段的结束。如果反应器出入口气体中的氧含量相等，即不再消耗氧气，表明该阶段烧焦结束。表9－6列出了铂铼催化剂烧焦的操作条件和要求。

第一阶段主要烧掉金属上的积炭和部分载体上的积炭；第二阶段主要烧掉载体上H/C比较低的积炭；第三阶段为保证烧焦完全，将烧焦温度提高到480℃，将循环气中的含氧量提高到5%以上，烧去残炭。此时催化剂上积炭较少，因此不会发生剧烈燃烧而超温。当反应器内温度下降后，停止补入空气，停止压缩机循环，然后将氮气放空并降温。

表 9-6 铂铼催化剂烧焦的操作条件和要求

烧焦阶段	入口温度/℃	升温速率/(℃/h)	一反入口氧含量/%	温升控制/℃	N_2 置换条件			结束标准
					CO_2/%	SO_2/(μL/L)	CO/(μL/L)	
一	400	40~50	0.5~1.0	≤60	>10	>5	>1000	各反温升均<5℃，末反出口 O_2 >0.8%，CO_2 无明显增加
二	440	20	1.0~5.0	≤20	>10	>5	>1000	床层无温升，系统无氧耗，CO_2 不增加
三	480	20~30	≥5.0	≤20	>10	>5	>1000	床层无温升，系统无氧耗，CO_2 不增加

在催化剂再生时，焦炭中的氢燃烧会产生水而使循环气中含水量增加。为了保护催化剂，循环气返回反应器前应先经过干燥(用硅胶或分子筛)。这一点对铂铼催化剂尤其重要。

整个烧焦过程最重要的是严防床层温度超高，过高的再生温度和床层局部过热会使催化剂的结构破坏而造成永久性失活。铂晶粒逐渐长大，会使活性下降，同时过高的温度也会使载体烧结。控制循环气中的含氧量对控制床层温升有重要作用。一般在缓和条件下再生，有利于恢复活性，通常床层最高温度不能超过500~550℃。

压力提高，实际上提高了氧分压，可以加快烧焦速率，缩短烧焦时间。同时大量的气流能带走所产生的热量，可以降低床层温升。

(2) 氯化更新

重整催化剂在使用过程中，特别是在烧焦过程中，活性金属铂晶粒会聚集逐渐长大，使分散度降低。在催化剂烧焦过程中，由于产生较多的水，造成催化剂氯的流失，影响催化剂的酸性功能。因此，在烧焦之后，必须用含氯气体在一定温度下处理催化剂，使凝聚的金属铂重新分散和补充一部分氯，从而恢复催化剂的双功能。该过程包括氯化和更新两个步骤。

氯化更新过程是在空气流中进行的，影响其效果的因素有循环气中氧、氯和水含量以及氯化温度和时间。一般循环气中氧体积分数控制在13%以上，气剂体积比800以上，温度490~520℃，时间6~8h。见表9-7。

表 9-7 铂铼催化剂氯化更新的工艺条件及控制指标

阶段	介质	反应器入口温度/℃	高分压力/MPa	气剂体积比	气中氧/%(体)	时间/h
氯化	氮气+空气	420~500	0.5	≥800	≥13	4
氧化更新	氮气+空气	510~520	0.5	≥800	≥13	4

在氯化更新的过程中，在氧气、氯化剂和 $AlCl_3$ 的作用下，Pt 形成了 $PtCl_2(AlCl_3)_2$ 复合物，然后形成 $PtCl_2O_2$ 复合物，后者易被还原为单分散的活性 Pt 团簇。

在氯化更新的过程中要控制系统的水含量，水含量偏高会造成催化剂上氯含量和 Pt 的分散度降低；要密切注意催化剂床层温度的变化，在高温下如果注氯过快或催化剂上残炭太多，会引起燃烧，损坏催化剂；还要防止烃类和硫污染催化剂。

(3) 还原

氯化更新后的催化剂，必须用氢气将金属组元从氧化态还原成金属态(Pt、Re)才具有较高的活性。还原温度以及氢气中的水和烃杂质含量对还原效果有较大影响。还原温度控制在450~500℃，在此高温下，系统含水会使催化剂金属组元晶粒长大和载体比表面积减少，从而降低催化剂的活性和稳定性，因此水含量应控制在500μg/g以下。烃类在还原时会发生氢解反应，产生的积炭覆盖催化剂的金属表面，影响催化剂活性；氢解产生的大量的热，易使催化剂烧结；氢解产生的甲烷会使还原氢纯度下降，不利于还原。因此，需要对还原氢进行分子筛和活性炭吸附处理，以脱除其中的水分和烃杂质。

(4) 预硫化

还原态的重整催化剂具有很高的氢解活性，在反应初期会因发生强烈的氢解反应而放出大量的热，使床层温度迅速升高，轻则造成催化剂大量积炭，重则烧坏催化剂甚至反应器。对还原态催化剂进行预硫化，可以抑制新鲜和再生后催化剂的氢解活性，保护催化剂的活性和稳定性，改善催化剂的初期选择性。

常用的硫化剂是二甲基二硫醚和二甲基硫醚（分析纯，纯度≥99%），硫化剂用量根据催化剂上金属含量以及催化剂上的硫含量的高低来确定。

催化剂还原后，切除在线水分析仪和氢纯度仪以及分子筛罐，调节并控制好注硫速度，按照计算好的硫化量在1h内将硫化剂均匀地注入各重整反应器，检测各反应器出口气体中H_2S，观察硫穿透时间及反应器温升。注硫结束后，气体循环1h，保证催化剂硫化均匀。

2. 硫污染催化剂的再生

在催化重整条件下，原料中的硫化物转化为H_2S，H_2S与Fe反应生成FeS沉积在催化剂表面。在烧焦时FeS中的Fe转化为Fe_2O_3，而S转化为SO_3。SO_3与载体氧化铝作用，形成热稳定的铝硫酸盐，可减少载体表面的羟基浓度，阻碍催化剂氯化更新过程中金属的分散；还原时铝硫酸盐释放出的H_2S使催化剂金属组分中毒。污染催化剂在再生前必须先行脱除硫化物，以免烧焦时使催化剂中毒。

硫污染催化剂的处理措施：临氢系统氧化脱硫、重整催化剂烧焦前高温热氢循环脱硫和催化剂还原后脱硫酸盐等。

第四节　催化重整原料及其预处理

在重整操作过程中，重整催化剂比较容易被多种金属及非金属杂质中毒，而失去催化活性，为了保证重整装置周期运转长、处理量大、目的产品收率高，必须选择适当的重整原料并予以精制处理。

一、重整原料的选择

选择重整原料主要从三方面来考虑，即馏分组成、族组成和毒物及杂质含量。

1. 馏分组成

对重整原料馏分组成的要求根据生产目的来确定，以生产高辛烷值汽油为目的时，一般以直馏汽油为原料，当生产芳烃为目的时，则根据表9－8选择适宜的馏分组成。

不同的目的产品需要不同馏分的原料，这是由重整的化学反应所决定的。在催化重整过程中，C_6、C_7和C_8环烷烃和烷烃相应地脱氢、异构脱氢或脱氢环化生成相同碳原子数苯、甲苯和二甲苯。小于六碳原子的环烷烃及烷烃，则不能转化为芳烃。C_6烃类沸点在60～80℃，C_7沸点在90～110℃，C_8沸点大部分在120～144℃。<60℃的馏分烃分子的碳原子数小于六，如也作为重整原料进入反应系统，它并不能生成芳烃，而只能降低装置的处理能力。

表9-8 催化重整原料适宜馏程

目的产物	适宜馏程/℃	目的产物	适宜馏程/℃
苯	60~85	苯、甲苯、二甲苯	60~145
甲苯	85~110	苯、甲苯、二甲苯	60~165
二甲苯	110~145	高辛烷值汽油调合组分	80~180

对生产高辛烷值汽油来说，≤C_6的烷烃本身已有较高的辛烷值，而C_6环烷转化为苯后其辛烷值反而下降。因此，重整原料一般应切取大于C_6馏分，即初馏点在90℃左右。至于原料的终馏点则一般取180℃，因为烷烃和环烷烃转化为芳烃后其沸点会升高，如果原料的终馏点过高则重整汽油的干点会超过规格要求，通常原料经重整后其终馏点升高6~14℃。此外，原料切取太重，则在反应时焦炭和气体产率增加，使液体收率降低，生产周期缩短。

2. 族组成

含较多环烷烃的原料是良好的重整原料，通常在生产中把原料中C_6~C_8的环烷烃全部转化为芳烃时所能生产的芳烃量称为芳烃潜含量。重整生成油中的实际芳烃含量与原料的芳烃潜含量之比称为芳烃转化率或重整转化率。芳烃潜含量和芳烃转化率的计算方法如下：

$$芳烃潜含量(\%)=苯潜含量(\%)+甲苯潜含量(\%)+C_8芳烃潜含量(\%)$$

$$苯潜含量(\%)=C_6环烷(\%)\times\frac{78}{84}+苯(\%)$$

$$甲苯潜含量(\%)=C_7环烷(\%)\times\frac{92}{98}+甲苯(\%)$$

$$C_8芳烃潜含量(\%)=C_8环烷(\%)\times\frac{106}{112}+C_8芳烃(\%)$$

式中的78、84、92、98、106、112分别为苯、六碳环烷烃、甲苯、七碳环烷烃、八碳芳烃和八碳环烷烃相对分子质量。

$$重整转化率(\%)=\frac{芳烃产率(\%)}{芳烃潜含量(\%)}$$

例如：大庆原油60~130℃馏分中，甲醛环戊烷、环己烷、二甲醛环戊烷、甲醛环己烷、乙醛环戊烷和C_8环烷烃的含量分别为6.4%、8.9%、4.7%、11.5%、1.6%、6.7%，则芳烃潜含量计算如下：

$$苯的潜含量(\%)=(\frac{6.4+8.9}{84}\times78+0.3)\%=14.5\%$$

$$甲苯潜含量(\%)=(\frac{4.7+11.5+1.6}{98}\times92+0.9)\%=17.6\%$$

$$C_8芳烃潜含量(\%)=(\frac{6.7}{112}\times106+0.2)\%=6.5\%$$

$$芳烃潜含量(\%)=14.5\%+17.6\%+6.5\%=38.6\%$$

同理，可计算出胜利油和大港油的芳烃潜含量分别为47.1%和49.5%；其中，苯、甲苯、C_8芳烃的潜含量分别为8.0%、19.5%、19.6%和13.5%、24.7%、11.3%。

因此，良好的重整原料要求环烷烃含量高，环烷烃含量高的原料不仅在重整时可以得到较高的芳烃产率和氢气产率，而且可以采用较大的空速，催化剂积炭少，运转周期较长。

3. 杂质含量

重整原料中含有少量的砷、铅、铜、硫、氮等杂质会使催化剂中毒失活。水和氯含量控制不当也会造成催化剂失活或减活，其中砷和硫对催化剂的影响最大。为了保证催化剂的长周期运转，必须严格限制原料的杂质含量。详见表9-9。

表9-9　双(多)金属重整催化剂对原料中杂质含量的限制

杂　质	含　量	杂　质	含　量
砷/(ng/g)	1	硫/(μg/g)	0.5
铅/(ng/g)	10	水/(μg/g)	5
铜/(ng/g)	10	氯/(μg/g)	0.5
氮/(μg/g)	0.5		

二、重整原料的预处理

催化重整催化剂对重整原料中杂质的要求非常严格，而大部分重整原料的硫含量以及部分原料的砷、氮含量不符合要求，因此，必须对重整原料进行预处理。重整原料的预处理主要包括预脱砷、预分馏、预加氢和脱水等操作单元。其工艺流程见图9-2所示。预分馏就是根据目的产品的生产要求对原料进行精馏以切取适当的馏分。预脱砷即通过吸附、加氢、化学氧化等方法脱除原料中的绝大部分砷，延缓催化剂的中毒失活。预加氢就是通过加氢脱除原料中的硫、氮、氧等杂质和砷、铅等重金属，并同时使烯烃变为饱和烃。脱硫、脱水即通过蒸馏型汽提方式脱除原料中溶解的H_2S、NH_3和H_2O等杂质。如果原料中氯含量高，还需要增加脱氯设施。

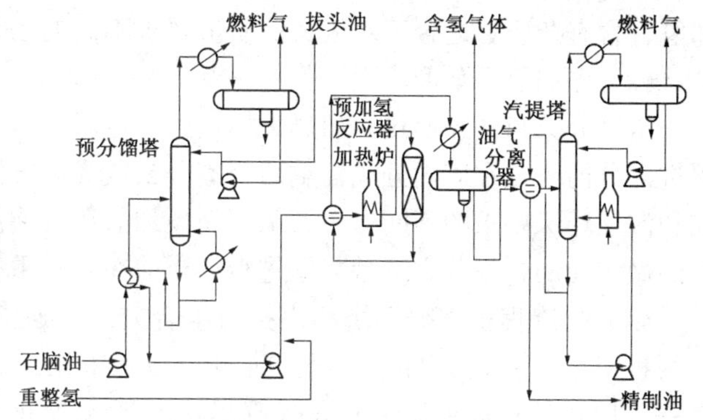

图9-2　原料预处理原则流程图

1. 预脱砷

砷是重整催化剂的严重毒物也是原料预加氢催化剂的毒物。如果原料含砷量<100μg/g，可以不经过预脱砷，经预加氢精制后，即可达到允许的砷含量。如果原料含砷量>100μg/g，就必须先进行预脱砷。我国有代表性的直馏石脑油的砷含量见表9-10。

表9-10　我国一些直馏石脑油的砷含量

原　油　来　源	石脑油的砷含量/(μg/g)	原　油　来　源	石脑油的砷含量/(μg/g)
大庆原油	200~2000	胜利原油	50~200
新疆原油	100~500		

目前工业上使用的预脱砷方法有吸附法、氧化法和加氢法。最常用的为加氢法。

加氢法是在加氢脱砷剂的作用下，在氢气存在下，将原料中的砷化物加氢，以砷化镍的形式留在催化剂上。工业上常采用加氢预脱砷反应器与预加氢精制反应器串联，两个反应器的反应温度、压力及氢油比基本相同。预脱砷加氢催化剂的有效容砷量约为4.5%。在适宜的条件下，可将原料油中砷由1000μg/g脱至小于1μg/g。

2. 预分馏

预分馏的作用是根据对重整目的产物的要求，将原料切割为适宜沸程的馏分。在预分馏过程中同时脱除原料油中的部分水分。

根据原料油的馏程不同，预分馏的方式大致可分为三种情况。一是原料油的终馏点适宜而初馏点过低，预分馏中取塔底油为重整原料；二是原料油初馏点符合重整要求而终馏点过高，预分馏中取塔顶产物作重整原料；三是原料油的初馏点过低和终馏点过高，都不符合要求，预分馏中取侧线产品作重整原料。

目前催化重整工业装置的预分馏方式多为第一种，即原料油的终馏点由上游装置(如原油初馏塔或常压塔)，可以采用单个预分馏塔，塔顶出的拔头油(通常为$<C_6$的馏分)送出装置，塔底的重馏分作为重整原料。

根据对拔头油杂质含量要求的不同，拔头油可以在预加氢之前分出也可以在预加氢之后分出。所以预分馏流程分为先分馏流程和后分馏流程两种。

(1) 先分馏后加氢流程

前分馏流程是典型的原料预分馏流程。全馏分原料油经换热到一定温度后进入预分馏塔，在塔内分成轻重两个馏分，塔顶轻馏分出装置，塔底重馏分送到预加氢反应部分。其原则流程见图9-2。采用前分馏流程可以降低预分馏部分的负荷，缺点是拔头油没有经过预加氢，含有杂质，适合于对拔头油质量要求不高的场合。

(2) 先加氢后分馏流程

全馏分原料油经换热和加热炉加热到一定温度后，进入预加氢反应器进行预加氢，然后再进入分馏塔，在塔内分成轻重两个馏分，成为后分馏流程。随着加工原油硫含量的不断增加和汽油环保要求的不断提高，采用先预加氢后分馏流程产品方案较灵活，可得到清洁的拔头油做汽油调合组分和下游装置进料，当前在新建重整装置中被广泛应用。

后分馏流程根据分馏塔和汽提塔组合方式，通常可以分为先汽提后分馏和先分馏后汽提两种工艺流程，这两种流程目前国内均有采用。两种流程的区别前者是对全馏分进行汽提，后者是对拔头油馏分进行汽提。一般预处理原料中拔头油含量通常不超过20%，所以先分馏后汽提比先汽提后分馏流程在设备投资和能耗上有较大优势。而先汽提后分馏方案中，石脑油分馏塔顶不含H_2S，不需对其进行整体热处理和加注缓蚀剂设施，因此，在国外拔头油含量较高(≥25%)的预处理装置中亦有应用。其原则流程见图9-3和图9-4所示。

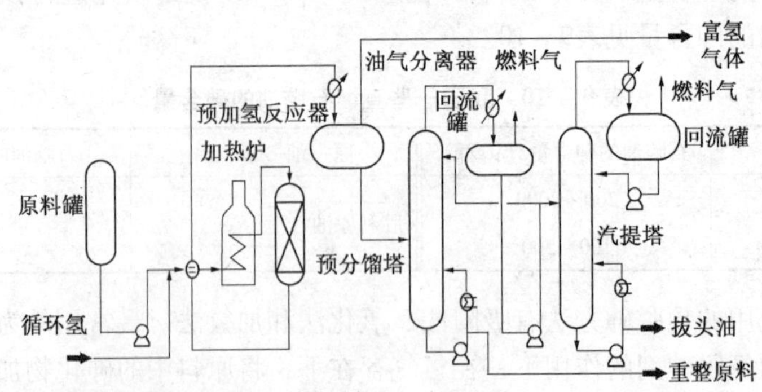

图9-3 先分馏后汽提原料预处理工艺流程

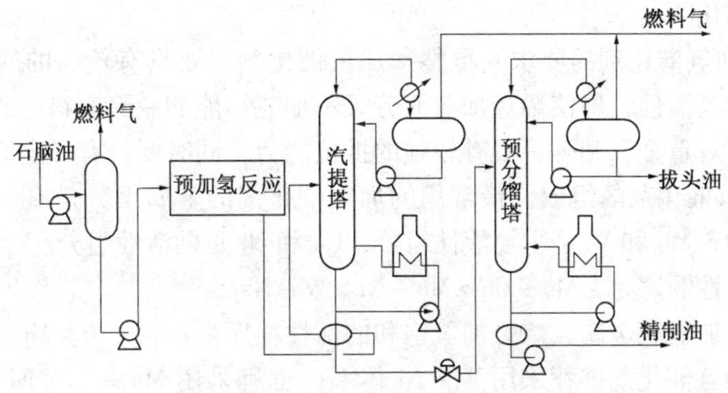

图 9-4　先分馏后汽提原料预处理工艺流程

3. 预加氢

预加氢精制的目的主要是除去重整原料油中所含硫、氮、氧的化合物和其他毒物，如砷、铅、铜、汞，钠等，以保护重整催化剂。

（1）预加氢的作用原理

① 原料油中的含硫、含氮、含氧等化合物在预加氢催化剂的作用下，加氢分解生成 H_2S、NH_3 和 H_2O，经预加氢汽提塔或脱水塔除去。

脱氧：

$$C_6H_5\text{—}OH + H_2 \longrightarrow C_6H_6 + H_2O$$

脱硫：

$$CH_3CH_2CH_2CH_2CH_2SH + 2H_2 \longrightarrow C_5H_{12} + H_2S$$

$$C_4H_4S\ (\text{噻吩}) + 4H_2 \longrightarrow C_4H_{10} + H_2S$$

脱氮：

$$C_4H_4NH\ (\text{吡咯}) + 4H_2 \longrightarrow CH_3CH_2CH_2CH_3 + NH_3$$

② 原料中烯烃加氢生成饱和烃，使原料油的溴价或碘值小于 1gBr/100g 油或 1gI/100g 油。

$$CH_2{=}C(CH_3)\text{—}CH_2\text{—}CH_2\text{—}CH_3 + H_2 \longrightarrow CH_3\text{—}CH(CH_3)\text{—}CH_2\text{—}CH_2\text{—}CH_3$$

③ 原料中含砷化合物加氢生成砷化氢，铅、铜等金属化合物加氢分解成单质金属，然后吸附在加氢催化剂上。

④ 某些原料中氯含量较高，氯是以有机化合物的形式存在，通过加氢转化为氯化氢。

氮是重整进料中最难除掉的毒物，脱氮速度较脱硫速度为慢。加氢进行的深度是以进料中氮化物转化的程度为基准的。如氮化物全部除掉，其他对铂的毒物即可完全除净。

预加氢是放热反应，通常原料油溴价每下降 1 个单位时放热 8.1kJ/kg 进料，含硫每下降 1% 时放热 16.2kJ/kg 进料。焦化汽油和热裂化汽油的烯烃含量高，预加氢反应时放热多，反应床层温升可达 40℃ 以上。

(2) 预加氢催化剂

① 对重整预加氢催化剂的要求。重整预加氢催化剂需要具有较高的的烯烃加氢饱和活性和较低的芳烃加氢活性，即使烯烃加氢而芳烃不加氢。能够脱除原料中的所有不利于重整催化剂的杂质，而对重金属和砷等具有较强的抵抗能力，同时要具有一定的机械强度。

② 重整预加氢催化剂的组成。最常用的加氢催化剂的金属组分是 Co - Mo、Ni - Mo 和 Ni - W 体系，其中，Mo 和 W 是主要活性组分，Co 和 Ni 是助活性组分。

加氢脱硫的活性顺序是：Mo - Co > Mo - Ni > W - Ni。

而加氢脱氮、加氢脱金属、烯烃加氢饱和的活性顺序是：W - Ni > Mo - Ni > Mo - Co。

目前石脑油加氢催化剂推荐采用 W - Ni 体系，也有采用 Mo - Co - Ni 体系和 W - Ni - Co 体系。最常用的加氢催化剂的载体是 $\gamma - Al_2O_3$，要求孔分布集中，绝大多数在 6 ~ 10nm 范围内。

③ 工业应用的预加氢催化剂。目前国内工业应用的催化重整原料预加氢催化剂主要有：CH - 3、3761、481 - 3、RN - 1、RS - 1、FDS - 4A、RS - 20、RS - 30 等，各种预加氢催化剂的活性组分和物化性状见表 9 - 11。这些催化剂出厂时均为氧化态形式，使用前需要进行预硫化。

表 9 - 11　国内预加氢催化剂的物化性质

催化剂牌号	性　状	堆密度/(g/mL)	活性组分/载体
CH - 3	ϕ1.8mm × (6 ~ 8)mm，条	0.75	$Mo - Ni/\gamma - Al_2O_3$
3761	ϕ1.6mm × (6 ~ 8)mm，条	0.90 ~ 1.00	$Mo - Co - Ni/\gamma - Al_2O_3$
481 - 3	ϕ2mm ~ 3mm，球	0.75 ~ 0.85	$Mo - Co - Ni/\gamma - Al_2O_3$
RN - 1	三叶草型 ϕ1.4mm，条	0.88	$W - Ni/\gamma - Al_2O_3$
RS - 1	三叶草型 ϕ1.4mm，条	0.75 ~ 0.80	$W - Ni - Co/Al_2O_3 - SiO_2$
FDS - 4A	ϕ1.5mm ~ 2.5mm，球	0.75 ~ 0.85	$Mo - Co/\gamma - Al_2O_3$
RS - 20	三叶草型 ϕ1.4mm，条	0.95 ~ 1.00	$W - Ni - Co/Al_2O_3$
RS - 30	三叶草型 ϕ1.4mm，条	0.75 ~ 0.85	$W - Ni - Co/Al_2O_3$

(3) 预加氢操作条件

除原料油性质和催化剂活性以外，影响预加氢效果的因素，主要是反应温度，压力、空速及氢油比等。

① 反应温度。反应温度提高使反应速度加快，因此提高温度可促进加氢反应，使精制油中杂质含量下降，但是，温度过高会加速裂化反应而使液体产物收率下降，而且催化剂上的积炭速率也会加快，因而缩短催化剂的寿命。一般预加氢的反应温度为 280 ~ 320℃，最高不超过 340℃。

② 反应压力。反应压力一般指循环氢中的氢分压。提高反应压力可促进加氢反应，增加氢的深度，同时可以减少催化剂上的积炭，延长催化剂的寿命。但是，预加氢所用的氢气来源于重整部分，反应压力受重整压力限制而不能随意提高，在铂铼重整中预加氢的压力一般为 1.6MPa 左右，总压为 2.0 ~ 2.5MPa。

③ 空速。降低空速意味着增加原料油与催化剂的接触时间，可提高加氢深度，但过低的空速不仅会降低装置的处理能力，而且由于裂化反应增加而使液体收率下降，积炭增加，缩短催化剂的寿命。通常选用 4 ~ $10h^{-1}$。

④ 氢油比。提高氢油比也就是提高了氢分压，有利于加氢反应，抑制催化剂上积炭，也有利于导出反应热。但在处理量不变的条件下，提高氢油比意味着缩短反应时间，对反应不利。因此，氢油比过高时，加氢深度不一定增加，产品质量也不一定变好。在工业装置上，预加氢用氢气来自重整部分。因此，氢油比受重整产氢量限制，一般直馏石脑油原料氢油体积比为 50～100。

4. 重整原料的脱水

从前分馏预处理流程中油气分离器出来的重整原料，或从后分馏中预处理流程中预分馏塔顶出来的拔头油中还溶解部分 H_2S、NH_3、H_2O 和 HCl。为了保护重整催化剂或拔头油后续加工的催化剂，必须将这部分溶解的杂质脱除。采用纯粹氢气汽提塔不能满足重整原料对杂质的要求，需要采用蒸馏汽提(脱水)塔。

蒸发脱水塔汽提段由多相共沸蒸馏过程所决定，塔板效率较低，实际塔板数一般为 20 块，不应少于 10 块；而且精馏段也需要一定的塔板数，以防止回流中水分对塔下段操作的影响。工业操作实践表明，当油中水含量达到重整原料油的要求时，原料油中的杂质，如硫、氮等含量也达到了规定的限制。

蒸馏脱水塔在约 1.0MPa 压力下操作，预加氢生成油经换热至 170℃(泡点温度)后进入脱水塔的上部，塔底有重沸炉将部分塔底油加热至全部汽化并稍过热后返回塔内，以提高塔底温度。塔顶产物是水和油的轻组分，经冷凝冷却后在回流罐中分成油和水两相，油相全部作塔顶回流，水相则排出，塔底得到几乎不含水的重整原料。蒸馏脱水流程见图 9－5。

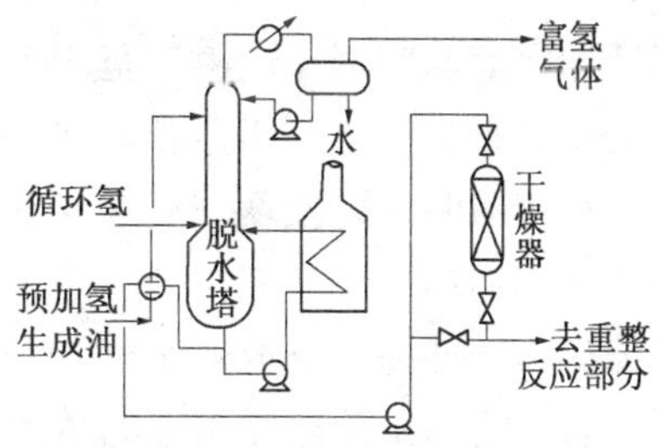

图 9－5　蒸馏脱水工艺流程

5. 脱氯

直馏石脑油中氯主要以有机氯的形式存在，其含量与原油来源有关，一般在 30～40μg/g 左右。含有有机氯的原料油经过预加氢后，有机氯转化为氯化氢，会造成设备腐蚀。同时氯化氢与预加氢生成的氨结合生成氯化铵，造成管线堵塞。此外氯对重整催化剂也有毒害作用。

为了解决氯化氢造成的腐蚀设备、堵塞管线和对重整催化剂的危害，工业上在预加氢单元后增加脱氯罐，在与预加氢相同的条件下，使氯化氢与脱氯剂反应而脱除。可以使用的脱氯剂有：Fe_2O_3、Cu、Mn、Zn、Mg、Ni、NaOH、KOH、Na_2O、Na_2CO_3、CaO、$CaCO_3$等。

第五节　催化重整工艺

催化重整工艺生产过程包括原料预处理、重整、芳烃抽提和芳烃精馏四个主要部分。本节主要介绍重整反应工艺。目前工业应用的催化重整工艺主要是固定床重整工艺和移动床连续再生催化重整工艺，其中固定床工艺又分为固定床半再生式和固定床末反再生式或循环再生式重整工艺，移动床重整工艺又分轴向重叠式和水平并列式重整工艺。

一、重整反应系统的工艺流程

工业重整装置广泛采用的反应系统流程可分为两大类：固定床半再生式工艺流程和移动床连续再生式工艺流程。

1. 固定床半再生式重整工艺流程

固定床半再生式重整的特点是当催化剂运转一定时期后，活性下降而不能继续使用时，需就地停工再生(或换用异地再生好的或新鲜的催化剂)，再生后重新开工运转，因此称为半再生式重整过程。

(1) 典型的铂铼重整工艺流程

以生产芳烃为目的的铂铼双金属半再生式重整工艺原则流程如图 9-6 所示。

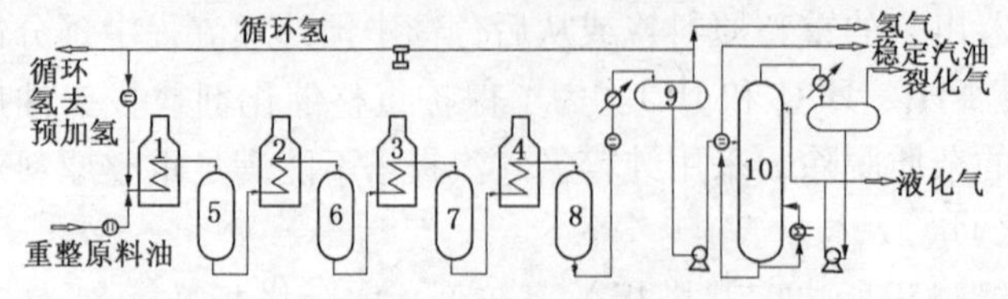

图 9-6　铂铼重整反应原则流程

1、2、3、4—加热炉；5、6、7、8—重整反应器；9—高压分离器；10—稳定塔

经预处理的原料油与循环氢混合，再经换热、加热后进入重整反应器。重整反应是强吸热反应，反应时温度下降，因此，为得到较高的重整平衡转化率和保持较快的反应速度，就必须维持合适的反应温度，这就需要在反应过程中不断地补充热量。为此，半再生式装置的固定床重整反应器一般由三至四个绝热式反应器串联，反应器之间有加热炉加热到所需的反应温度。每半年至一年停止进油，全部催化剂就地再生一次。

反应器的入口温度一般为 480~520℃，使用新鲜催化剂时，反应器入口温度较低，随着生产周期的延长，催化剂的活性逐渐下降，各反应器入口温度逐渐提高。铂铼重整反应的其他操作条件为：空速 1.5~2h^{-1}，氢油比(体)约 1200:1，压力 1.5~2MPa。

自最后一个反应器出来的重整产物温度很高(490℃左右)，经换热和冷却后进入高压分离器，分出含氢 85%~95%(体)的富氢气体送回反应系统作循环氢使用，分离出的重整生成油进入脱戊烷塔，塔顶蒸出≤C_4 或 C_5 的组分，塔底作为芳烃抽提部分的进料油或高辛烷值汽油。

半再生重整过程的特点是：运转中的催化剂活性慢慢下降，逐渐提高反应温度，以保持产品辛烷值或芳烃产率。到了运转末期，反应温度相当高，加氢裂化等副反应增加，重整油收率下降，氢纯度降低，气体增加。

与其他重整过程相比，半再生重整过程反应系统简单，投资少，运转、操作与维护比较方便，因此该方法应用最多。半再生重整过程的缺点是：由于催化剂活性变化，要求不断提高反应温度，而且每年至少需要停工再生一次，影响全厂生产，装置开工率较低，由于催化剂活性和选择性在运转初期和末期不同，产品产率和质量不稳定，氢纯度也随活性下降而降低。近年来，双(多)金属的活性和选择性得到改进，使其能在苛刻条件下长期运转，发挥了它的优势。

(2) 麦格纳重整工艺流程

麦格纳重整属于固定床反应器半再生式过程，其反应系统工艺流程如图 9-7 所示。

麦格纳重整工艺的主要特点是将循环氢分为两路，一路从第一反应器进入，另一路则从第三反应器进入。在第一、二反应器采用高空速、较低反应温度(460~490℃)及较低氢油比(2.5~3)，这样可有利于环烷烃的脱氢反应，同时抑制加氢裂化反应；后面的 1 个或 2 个反应器则采用低空速、高反应温度(485~538℃)及高氢油比(5~10)，这样可有利于烷烃脱氢环化反应。这种工艺的主要优点是可以得到稍高的液体收率，装置能耗也有所降低。国内的固定床半再生式重整装置多采用此种工艺流程，这种流程也称作分段混氢流程。

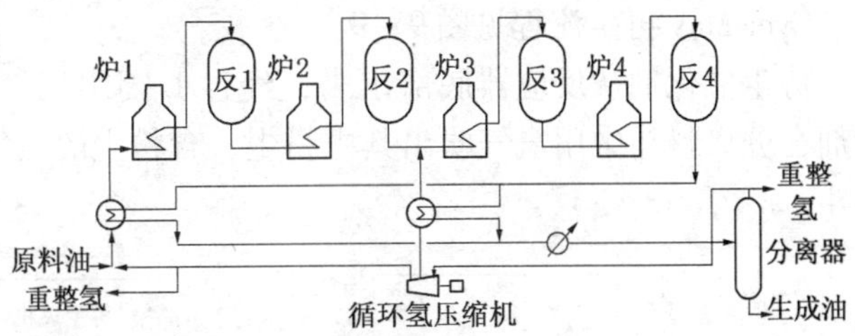

图9－7　麦格纳重整反应系统工艺流程

（3）固定床末反再生式重整工艺流程

根据催化重整装置最后一个反应器催化剂的积炭常常比前部反应器高数倍的特点，固定床末反再生式重整过程为重整过程的最后一个反应器配备再生系统（图9－8）。末反应器催化剂可以随时从工作系统切除，单独进行再生，而不必将全装置停工，解决了因再生停工的问题。

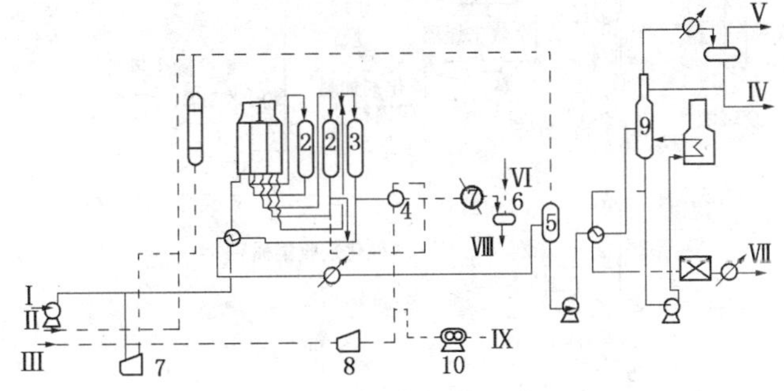
图9－8　末反再生式重整流程

1—重整加热炉；2—重整反应器；3—再生反应器；4—再生气换热器；5—重整分离器；6—再生分离器；7—氢压机；8—氮气压缩机；9—稳定塔；10—空气压缩机

Ⅰ—原料油；Ⅱ—重整剩余氢；Ⅲ—氮气；Ⅳ—液化石油气；Ⅴ—燃料气；Ⅵ—再生烟气；Ⅶ—稳定重整油；Ⅷ—脱出水；Ⅸ—空气

2. 连续再生式重整工艺流程

移动床反应器连续再生式重整（简称连续重整）的主要特征是设有专门的再生器，反应器和再生器都是采用移动床，催化剂在反应器和再生器之间不断地进行循环反应和再生，一般每3～7d全部催化剂再生一遍。

UOP连续重整和IFP连续重整采用的反应条件基本相似，都用铂锡催化剂。从外观来看，UOP连续重整的三个反应器是叠置的，称为轴向重叠式连续重整工艺。催化剂依靠重力自上而下依次流过各个反应器，从最后一个反应器出来的待生催化剂用氮气提升至再生器的顶部；IFP连续重整的三个反应器则是并行排列，称为径向并列式连续重整工艺。催化剂在每两个反应器之间是用氢气提升至下一个反应器的顶部，从末段反应器出来的待生剂则用氮气提升到再生器的顶部。在具体的技术细节上，这两种技术也还有一些各自的特点。

连续重整技术是重整技术近年来的重要进展之一。它针对重整反应的特点提供了更为适宜的反应条件，因而取得了较高的芳烃产率、较高的液体收率和氢气产率，突出的优点是改善了烷烃芳构化反应的条件。

（1）重叠式移动床连续重整工艺流程

UOP重叠式移动床连续重整第一套装置于1971年3月在美国建成投产，采用常压再生工艺，反应压力0.88MPa，再生压力为常压。1988年11月第一套称为“加压再生工艺”的连续重整装置投产，反应压力降至0.35MPa，再生压力增加到0.25MPa，大大提高了连续重整的效率。1996年3月最新的连续重整工艺开始问世，取名为“CycleMax”，反应和再生压力与加压再生相同，但对再生工艺流程和控制作了很多改进。

UOP连续重整反应部分采用三个重叠式径向反应器，催化剂在反应器内部靠重力自上而下流动，连续通过三个反应器。反应压力为0.35MPa。反应物料从催化剂外侧环形分气空间（扇形管），横向穿过催化剂床层，进入中间收集管内。反应产物与氢气经过高压气液分离器分离后，分别去稳定塔或（脱C_5塔）和循环氢系统。

CycleMax 再生流程见图 9－9。

待生催化剂从反应器底部出来，经过 L 阀用氢气提升到再生器顶部的分离料斗中。催化剂在分离料斗中用氢气吹出其中粉尘，含粉尘的氢气经过粉尘收集器和除尘风机返回分离料斗。

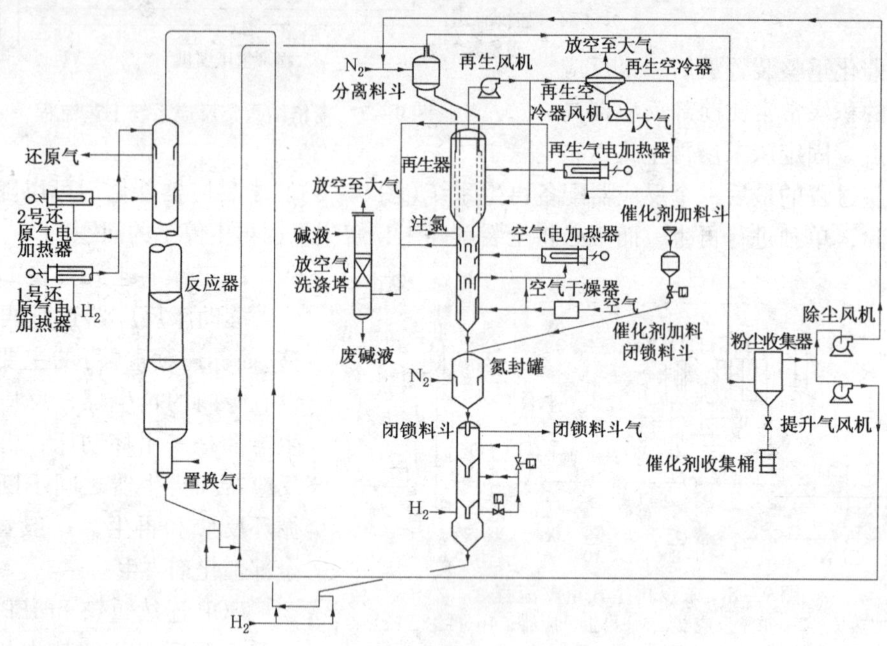

图 9－9　CycleMax 工艺流程图

CycleMax 工艺的再生器分成烧焦、再加热、氯化、干燥、冷却五个区。催化剂进入再生器后，先在上部两层圆柱形筛网之间的环形空间进行烧焦，烧焦所用氧气由来自氯化区的气体供给，烧焦气氧含量 0.5%～0.8%。再生器入口温度为 477℃，压力为 0.25MPa，烧焦后气体用再生风机抽出，经空冷器冷却（正常操作）或电加热器加热（开工期间）维持一定温度（477℃）后返回再生器。

烧焦后的催化剂向下进入再加热区，与来自再生风机的一部分热烧焦气接触，其目的是提高进入氯化区催化剂的温度，同时保证使催化剂上所有的焦炭都烧尽。

催化剂从烧焦和再加热区向下进入同心挡板结构的氯化区进行氯化和分散金属，同时通入氯化物，氯化物进入再生器的温度为 510℃。然后再进入干燥区用热干燥气体进行干燥。热干燥气体来自再生器最下部的冷却区气体和经过干燥的仪表风，进入干燥区前先用电加热器加热到 565℃。从干燥区出来的干燥空气，根据烧焦需要一部分进入氯化区，多余部分引出再生器。

催化剂从干燥区进入冷却区，用来自干燥器的空气进行冷却，其目的是降低下游输送设备的材质要求和有利于催化剂在接近等温条件下提升，同时可以预热一部分进入干燥区的空气。

干燥和冷却后的催化剂经过闭锁料斗提升到反应器上方的还原罐内进行还原。闭锁料斗分成分离、闭锁、缓冲三个区，按准备、加压、卸料、泄压、加料五个步骤自动进行操作，缓冲区进气温度 150℃。还原罐上下分别通入经过电加热器加热到不同温度的重整氢气，上部还原区 377℃，下部还原区 550℃。还原气体由还原罐中段引出，还原后的催化剂进入第一反应器，并回落到第三反应器，同时进行重整反应，从而构成一个催化剂循环回路。

采用CycleMax催化剂再生工艺连续重整装置的重整反应数据和催化剂再生条件见表9－12和表9－13。

表9－12　CycleMax工艺重整反应数据

原料性质	
密度(20℃)/(g/mL)	0.734
馏程/℃	初馏：77、10%：89、50%：110、90%：140、终馏：158
族组成/%	烷烃52.63、环烷37.93、芳烃9.44
反应条件	
催化剂	GCR－100
反应温度/℃	WAIT 520，WABT 490
体积空速/h^{-1}	1.98
氢油摩尔比	2.5
产物分离罐压力/MPa	0.24
产品收率	
C_5^+ 收率/%	89.4
C_5^+ 产品RONC	100.7
芳烃产率/%	66.65
纯氢产率/%	3.57

表8－13　CycleMax工艺催化剂再生条件

催化剂再生速率/(kg/h)	454
再生器压力/MPa	0.25
气体入口温度/℃	燃烧区476，干燥区538
	还原区1号加热器385，还原区2号加热器495
气体流量/(Nm^3/h)	燃烧区入口16159，干燥区入口391
	还原区1号加热器798.02，还原区2号加热器1504.61
催化剂损耗/(kg/d)	0.98

(2) 并列式移动床连续重整工艺流程

IFP早期开发的连续重整技术的反应系统流程与半再生基本相同，只是催化剂可以移动。随后陆续开发了Regen B、Regen C和Regen C2工艺，这里重点介绍Regen B工艺流程。

IFP Regen B连续再生重整工艺的主要特点是重整反应压力由0.8MPa降低到0.35MPa，再生器压力稍高于第一反应器；催化剂的再生由分批改为连续，再生器自上而下分成一段烧焦、二段烧焦、氧化氯化和焙烧等区；用电加热器代替加热炉加热再生气；减少了催化剂输送的专用阀门；设置氮气提升气循环系统，待生及再生催化剂的提升气体均由氢气改为氮气。Regen B工艺流程见图9－10。

待生催化剂从最后一个反应器出来，用来自提升氮气压缩机的氮气提升到再生器上的上部缓冲料斗内，然后经过闭锁料斗进入再生器。催化剂在第一区即一段烧焦区内将大部分焦炭烧掉，然后进入二段烧焦区，在更高的温度下将剩余的焦炭烧净，然后再依次通过氧化氯

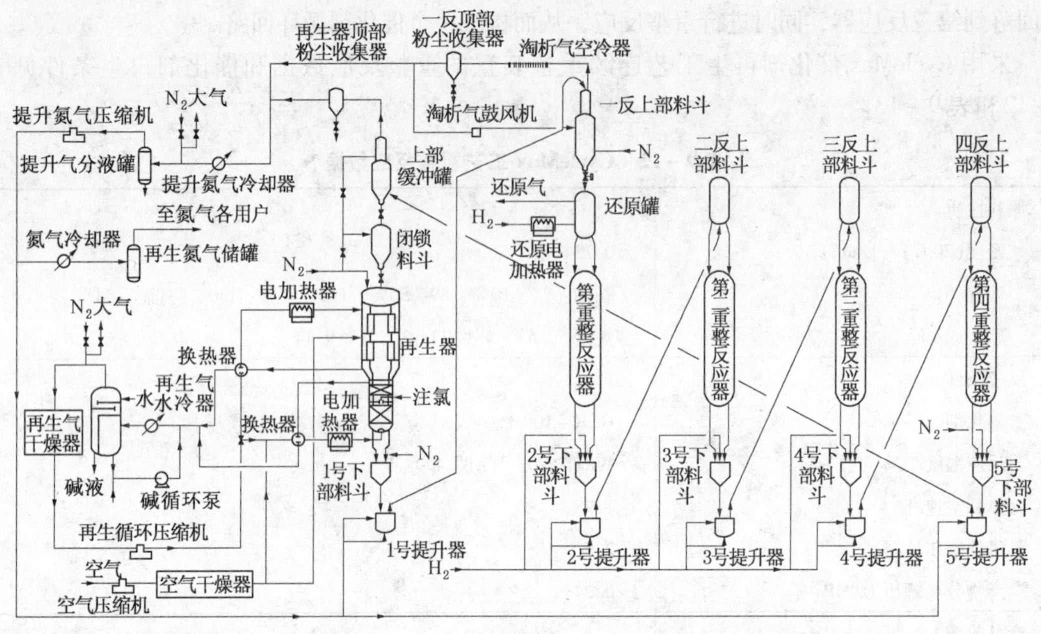

图 9-10 IFP Regen B 连续重整反应系统流程

化区和焙烧区。再生器压力 0.545MPa，一段烧焦区的气体入口温度为 420～440℃，二段烧焦、氧化氯化区和焙烧区的出口温度分别为 480～510℃、480～515℃和 500～520℃。一段烧焦区和焙烧区的气体入口含氧量分别为 0.5%～0.7%和 4%～6%，二段烧焦区控制出口含氧量为 0.25%左右。

再生气从再生气压缩机出来分成两部分：主要的一部分经换热器和电加热器加热后为两段烧焦用；另一部分与空气混合，经换热器、电加热器加热后作焙烧气体，然后进入氧化氯化区并注入氯化物。从再生器出来的上、下两股气体混合后进入洗涤塔，进行碱洗和水洗。再生气通过压缩机循环，再生系统压力用洗涤塔顶放空气控制。

焙烧后的催化剂从再生器出来，在氮气环境下用压缩机送来的氮气提升到第一反应器上面的上部料斗，催化剂淘析粉尘用鼓风机和粉尘收集器分离回收。淘析粉尘后的催化剂进入还原罐，在 0.495MPa 压力下用 480℃热氢气还原。还原后的再生催化剂依次通过四个反应器进行反应。催化剂由前一个反应器到后一个反应器用氢气提升。

IFP 在进一步完善连续再生技术 Regen B 的基础上，开发了 Regen C 催化剂连续再生工艺。将焙烧气由再生循环气改为空气，氧氯化气单独放空，并改变了再生器烧焦控制条件与方式。催化剂循环和再生都是自动操作，催化剂连续进入再生器后，按一定程序依次进行两段烧焦，氧化氯化和焙烧。

经过一个阶段的实践，IFP 对 Regen C 流程又作了改进，称为 Regen C_2，修改了再生部分的气体流程，氧化氯化气与焙烧气仍分开，但为了节省能耗，取消了单独的氧化氯化气放空罐，焙烧气体由空气改为空气与再生气的混合物，维持氧含量为 10%左右，一段烧焦的氧气由再生气带入，用再生气氧分析仪和焙烧气氧分析仪串级控制。

(3) 低压组合床工艺

组合床重整工艺前端采用固定床反应器，后部或最末一台反应器采用移动床反应器并设置一套催化剂连续再生系统。我国独立开发的一套称为低压组合床重整技术于 2001 年 3 月建成投产，重整一、二反应器采用半再生固定床重整工艺，使用高活性、高稳定性的铂铼重整催化剂，三、四反应器采用移动床连续重整工艺，使用新一代高选择性、高热稳定性的铂锡重整催化剂，并设有独特的催化剂连续再生系统，工艺流程见图9-11。

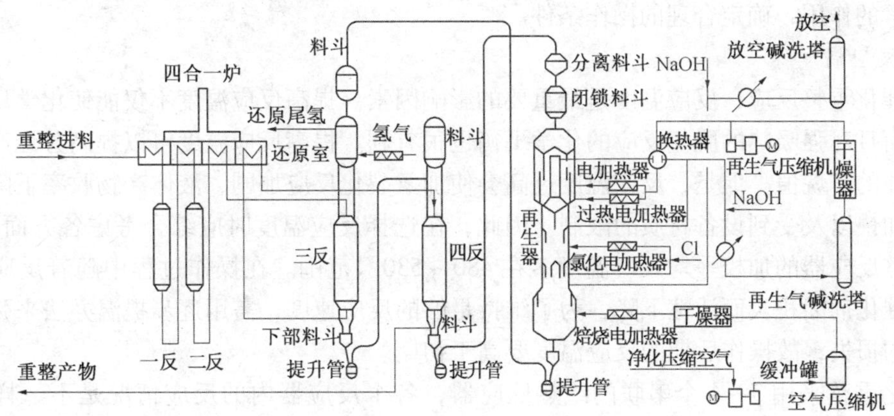

图9-11 低压组合床重整工艺流程

重整原料首先在一反和二反两个固定床反应器内反应，然后与三反顶部下来的再生催化剂混合在三反和四反两个移动床反应器继续反应，与催化剂分离后进入后续工艺。

从四反出来的催化剂提升到再生器上部的分离漏斗和闭锁漏斗，然后进入再生器进行烧焦和氯化。烧焦和氯化后的催化剂提升到三反顶部的闭锁漏斗中，然后进入还原室进行还原。还原后进入移动床反应器。经过干燥的压缩空气进入再生器焙烧区，Cl 进入再生器氯化区。再生气体从再生器烧焦区抽出，经换热及进一步冷却、碱洗后，进入干燥器进行干燥，然后再经加热后循环回到再生器烧焦区。氯化区气体因含氯较高，将其从再生器氯化区抽出，与再生循环气混合后碱洗。闭锁料斗布置在再生器的上方，设计为无阀输送，靠气流(气流由下往上流动，催化剂由上往下流动)产生的压力差来控制催化剂的流动，当气流停止时，催化剂的流动恢复。为配合闭锁料斗的设置，在再生器上部设置了缓冲区，用来缓冲从闭锁料斗批量下来的催化剂，使催化剂能完全连续地进入烧焦区、氯化区及焙烧区。

低压组合床重整主要操作数据见表9-14。

表9-14 低压组合床重整主要操作数据

原料性质	
馏程/℃	36~165
组成(烷烃/环烷烃/芳烃)/%	60.76/27.71/11.53
操作条件	
催化剂	一、二反 CB-7/三、四反 GCR-100
反应器入口温度/℃	一、二反 490/三、四反 515
产物分离罐压力/MPa	0.75
氢烃摩尔比	4.7
质量空速/h^{-1}	1.78
催化剂装填比例	11/18/25/46
再生器压力/MPa	0.916
产品性质及收率	
C_5^+ 辛烷值(RON)	100.8
C_5^+ 收率/%	87.05
纯氢产率/%	3.12

二、重整反应影响因素

影响重整反应的主要操作因素除原料及催化剂的性能以外，主要是反应温度、压力、空速和氢油比。为了更好地指导生产，就要根据生产的目的和重整化学反应的规律，正确掌握各个因素的作用，确定合理的操作条件。

1. 反应温度

对催化重整反应，反应温度是最重要的影响因素。提高反应温度不仅能使化学反应速度加快，而且对强吸热的脱氢反应的化学平衡也很有利。提高反应温度可以提高芳烃产率和重整生成油的辛烷值。但是，反应温度过高会使加氢裂化反应加剧、液体产物收率下降，催化剂积炭加快以及受到设备材质的限制。因此，在选择反应温度时应综合考虑各方面的因素。工业重整反应器的加权平均入口温度多在480~530℃范围。在操作过程中随着反应时间的推移，催化剂因积炭而活性下降，为了维持足够的反应速度，需用逐步提温办法来弥补催化剂活性的损失，故操作后期的反应温度要高于初期。

催化重整采用3~4个串联的绝热反应器，各个反应器内的反应情况是不一样的。例如，环烷脱氢反应主要是在前面的反应器内进行，而反应速度较低的加氢裂化反应和环化脱氢反应则延续到后面的反应器。因此，应当按各个反应器的反应情况分别采用不同的反应条件。近年来，多数重整装置趋向于采用前面反应器的温度较低、后面反应器的温度较高的方案。

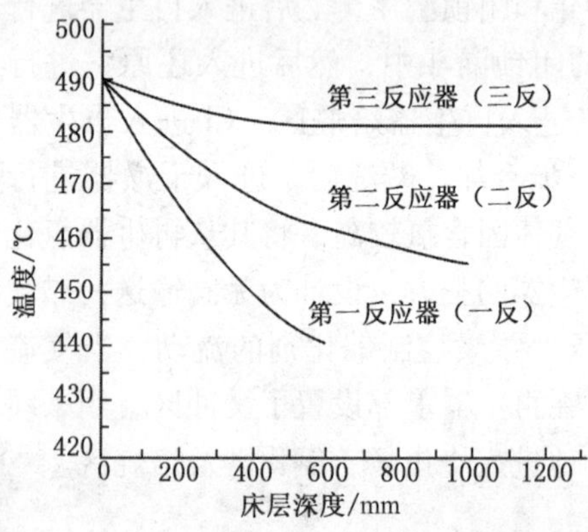

图9-12　某重整反应器温度分布

图9-12为某重整反应器温度分布图，由图可以看出，各反应器的温降差异很大。温降最大的是第一反应器ΔT_1，这是由于第一反应器中主要进行的是速度最快且强吸热的六元环烷烃脱氢反应；第二反应器里的化学反应，主要进行五元环烷烃异构脱氢，还伴随一些放热的裂化反应，因而第二反应器的温降ΔT_2比ΔT_1显著减少；到后部第三和第四反应器时，环烷脱氢几乎很少，所发生的吸热反应是以烷烃环化脱氢反应为主，伴随的副反应除裂化反应外，还有歧化、脱烷基等，多是放热反应，因此，后部反应器的温降(ΔT_3、ΔT_4)就更小了。总的趋势是：$\Delta T_1 > \Delta T_2 > \Delta T_3 \Delta T_4$。

由前部反应温降曲线可以看出，反应温降主要集中在反应器床层顶部，在床层下部很大区域中几乎没有温降。因此，为了有效地利用催化剂，各反应器催化剂装填比例是很重要的。把过多的催化剂装入前部反应器实际上是一种浪费。为了促进反应速度较慢的烷烃环化和异构化等反应，重整各反应器催化剂常采用前面少，后面多的装填方式。在使用四个反应器串联时，催化剂的装入比例一般为10:15:30:45。表9-15是重整各反应器的催化剂装入比例及各反应器床层温降。

表9-15　催化剂装入比例及床层温降

项　目	第一反应器	第二反应器	第三反应器	第四反应器
催化剂装入比例/%	10	15	30	45
温降/℃	76	41	18	8

由于催化剂床层温度是变化的，所以常用加权平均温度来表示反应温度。所谓加权平均温度(或称权重平均温度)，就是考虑到处于不同温度下的催化剂数量而计算得到的平均温度。定义如下：

加权平均入口温度(*WAIT*)为各反应器催化剂装量分数与反应器入口温度乘积之和，即：

$$WAIT = \sum_{i=1}^{3\sim4} x_i T_{i入}, (i_{\max} = 3 或 4)$$

加权平均床层温度为各反应器催化剂装置分数与反应温度入口和出口平均温度的乘积之和，即：

$$WABTD = \sum_{i=1}^{3\sim4} x_i \frac{T_{i入} + T_{i出}}{2} (i_{\max} = 3 或 4)$$

式中　x_i——各反应器内装入催化剂量占全部催化剂量的分率；

$T_{i入}$——各反应器的入口温度；

$T_{i出}$——各反应器的出口温度。

工业上常采用加权平均进口温度来表示反应器温度，一般控制在480～530℃。在研究法辛烷值(RON)90～95范围内，加权平均进口温度每提高2～3℃，重整生成油的RON可以提高1个单位；在RON95～100范围内，加权平均进口温度每提高3～4℃，重整生成油的辛烷值可以提高1个单位。

表9－16列出了采用相同原料和国产PS－Ⅵ催化剂，在空速为1.2h^{-1}、氢油摩尔比为2.5、反应压力0.35MPa条件下，反应温度对重整反应的影响。

表9－16　反应温度对重整反应的影响

WAIT/℃	521	526	531	536
WABT/℃	488	493	498	504
C_5^+ 产品研究法辛烷值	102	103	104	105
C_5^+ 产品液收/%	87.43	86.59	85.59	84.22
芳烃产率/%	69.48	70.38	71.18	71.90
纯氢产率/%	3.85	3.89	3.95	4.03
催化剂积炭速率/(kg/h)	38.0	45.2	54.9	68.7

由表9－16可知，随着反应温度升高，重整产品辛烷值升高，芳烃产率和纯氢产率增加，产品液收下降，催化剂积炭速率加快。

2. 反应压力

提高反应压力对生成芳烃的环烷脱氢、烷烃脱氢环化反应不利，但对加氢裂化反应有利降低反应压力对脱氢生成芳烃的反应有利。但是，在低压下积炭速度较快，操作周期缩短。如何选择最适宜的反应压力，还要考虑到原料的性质、催化剂的性能和工艺类型。例如，高烷烃原料比高环烷烃原料容易生焦，重馏分也容易生焦，对这类易生焦的原料通常要采用较高的反应压力。催化剂的容焦能力大、稳定性好，则可以采用较低的反应压力。例如，铂铼等双金属及多金属催化剂有较高的稳定性和容焦能力，可以采用较低的反应压力，既能提高芳烃转化率，又能维持较长的操作周期。半再生式铂铼重整一般采用1.8MPa左右的反应压力，新一代的连续再生式重整装置的压力已降低到0.35MPa。

由于最后一个反应器的催化剂一般占催化剂量的50%。所以，通常以最后一个反应器入口压力表示反应压力。

采用相同原料和国产 PS－Ⅵ催化剂，在空速为 $1.2h^{-1}$、氢油摩尔比为 2.5、反应温度 535℃条件下，反应压力对重整反应的影响见表 9－17。

表 9－17　反应压力对重整反应的影响

平均反应压力/MPa	0.30	0.35	0.40
C_5^+ 产品研究法辛烷值	105.2	105.1	105
C_5^+ 产品液收/%	85.08	84.22	83.35
芳烃产率/%	72.70	71.90	71.06
纯氢产率/%	4.08	4.03	3.87
催化剂积炭速率/(kg/h)	70.6	68.7	66.9

由表 9－17 可见，随着反应压力降低，重整产品辛烷值提高，芳烃产率、纯氢产率和产品液收增加下降，催化剂积炭速率加快。

目前半再生重整工业装置的反应压力为 1.0～1.5 MPa，连续重整工业装置的反应压力最低为 0.35 MPa。

3. 空速

空速用单位时间内通过单位催化剂上的原料油数量来表示，分为体积空速(*LHSV*)和质量空速(*WHSV*)。

$$质量空速 = \frac{原料油流量(t/h)}{催化剂总装量(t)}$$

$$体积空速 = \frac{原料油流量(m^3/h)}{催化剂总装量(m^3)}$$

空速反映了原料与催化剂的接触时间的长短，降低空速可以使反应物与催化剂的接触时间延长。催化重整中各类反应的反应速度不同，空速的影响也不同。环烷烃脱氢反应的速度很快，在重整条件下很容易达到化学平衡，空速的大小对这类反应影响不大；但烷烃环化脱氢反应和加氢裂化反应速度慢，空速对这类反应有较大的影响。所以，在加氢裂化反应影响不大的情况下，采用较低的空速对提高芳烃产率和汽油辛烷值有利。

以生产芳烃为目的时，采用较高的空速；以生产高辛烷值汽油为目的时，采用较低的空速，以增加反应深度，使汽油辛烷值提高，但空速太低加速了加氢裂化反应，汽油收率降低，导致氢消耗和催化剂结焦加快。

选择空速时还应考虑到原料的性质。对环烷基原料，可以采用较高的空速；而对烷基原料则需采用较低的空速。

采用相同原料和国产 PS－Ⅵ催化剂，在反应压力 0.35 MPa、氢油摩尔比为 2.5 条件下，体积空速对重整反应的影响见表 9－18。

表 9－18　体积空速对重整反应的影响

LHSV/h^{-1}	1.64	1.97	*LHSV*/h^{-1}	1.64	1.97
处理量/(kg/h)	125000	150000	芳烃产率/%	72.29	72.41
WAIT/℃	523	522.9	纯氢产率/%	3.58	3.61
C_5^+ 产品研究法辛烷值	102	102	催化剂积炭速率/(kg/h)	26.40	30.98
C_5^+ 产品液收/%	90.47	90.71			

由表9－18可见，对于连续重整装置，反应器的尺寸和催化剂装量已定，提高空速就增加了处理量。空速从1.64提高到1.97，处理量扩大了1.2倍。在产品辛烷值保持不变的情况下，反应温度提高了5℃，积炭速率增加。但是，空速对产品液收、芳烃产率、纯氢产率影响不大。

目前重整工业装置采用的体积空速为1.0～2.0 h^{-1}。

4．氢油比

氢油比表示循环氢量与重整进料量的比值，常用两种表示方法，即氢油摩尔比和氢油体积比，即：

$$氢油摩尔比=\frac{循环氢流量(kmol/h)}{原料油流量(kmol/h)}$$

$$氢油体积比=\frac{循环氢流量(Nm^3/h)}{原料油流量(m^3/h，按20℃液体计)}$$

在重整反应中，除反应生成的氢气外，还要在原料油进入反应器之前混合一部分氢，这部分氢并不参与重整反应，工业称之为循环氢。循环氢的作用是：抑制生焦反应，减少催化剂上积炭，保护催化剂的活性；起到热载体的作用，减小反应床层的温降；稀释原料，使原料更均匀地分布于催化剂床层。

在总压不变时，提高氢油比意味着提高氢分压，不利于脱氢和脱氢环化反应，增加了加氢裂化反应，但是有利于抑制催化剂上积炭。提高氢油比使循环氢量增大，压缩机消耗功率增加。在氢油比过大时，由于减少了反应时间，转化率降低。

采用PS－Ⅵ催化剂，氢油比对催化重整反应的影响见表9－19。

表9－19　氢油比对催化重整反应的影响

氢油摩尔比	2.0	2.5	3.0
WAIT/℃	539	536	533
WABT/℃	505	504	504
C_5^+ 产品研究法辛烷值	105	105	105
C_5^+ 产品液收/%	84.54	84.22	83.90
芳烃产率/%	72.18	71.90	71.65
纯氢产率/%	4.06	4.03	3.99
催化剂积炭速率/(kg/h)	80.8	68.7	59.7

由表9－19可见，在保证相同辛烷值时，随着氢油比增加，产品液收、芳烃产率、纯氢产率略有下降，但是变化不大，但是催化剂积炭大幅度减少。

由此可见，对于稳定性高的催化剂和生焦倾向小的原料，可以采用较小的氢油比，反之则需用较大的氢油比。使用铂铼催化剂时一般<5，新的连续再生式重整则进一步降至1～3。

第六节　重整反应器与再生器

一、重整反应器的结构

工业用重整反应器按内部器壁上有无隔热衬里分为冷壁和热壁反应器；按油气在反应器内的流动方向分为轴向反应器和径向反应器；按催化剂在反应器内是否流动分为固定床反应器和移动床反应器。

冷壁式反应器是应用较早的反应器，壳体由普通碳钢制成，壳体内衬隔热衬里，防止碳钢壳体受高温氢气的腐蚀，兼有保温和降低外壳壁温的作用。隔热衬里一旦损坏，就会造成反应器器壁超温，只有停车卸出催化剂进行修补。随着 Cr – Mo 低合金钢材和容器制造技术的发展，20 世纪 80 年代后，反应器基本上不采用冷壁式而采用热壁式。

轴向反应器为空筒式反应器，反应物料自上而下沿轴向通过。为了使原料气沿整个床截面分配均匀，在入口处设有分配器。反应器中部放置催化剂，上部和下部装填惰性瓷球，以免在操作变化时，催化剂床层波动而使催化剂破碎。轴向反应器结构简单，但是气体不易均匀，影响反应效率，同时床层压降比较大(见表 9 – 20)，不符合低压重整的需要，因此被径向反应器所取代。

表 9 – 20　两种反应器压降的比较　　kPa

反应器形式	第一反应器	第二反应器	第三反应器	第四反应器	合计
径向反应器	40.99	20.12	19.10	18.67	98.88
轴向反应器	35.74	56.47	140.52	187.77	420.50

注：计算条件处理量 15×10^4t/a，操作压力 1.5MPa(表)，反应温度，520℃，氢油比 1200∶1(体)。
催化剂装入量比例为 1∶1.5∶3.5∶4。

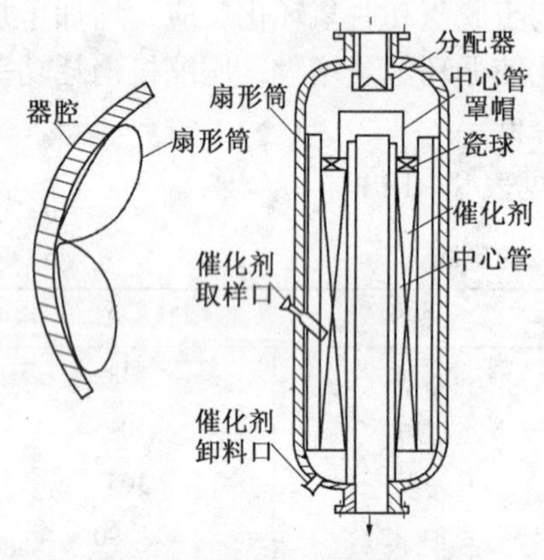

图 9 – 13　径向式重整反应器

所以，目前工业重整装置所采用的反应器如无特殊指明，应为热壁式径向固定床或移动床反应器。固定床反应器用于半再生重整装置，移动床反应器用于连续重整装置。

1. 固定床径向反应器

固定床径向反应器的结构如图 9 – 13 所示。

径向反应器是由壳体、进料分配器、中心管、活动罩帽和扇形筒等部件组成。催化剂装填在中心管和扇形筒之间的环形空间，床层上面装填瓷球或废催化剂，床层下面装填瓷球。原料由上部入口经过进料分配器后，受罩帽阻碍而进扇形筒。扇形筒开有长形小孔，气流经长形小孔，以径向进入催化剂层，与催化剂接触发生反应，然后进入中心管，中心管由内、外两层套管组成。套管上开有形状不同的小孔，反应产物通过这两层中心管的小孔进入中心管，然后从下部出口流出。

径向反应器与轴向重整反应器的最大区别是在反应器中心设置了一根中心管，在器壁设置了若干扇形筒以及它们之间的连接件，实现油气的径向均匀流动和床层压降的下降。

2. 重叠式反应器

重叠式反应器通常由四台反应器构成，见图 9 – 14。

重叠式反应器的每一台反应器内件均由一根中心管、8 ~ 15 根催化剂输送管、布置在器壁的若干扇形筒和连接中心管与扇形筒的盖板组成，见图 9 – 15 所示。催化剂从还原段通过催化剂输送管进入一反的中心管和扇形筒之间的催化剂床层，靠势能缓慢地向下流动，直至反应器底部，然后经底座上的引导口，通过催化剂输送管进入二反。照此，直至催化剂进入末反下部的催化剂收集器，最后从催化剂出口流出。

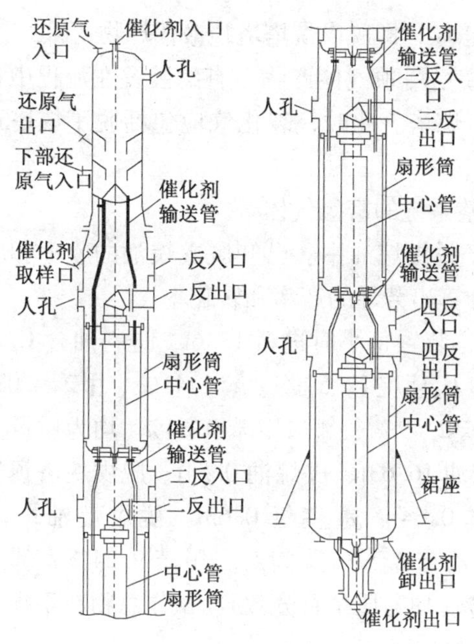

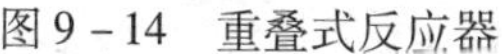

图 9－14 重叠式反应器

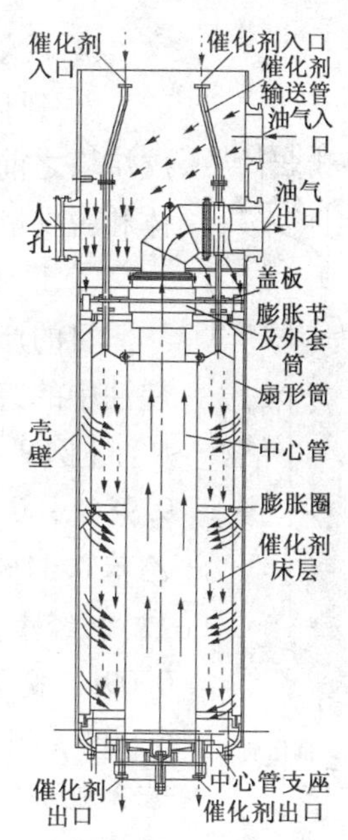

图 9－15 重叠式反应器中部物流示意图

油气从反应器入口进入，通过布置在器壁的扇形筒顶部 D 字形升气管均匀地流入扇形筒中，然后径向流过催化剂床层，进入中心管，从反应器上部出口流出。此外，在中心管上部膨胀节外面还设有一夹套，在夹套上部周围方向开设若干通气孔，夹套下部(位于盖板之下)是用焊接条缝筛网制作的圆筒，一小部分油气进入夹套上的通气孔，再从盖板下部的焊接条缝筛网进入催化剂床层，防止催化剂向中心管聚集，形成死区。早期的重叠式重整反应器，油气出口设在中心管的底部，即所谓上进下出，近期的反应器油气出口设在中心管的上部，即所谓上进上出，这样的改进更有利于油气在床层中的均匀分配。

重叠式反应器的顶部有过多种形式。主要区别是设不设催化剂还原段和何种形式的还原段。把催化剂还原段放在反应器的顶部，便于反应再生系统的布置，但增加了反应器的总高，对制造、运输不利。

重叠式反应器的最末一级反应器，在底部设有催化剂收集器和引出口，在中心管底部支座上设置有用 8 个或 10 个隔板分成的环形催化剂出口，下面的锥形段也用导向叶片分割成同样数量的小区，相互对应，引导催化剂从下部流出。

3. 并列式反应器

并列式反应器内件由中心管、大直径外筛网、套筒、盖板、催化剂进出口及催化剂输送管组成(见图 9－16)。催化剂从顶部催化剂入口进入，经输送管进入中心管和外筛网之间的催化剂床层，向下流动，从底部催化剂出口流出。油气从原料入口进入，经进料分配器进入大直径外筛网与反应器器壁之间的环形空间，然后径向流过催化剂床层，进入中心管，从下部反应器出口流出。

二、重整反应器的工艺计算

1. 总物料平衡和芳烃转化率的计算

重整装置的产物通常包括以下 4 个部分：

① 脱戊烷油，即脱戊烷塔底产物；

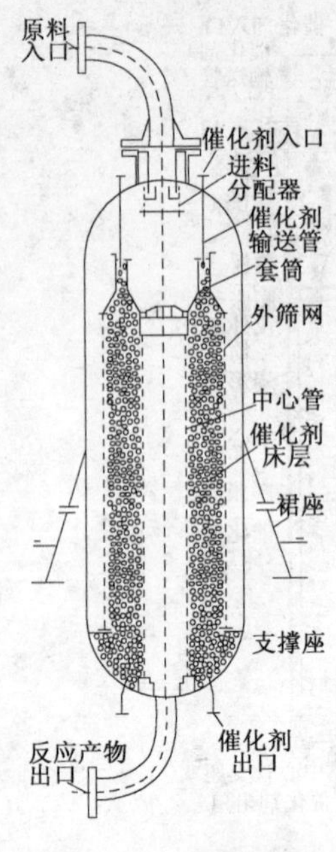

图 9－16　大型外筛网并列式反应器

② 戊烷油，或称液态烃，即脱戊烷塔塔顶液体产物；

③ 裂化气，即脱戊烷塔塔顶气体产物。有的装置在流程中在脱戊烷塔之前还有一个脱丁烷塔。此时，裂化气应包括脱丁烷塔顶气体和脱戊塔顶气体两项；

④ 重整氢，即出重整系统的富氢气体。

目的产物芳烃都含于脱戊烷油中。已知脱戊烷油的收率和脱戊烷油中的芳烃含量即可计算出芳烃的产率和转化率。

【例 9－1】 某铂重整装置每小时进料 18.6t，进料油含 C_6环烷 9.98%，C_7环烷 18.3%、C_8环烷 12.59%、苯 1.41%、甲苯 4.07%、乙苯 0.41%、间对二甲苯 2.49%、邻二甲苯 0.64%（均为质量百分数）。经重整后得脱戊烷油 16.63t、戊烷油 0.54t、脱戊烷塔顶气体 0.09t、脱丁烷塔顶气体 0.64t、重整氢 0.63t。脱戊烷油中含苯 6.96%、甲苯 20.02%、乙苯 2.33%、间对二甲苯 9.24%、邻二甲苯 3.29%、重芳烃 2.52%（均为质量百分数）。试作总物料平衡，计算芳烃产率和转化率。

解： 按 1h 进料为基准进行计算。

（1）总物料平衡

入　方			出　方		
项　目	t/h	%	项目	t/h	%
进料	18.6	100.0	脱戊烷油	16.63	89.4
			戊烷油	0.54	2.9
			裂化气	0.73	3.9
			重整氢	0.63	3.4
			损失	0.07	0.4
合计	18.6	100.00	合计	18.6	100.00

（2）芳烃产率

苯产率 = 脱戊烷油收率 × 脱戊烷油中苯的含量（%）

$= 89.4\% \times 6.96\% = 6.23\%$

甲苯产率 $= 89.4\% \times 20.02\% = 17.9\%$

C_8芳烃产率 $= 89.4\% \times (2.33 + 9.24 + 3.29)\%$

$= 13.3\%$

总芳烃产率 $= 6.23\% + 17.9\% + 13.3\%$

$= 37.43\%$（不包括重芳烃）

（3）计算芳烃潜含量

$$苯潜含量 = 9.98 \times \frac{78}{84} + 1.41\% = 10.68\%$$

$$甲苯潜含量 = 18.38\% \times \frac{92}{98} + 4.07 = 21.32\%$$

$$C_8\text{芳烃潜含量}=12.59\%\times\frac{106}{112}+0.41\%+2.49\%+0.64\%$$

$$=15.44\%$$

$$\text{芳烃潜含量}=10.68\%+21.32\%+15.44\%=47.44\%$$

(4) 计算芳烃转化率

$$\text{苯转化率}=\frac{\text{苯产率}}{\text{苯潜含量}}=58.4\%$$

同理：

$$\text{甲苯转化率}=\frac{17.9\%}{21.32\%}=84\%$$

$$C_8\text{芳烃转化率}=\frac{13.3\%}{15.44\%}=86.3\%$$

$$\text{总芳烃转化率}=\frac{37.43\%}{47.44\%}=79\%$$

由以上计算结果可见：相对分子质量越大的环烷烃越容易转化成芳烃，这点与以前讨论的规律是一致的。

在生产中，为了了解反应器的效率，有时需要考察各个反应器的芳烃转化率。此时，除了需要知道进料的流量和组成外，还需要从各反应器的出口处采样，经冷凝冷却后测量其中的气体和液体量，以计算所采样中液体所占的百分含量，同时分析所采液体中各芳烃的含量。

【例9－2】 接上例，重整进料油18.6t/h，循环氢30000标m^3/h，循环氢密度0.195kg/标m^3。各反应器出口采样的气体和液体量如下：

反应器	气体量/kg	液体量/kg	液体/%
一反	0.1254	0.3330	72.6
二反	0.1500	0.3650	71.0
三反	0.2270	0.3849	63.0

各反应器采样的液体中的芳烃含量如下：

%

项目	一反	二反	三反
苯	3.68	5.37	6.08
甲苯	11.65	18.45	22.25
乙苯	1.57	2.36	2.68
间，对二甲苯	5.97	9.04	10.83
邻二甲苯	1.94	3.14	3.83
重芳烃	1.22	2.21	2.93

试分析各反应器的芳烃转化情况。

解：

(1) 先计算各反应器的液体收率(对一反进料)

进一反循环氢流量$=30000\times0.195=5.85\times10^3$kg/h

进一反原料油流量 $= 18.6 \times 1010^3 kg/h$

进一反物料中液体的量：$= \frac{18.5 \times 10^3}{18.5 \times 10^3 + 5.85 \times 10^3}$

$= 76.2\%$

各反应器的液体收率（对一反进料，累计）$= \frac{\text{采样中液体\%}}{\text{一反进料中液体\%}}$

所以：

$$\text{一反液体收率} = \frac{72.6}{76.2} = 95.4\%$$

$$\text{二反液体收率} = \frac{71}{76.2} = 93.2\%$$

$$\text{三反液体收率} = \frac{63}{76.2} = 82.8\%$$

（2）计算各反应器累计芳烃产率

各反应器累计芳烃产率 = 液体收率 × 所采液体样中的芳烃含量

例如：　一反苯的产率 $= 95.4\% \times 3.66\% = 3.49\%$

二反苯的产率 $= 93.2\% \times 5.37\% = 5\%$

依次类推。

（3）计算各反应器的累计芳烃转化率

$$\text{各反应器的累计芳烃转化率} = \frac{\text{该反应器的芳烃产率}}{\text{原料的芳烃潜含量}}$$

例如：

$$\text{一反累计苯转化率} = \frac{3.49}{10.68} = 32.7\%$$

$$\text{二反累计苯转化率} = \frac{5}{10.68} = 46.8\%$$

依次类推。

（4）计算各反应器中新生成的芳烃

各反应器中新生成的芳烃 = 该反应器的累计芳烃产率 - 前一反应器的累计芳烃产率

例如：　一反新生成苯 $= 3.49\% - 1.41\% = 2.08\%$（对原料油）

二反新生苯 $= 5\% - 3.49\% = 1.51\%$（对原料油）

依次类推。

步骤(2)至(4)的计算结果汇总如下表：

项　目	累计芳烃产率/%			累计芳烃转化率/%			新生成芳烃/%		
	一反	二反	三反	一反	二反	三反	一反	二反	三反
苯	3.49	5	5.05	32.70	46.80	47.30	2.08	1.51	0.05
甲苯	11.10	17.2	18.45	52.10	80.70	86.50	7.03	6.1	1.25
C_8 芳烃	9.07	13.54	14.35	58.80	87.70	93.10	5.53	4.47	0.81
$C_8 \sim C_9$ 芳烃	23.66	35.74	37.85	50.00	75.50	79.80	14.64	12.08	2.11
重芳烃	1.16	2.06	2.43	—	—	—	1.16	0.89	0.37

以上按三反生成油计算的芳烃转化率与上例中按脱戊烷油计算的数值稍有出入。其中脱戊烷油中的苯比三反生成油中的苯有所增加，而 C_8 芳烃则稍有减少，至于甲苯则变化不大，

这可能是计量和分析引起的误差，但也可能是由于在后加氢反应器中，部分 C_8 芳烃发生了脱甲基反应造成的结果。一般情况下，反应器出口采样的方法比较容易引起一定的误差。

比较 3 个反应器中转化生成芳烃的情况，可以看到一反转化最多、二反次之、而三反则差得多。从各反应器的液体收率看，在三反中液体收率下降得较多，这说明在三反中进行较多的加氢裂解反应。

2. 氢平衡——加氢裂解耗氢量的计算

在重整过程中脱氢反应放出氢，而加氢裂解反应则消耗氢，实际得到的氢是二者之差，因此，可以利用实得氢量和脱氢反应放出的氢量来计算加氢裂解消耗的氢量。

【例 9－3】 某铂重整装置每小时进料 13.1t，原料中含苯 0.4%、甲苯 1.4%、C_8 芳烃 0.4%、C_9 芳烃。脱戊烷油收率 84.6%，脱戊烷油中含苯 11.8%、甲苯 18.4%、C_8 芳烃 9.8%、C_9 芳烃 1.8%，重整氢含量 90%(体)，计 2530 标 m^3/h，裂化气 397 标 m^3/h，其中含氢 21.6%(体)。

试计算加氢裂化耗氢量。

解：

(1) 计算脱氢反应放出氢

对铂重整，可以认为全部放出的氢都是由环烷烃脱氢而得，但对铂铼或多金属重整则必须还考虑烷烃的环化脱氢反应，本例题是铂重整，因此只考虑环烷烃的脱氢反应。

$$\text{脱戊烷油中的苯} = 13100 \times 84.6\% \times 11.8\% = 1310\text{kg/h}$$

$$\text{原料油中的苯} = 13100 \times 0.4\% = 52.4\text{kg/h}$$

$$\text{生成的苯} = 1310 - 52.4 = 1257.6\text{kg/h}$$

用同样方法计算得；

$$\text{生成甲苯时放出氢} = 121\text{kg/h}$$

$$\text{生成 }C_8\text{ 芳烃时放出氢} = 58.5\text{kg/h}$$

$$\text{生成 }C_9\text{ 芳烃时放出氢} = 9.97\text{kg/h}$$

所以：

$$\text{环烷烃脱氢反应共放出氢} = 96.8 + 121 + 58.7 + 9.97 = 286.27\text{kg/h}$$

(2) 计算实得氢

$$\text{重整氢中纯氢量} = 2530 \times 90\% = 2280\text{Nm}^3/\text{h}$$

$$\text{或} = \frac{2280}{22.4} \times 2 = 204\text{kg/h}$$

$$\text{裂化气中纯氢量} = 397 \times 21.6\% = 85.7\ \text{m}^3/\text{h}$$

$$\text{或} = \frac{85.7}{22.4} \times 2 = 7.65\text{kg/h}$$

所以：

$$\text{实得纯氢量} = 204 + 7.65 = 211.65\text{kg/h}$$

$$\text{加氢裂解反应耗氢量} = 286.27 - 211.65$$
$$= 74.62\text{kg/h}$$

3. 重整反应器理论温降的计算

催化重整反应是吸热反应，所需要反应热量靠重整进料与循环氢混合物降低温度来供给第一反应器的温降大于第二、第三反应器，重整反应需要的热量以及在绝热反应器中的温降对加热炉的设计是重要的基础数据。而且，反应器内的温降大小也是考察反应深度的一个简单而又直接的指标。

理论温降按下式计算。

$$\Delta t = \frac{Q_{反} + Q_{散}}{G_{混} \cdot G_{混}}$$

式中 Δt——重整反应器的理论温降，℃；

$Q_{反}$——重整反应热，kJ/h；

$Q_{散}$——重整反应器向大气散热，kJ/h；

$G_{混}$——重整进料油和循环氢混合物的总量，kg/h；

$C_{混}$——重整进料油和循环氢混合物在平均反应温度下的平均比热容，kJ/kg · ℃。

严格地说，在计算反应吸收的热量时，应考虑到在重整过程中发生的全部反应，但是，在一般不需要十分精确的工艺计算时，可近似地按以下方法计算。

① 根据反应过程中新生成的的芳烃量计算芳构化反应消耗的热量。在用铂催化剂时不考虑环化脱氢反应，只计算环烷烃脱氢的反应热，而且都是按六员环烷脱氢反应计算。在用铂铼或多金属催化剂时，则需计算环化脱氢反应热，反应热可以取用以下列出的数据，这些数据是700K时的反应热，当温度变化不大时可近似地把反应热看作是常数。

项　　目	环烷脱氢反应热①/(kJ/kg 产物)	烷烃环化脱氢反应热*/(kJ/kg 产物)
苯	2822	3375
甲苯	2345	2742
二甲苯	2001	2282
三甲苯	1675	1926

① 均按正构烷烃反应计算。

② 加氢裂解反应热(放热)可取837kJ/kg裂解产物，加氢裂解量可按下式计算：

加氢裂解量 =(重整原料量) -(脱戊烷油量) -(实得纯氢量)

③ 异构化反应热很小，可以忽略。

【例8-4】 某重整装置采用1226催化剂、每小时重整进料18600kg、得脱戊烷油16630kg、裂化气及重整氢中的纯氢274kg，在反应中新生成苯895kg/h、甲苯2574kg/h、C_8芳烃1808kg/h、重芳烃281kg/h，循环氢量为5850kg/h，其组成(体%)为：$H_2$90.11、CH_4 6.16、$C_3H_8$1.27、$C_2H_6$1.6、C_4H_{10}0.34、nC_4H_{10}0.2、C_3H_{12}0.28，原料油在反应温度下的平均比热容为0.812kcal/(kg · ℃)(1kcal = 4.18kJ)。

解：

1226为铂催化剂，可不考虑烷烃环化脱氢的反应热。

(1) 反应热

$$\text{环烷脱氢反应热(吸热)} = 895\times674+2574\times580+478\times180+400\times281$$
$$=301.2\times10^4\text{kcal/h}$$
$$\text{加氢裂解量} = 18600-16630-274$$
$$=1696\ \text{kg/h}$$
$$\text{加氢裂化反应热} = 220\times1696$$
$$=37.4\times10^4\text{kcal/h(放热)}$$

所以　　总净反应热 $=301.2\times10^4-37.4\times10^4$

$$=263.8\times10^4\text{kcal/h}=11\times10^6\text{kJ/h}$$

(2) 反应器热损失

3 个反应器表面积共 70m², 平均器壁表面温度 90℃, 大气温度 20℃, 取散热系数为 62.8kJ/(m²·℃·h)

$$\text{所以散热损失} = 62.8\times(90-20)\times70=307.7\text{MJ/h}$$

(3) 理论温降计算

循环氢的平均比热容和平均相对分子质量的计算如下:

组　分	组成 y_i/%(体)	相对分子质量 M	Cpi/kJ/(kmol·℃)	M_iy_i	Cp_iy_i
H_2	90.11	2	29	1.82	6.30
CH_4	6.16	16	59	0.98	0.84
C_2H_6	1.60	30	103	0.48	0.48
C_8H_6	1.27	44	149	0.55	0.58
$i-C_4H_8$	0.34	58	193	0.19	0.19
$n-C_4H_{10}$	0.24	58	193	0.14	0.14
C_5H_{12}	0.28	72	239	0.20	0.20
平均相对分子质量				4.36	
平均比热容					8.71

$$\text{油气和循环氢混合物的平均比热容:} =0.812\times\frac{18600}{18600+5850}+\frac{8.71}{4.36}+\frac{5850}{18600+5850}$$
$$=1.08\text{kcal/(kg·℃)}$$

$$\text{所以 理论总温降} = \frac{263.8\times10^4+7.35\times10^4}{1.08\times(18600+5850)}=103℃$$

4. 床层压降的计算和反应器高径比的确定

(1) 反应器工艺尺寸的确定

① 反应器的容量。反应器的容量按下式计算:

$$V=\frac{G}{v_p\cdot\gamma_{催}}$$

式中　G——原料油进料量, t/h;

V——反应器容量(催化剂的装量), m³;

v_p——质量空速, h^{-1};

$\gamma_{催}$——催化剂的堆积密度, kg/m³(或 t/m³)。

如果使用 N 个反应器, 则每个反应器的催化剂装入量 V' 应为:

$$V'=\frac{G}{N\cdot v_p\cdot\gamma_{催}}$$

【例9-5】 某铂重整装置年处理量0.1Mt，采用低铀催化剂(其堆积密度为0.7t/m^3)，空速为3h^{-1}(质)，试计算反应器的催化剂装入量。

解：

年开工按8000 h计

进料置 $G=\frac{100000}{8000}=12.5\text{t/h}$

则催化剂总装入量为：

$$V=\frac{12.5}{3\times0.7}=6.0\text{m}^3$$

若装置采用3个反应器串联，并且催化剂装入量按1∶2∶2的比例分配。

则：第一反应器 $V_1=\frac{1}{5}V=\frac{1}{5}\times6.0=1.2\text{m}^3$

第二反应器 $V_2=\frac{2}{5}V=\frac{2}{5}\times6.0=2.41\text{m}^3$

第三反应器 $V_3=\frac{2}{5}V=\frac{2}{5}\times6.0=2.4\text{m}^3$

② 反应器的直径和高度，反应器容量确定后，可根据油气通过床层时压力降的大小来确定高径比。当处理量一定时，床层截面大，则压力降小；反之，床层截面小，则压力降大。对圆柱体形的催化剂，油气通过床层的压力降可按下式计算：

$$\Delta P_{催}=\frac{2.77\times10^4\times\gamma^{0.85}\times\omega\times\eta^{0.15}\times H}{d_\text{p}^{1.15}}$$

式中 $\Delta P_{催}$——油气通过催化剂床层的压力降，kg/cm^2；

γ——油气混合物的密度，kg/m^3；

ω——油气的空塔线速度，m/s；

η——油气混合物的黏度，mPa · s；

H——催化剂床层的高度，m；

d_p——催化剂的当量直径，m。

每米床层高度的压力降($\Delta P_{催}/H$)经验值为5.49~22.5kPa/m，采用10.8~22.5kPa/m则更好一些，$\Delta P_{催}/H$过小则油气分布不好，油气与催化剂接触不良；$\Delta P_{催}/H$过大则会引起催化剂的破碎，导致损失昂贵的催化剂，而且会因催化剂的粉碎，导致实际上的压力降将进一步增大，$\Delta P_{催}/H$大时，循环氢压缩机的能量消耗增大。但如果反应器床层压力降在整个循环氢系统的压力降中所占的比例很小，则这个影响是不大的。

由$\Delta P_{催}/H$值的计算可以初步确定催化剂床层的截面积，于是床层的高度也就确定。

$$V'=F\times H$$

式中 F——反应器床层的截面积，m^3。

一般情况下，$H/D<3$时，反应器壳体的造价随着H/D的降低而增加。

【例8-6】 某铂重整装置处理为15万t/a，原料为60~130℃直馏馏分(平均相对分子质量100)，采用1226催化剂，催化剂颗粒为西4×3ram，其堆积密度为730kg/m。反应空速3.5h^{-1}已经计算得各反应器的催化剂装入量，其中第二反应器的装入量为2.928t，操作压力为2.5MPa(绝)，氢油摩尔比为7，第二反应器的平均温度为490℃，试计算第二反应器的床层压降并确定反应器的工艺尺寸。

解：

① 计算循环氢和油气的混合密度 ρ。

每年开工时间按 8000h 计算，则：

$$原料油流量 = \frac{150000 \times 10^3}{8000} = 18750\text{kg/h}$$

或 187.5kmol/h

氢油摩尔比本应是纯氢与油之比，这里把纯氢的摩尔数近似地看作循环氢的摩尔数，设循环氢的相对分子质量为 3，则循环氢的质量流率为：

$$1313 \times 3 = 3939\text{kg/h}$$

所以
$$总质量流率 = 18750 + 3939 = 22689\text{kg/h}$$

$$总体积流率 = (187.5 + 1313) \times 224 \times \frac{1.033}{25} \times \frac{490 + 273}{273}$$

$$= 3760\text{m}^3/\text{h}$$

所以
$$混合物密度\ \rho = \frac{22689}{3760} = 6.04\text{kg/m}^3$$

② 计算混合物的黏度。

查图得原料油蒸气的黏度为 0.0 147mPa · s。循环氧黏度近似地按氢的黏度计算。其值为 0.0167mPa · s。混合气体黏度可按下式计算：

$$\eta = \frac{\eta_1 y_1 \sqrt{M_1} + \eta_2 y_2 \sqrt{M_2}}{y_1 \sqrt{M_1} + y_2 \sqrt{M_2}}$$

式中　η——混合气体黏度，mPa · s；

η_1、η_2——原料油气与循环氢黏度，mPa · s；

M_1、M_2——原料油与循环氢的相对分子质量；

y_1、y_2——原料油与循环氢的摩尔分数。

则
$$\eta = \frac{0.0147 \times \frac{1}{8}\sqrt{100} + 0.0167 \times \frac{7}{8} \times \sqrt{3}}{\frac{1}{8} \times \sqrt{100} + \frac{7}{8} \times \sqrt{3}}$$

$$= 0.0158$$

③ 计算催化剂颗粒当量直径。

催化剂颗粒为 $\phi 4 \times 3$mm。

所以
$$颗粒表面积 = 2 \times \frac{4^2 \times \pi}{4} + 3 \times 4\pi = 20\pi\text{mm}^2$$

$$催化剂颗粒体积 = \frac{\pi \times 4^2}{4} \times 3 = 12\pi\text{mm}^3$$

$$球形颗粒表面积 = \pi d_p^2$$

$$球形颗粒体积 = \frac{\pi d_p^3}{6}$$

根据球形颗粒体积与表面积之比，相当于柱形催化剂颗粒体积与表面积之比，则得：

$$\frac{\pi d_p^3/6}{\pi d_p^2} = \frac{12\pi}{20\pi}$$

整理相当量直径 $d_p = 3.6\text{mm} = 0.0036\text{m}$

④ 计算床层压降及选取通过反应器的气体线速。

取 $\Delta P/H = 14.7\text{kPa/m}$

代入式
$$\Delta P_{体} = \frac{2.77 \times 10^{-4} \times \gamma^{0.85} \times \omega \times \eta^{0.15} \times H}{d_p^{1.15}}$$

得：$w^{1.85} = 0.34$ $\quad 0.16 = 2.77 \times 10^{-4} \times \frac{604^{0.85} \times \omega^{2.86} \times 0.0153^{0.15}}{0.0036^{1.15}}$

所以 $\omega = 0.558\text{m/s}$

已知原料油与循环氢体积总流率为 $3760\text{m}^3/\text{h} = 1.043\text{m}^3/\text{s}$

所以
$$床层截面积 = \frac{1.043}{0.558} = 1.87\text{m}^2$$

$$床层高 = \frac{催化剂装入量}{床截面积} = \frac{2.928}{1.87} = 1.57\text{m}$$

所以
$$床层压降\ \Delta P = 14.7 \times 1.57 = 23.08\text{kPa}$$

⑤ 反应器工艺尺寸的确定。

反应器直径：

$$床层直径\ D = \sqrt{\frac{4 \times 1.87}{\pi}} = 1.54\text{m}$$

计算得到的反应器直径为1.54m，考虑到耐热水泥层、合金钢衬里和间隙，取反应器壳体内径为1.8m。

计算得到的床层高度为1.57m，考虑到惰性瓷球层、分配头、集气管等内部构件，并留一定的时间，所以反应器直筒高度选用3m。

反应器的尺寸最后还要根据机械设计要求和制造厂的系列规格作适当调整。

第十章 高辛烷值汽油组分的生产

随着汽车工业的快速发展和对节约能源以及环境保护的日益重视，对车用汽油的抗爆性和清洁性提出了更高的要求。辛烷值是代表车用汽油抗爆性能的重要指标。汽油的辛烷值越高，汽油的抗爆性能越好，配合适宜压缩比的汽车，可以达到更佳的节能效果。而汽车清洁性的好坏与汽油的组成密切相关，与催化裂化汽油和重整汽油相比，烷基化油、异构化汽油和醚类含氧化合物，不含有硫、烯烃和芳烃，并且具有更高的辛烷值，因而是清洁汽油理想的高辛烷值组分。本章主要介绍烷基化油、异构化汽油和醚类含氧化合物的生产过程。

第一节 烷基化

烷基化是在酸性催化剂的作用下，烷烃与烯烃的化学加成反应。在反应过程中烷烃分子的活泼氢原子的位置被烯烃所取代。由于异构烷烃中的叔碳原子上的氢原子比正构烷烃中的伯碳原子上的氢原子活泼得多，因此，参加烷基化反应的烷烃为异构烷烃。通常烷基化过程的异构烷烃为异丁烷，烯烃一般是 $C_3 \sim C_5$烯烃，主要是丁烯。本书所述的烷基化过程一般特指以催化裂化装置副产的异丁烷和丁烯馏分为原料，生产烷基化油的过程。

烷基化油与催化裂化汽油和重整汽油对比具有以下特点：辛烷值高，敏感度低，抗爆性能好，研究法辛烷值(RON)可达 93 ~ 95，马达法辛烷值(MON)可达 91 ~ 93；不含烯烃、芳烃，硫含量低，烷基化油调入车用汽油中，通过稀释作用可以降低汽油中的烯烃、芳烃和硫含量；蒸气压较低。正是由于烷基化油汽油的上述优点，使得烷基化工艺迅速发展，成为最重要的汽油生产工艺过程之一。

一、烷基化发展概况

1930 年，美国环球油品公司(UOP)的 H. Pinez 和 V. N. Ipatieff 发现在强酸(如浓硫酸、氢氟酸、BF_3/氢氟酸、$AlCl_3$/HCl 等)的存在下，异构烷烃与烯烃可以发生烷基化反应。这一发现引起了人们对烷基化反应的广泛研究并迅速取得进展。1938 年，世界上第一套以浓硫酸为催化剂的烷基化反应装置在亨伯石油炼制公司的贝敦炼油厂建成投产。1942 年，第一套以氢氟酸为催化剂的烷基化反应装置在菲利普斯石油公司的德克萨斯州博格炼油厂建成投产。至今世界上已有数百套烷基化反应装置在运行中，烷基化反应已成为石油加工的主要过程之一。1998 年，全世界范围硫酸法烷基化油的生产能力为 29. 31Mt/a，氢氟酸法烷基化油的生产能力为 38. 5Mt/a。

我国在 20 世纪 60 年代中期到 70 年代初期，在中国石油下属的兰州炼油厂、抚顺石油二厂和中国石化下属的胜利炼油厂、荆门炼油厂先后建设了 0. 015 ~ 0. 06 Mt/a 的硫酸法烷基化工业装置，对提高汽油辛烷值起到了重要作用。目前我国共有烷基化工业装置 20 套，其中硫酸法烷基化装置 8 套，氢氟酸法烷基化工业装置 12 套，实际加工能力为

1.3Mt/a。

烷基化采用的催化剂主要是硫酸和氢氟酸。硫酸法烷基化工艺酸渣排放量大，且难以处理，对环境污染严重；氢氟酸法烷基化工艺的催化剂氢氟酸是易挥发的剧毒化学品，一旦泄露，会对环境造成严重危害。因此国内外多年来一直致力于开发新一代烷基化催化剂及工艺。以美国UOP公司的Alkylene固体酸催化剂烷基化工艺为代表的一批固体酸烷基化工艺具备工业应用条件。

二、烷基化反应

烷基化反应的主要原料是异丁烷和丁烯。丁烯包括异丁烯、1－丁烯和2－丁烯三种同分异构体。异丁烷与丁烯在硫酸或氢氟酸的作用下发生加成反应，生成2，3－二甲基己烷、2，2，4－三甲基戊烷(即异辛烷，辛烷值为100)、2，3，4－三甲基戊烷和2，3，3－三甲基戊烷等C_8异构烷烃。

$$\underset{\text{异丁烷}}{CH_3-\overset{\displaystyle CH_3}{\overset{|}{\underset{\underset{\displaystyle CH_3}{|}}{C}}}-H} + \underset{\text{异丁烯}}{CH_3-\overset{\displaystyle CH_3}{\overset{|}{C}}=CH_2} \xrightarrow[HF]{H_2SO_4} \underset{\text{2，2，4－三甲基戊烷}}{CH_3-\overset{\displaystyle CH_3}{\overset{|}{\underset{\underset{\displaystyle CH_3}{|}}{C}}}-CH_2-\underset{\underset{\displaystyle CH_3}{|}}{CH}-CH_3}$$

$$\underset{\text{异丁烷}}{CH_3-\overset{\displaystyle CH_3}{\overset{|}{\underset{\underset{\displaystyle CH_3}{|}}{C}}}-H} + \underset{\text{1－丁烯}}{CH_3-CH_2-CH=CH_2} \xrightarrow[HF]{H_2SO_4} \underset{\text{2，3－二甲基己烷}}{CH_3-\overset{\displaystyle CH_3}{\overset{|}{CH}}-\overset{\displaystyle CH_3}{\overset{|}{CH}}-CH_2-CH_2-CH_3}$$

$$\underset{\text{异丁烷}}{CH_3-\overset{\displaystyle CH_3}{\overset{|}{\underset{\underset{\displaystyle CH_3}{|}}{C}}}-H} + \underset{\text{2－丁烯}}{CH_3-CH_2-CH=CH_2} \xrightarrow[HF]{H_2SO_4} \underset{\text{2，2，4－三甲基戊烷}}{CH_3-\overset{\displaystyle CH_3}{\overset{|}{\underset{\underset{\displaystyle CH_3}{|}}{C}}}-CH_2-\underset{\underset{\displaystyle CH_3}{|}}{CH}-CH_3}\ \text{或}$$

$$\underset{\text{2，3，4－三甲基戊烷}}{CH_3-\overset{\displaystyle CH_3}{\overset{|}{CH}}-\overset{\displaystyle CH_3}{\overset{|}{CH}}-\overset{\displaystyle CH_3}{\overset{|}{CH}}-CH_3}\ \text{或}\ \underset{\text{2，3，3－三甲基戊烷}}{CH_3-\overset{\displaystyle CH_3}{\overset{|}{CH}}-\overset{\displaystyle CH_3}{\overset{|}{\underset{\underset{\displaystyle CH_3}{|}}{C}}}-CH_2-CH_3}$$

异丁烷与丁烯在酸性催化剂作用下的反应遵循碳正离子机理，烷基化所使用的烯烃原料和催化剂不同，烷基化的反应过程和所得产物也有所不同。在发生加成反应的同时还伴随着异构化反应，因此反应产物中有多种C_8异构烷烃生成。原料中含有的少量丙烯和戊烯，也可以与异丁烷反应。此外，在过于苛刻的反应条件下，原料和产品还可以发生裂化、歧化、叠合、氢转移等副反应，生成低沸点和高沸点的副产物以及酯类和酸油等。烷基化产物分布情况见表10－1。

由表10－1可见：异丁烷与丁烯的烷基化反应不仅生成C_8异构烷烃，还生成C_6、C_7异构烷烃以及C_9以上重组分，因此异丁烷与丁烯的烷基化产物是由异辛烷与其他烃类组成的复杂混合物；异丁烯烷基化产物中高辛烷值的C_8异构烷烃含量较低而C_9以上重组分较多，说明异丁烯易于发生叠合反应；烷基化产物中C_8异构烷烃占多数，C_8异构烷烃中又以2，2，

4－三甲基戊烷所占比例最大，其次为2，3，4－三甲基戊烷和2，3，3－三甲基戊烷；硫酸烷基化产物的种类多于氢氟酸烷基化。氢氟酸烷基化产物中 C_8 异构烷烃含量多于硫酸烷基化产物，因此通常氢氟酸烷基化油的辛烷值高于硫酸烷基化油。固体酸催化剂烷基化产物的分布与液体酸硫酸法相似，但轻组分较多。

表10－1 Alkylene工艺与液体酸烷基化产品性能比较

项目	氢氟酸工艺	硫酸工艺	Alkylene工艺
烷基化油组成/%(体)			
C_5	2.5	4.8	8.5
C_6	1.9	4.9	4.0
二甲基戊烷	2.9	3.8	4.7
甲基己烷	0	0.1	0.5
2，2，4－三甲基戊烷	49.7	31.1	38.1
2，2，3－三甲基戊烷	1.6	2.3	8.6
2，3，4－三甲基戊烷	18.8	18.4	8.1
2，3，3－三甲基戊烷	10.8	19.8	13.0
二甲基己烷	9.2	9.0	8.6
甲基庚烷	0	0.1	0.4
C_{9+}	2.6	5.7	5.5
RON	97.3	97.6	96.5
MON	95.2	94.8	93.8

三、烷基化催化剂

烷基化过程所使用的催化剂有无水氯化铝、硫酸、氢氟酸、磷酸、氟化硼以及硅酸铝等。目前应用最广泛的烷基化催化剂是硫酸和氢氟酸，固体酸烷基化催化剂已成功完成工业试验。

1. 硫酸催化剂

由于烷基化反应是在液相催化剂中进行，所以希望原料能较好地溶解在硫酸中。但是烷烃在硫酸中的溶解度很小，而烯烃在硫酸中的溶解度比烷烃高很多，为了保证烷烃在酸中的溶解量，需要使用高浓度的硫酸。而为了抑制高浓度硫酸造成的烯烃氧化、叠合等副反应的发生，又不宜使硫酸浓度过高。工业用作烷基化催化剂的硫酸浓度一般为86%～99%。当循环酸的浓度低于85%时，就需要更换新酸。为了增加硫酸与原料的接触面，在反应器内需使催化剂与反应物处于良好的乳化状态，并适当提高酸与烃的比例以利于提高烷基化产物的收率和质量。反应系统中催化剂量为40%～60%(体)。

为了提高硫酸的催化活性。目前已开发了多种助剂，如俄罗斯的环丁砜与有机季铵盐组成的添加剂，中国石油公司(台湾)的2－萘磺酸添加剂，Betz Dearborn ALKAT－XL和ALKAT－AR两种添加剂，Davis Applied Technologies的XL－2100添加剂。其中ALKAT－XL是一种以烃类为基础的独特的硫酸共催化剂，可使烷基化油的体积产率提高2%～5%，烷基化油的90%点温度降低8.3～17.6℃，辛烷值提高0.2～0.5单位，酸耗降低10%～30%。

2. 氢氟酸催化剂

氢氟酸沸点低(19.4℃)，对异丁烷的溶解度及溶解速度均比硫酸大，副反应少，因而目的产品的收率较高。氢氟酸在烷基化过程中生成的氟化物易于分解使氢氟酸回收，因此在生产过程中酸耗量明显较硫酸法低。

在正常反应时，一般保持氢氟酸浓度在90%左右、水含量在2%以下。在连续运转中，由于生成有机氟化物和水，因而会降低氢氟酸的浓度和催化活性，并使得烷基化油质量下降。为了防止上述情况发生，可进行再蒸馏除去氢氟酸中的杂质。

氢氟酸具有毒性，对人体有害。这种气体本身有一种特有的臭味，通常2～3μg/g就能感觉出来。因此，氟氢酸法烷基化技术的发展重点在于提高安全性，特别是降低氟氢酸的蒸气压。

UOP和Texaco合作开发成功Alkad工艺和Alkad™助剂技术，其核心是采用一种蒸气压抑制助剂(Alkad™)，Alkad™可与氢氟酸分子进行强缔合的长链，生成蒸气压较低的液态聚氟化氢络合物，有利地减轻了氢氟酸分子生成气溶胶释放至大气的倾向，从而极大减小了装置可能泄漏时HF扩散的范围。采用该助剂，并结合水喷淋系统，氢氟酸雾化倾向可降低95%～97%，同时烷基化油的研究法辛烷值还可以提高1.5单位左右。

Phillips和Mobil公司联合推出了降低氢氟酸挥发性的ReVAP助剂，可使空气中的氢氟酸浓度降低60%～90%，且具有较高的沸点，可完全溶解在HF酸中，但与其他烃类(包括酸溶油ASO)的亲和力较低。因此，采用简单的分馏过程就可很容易地将其从烷基化油中回收。采用该工艺生产的烷基化油收率不受损失，且可使其RON提高约0.5～0.8个单位。此外，Revap工艺可使HF烷基化装置的操作费用比H_2SO_4烷基化降低约10%。

3. 固体酸催化剂

研究表明，一种理想的固体酸烷基化催化剂应该具有以下性质和特征：表面酸中心具有较高的酸强度，以中强酸为宜，且酸强度分布均匀；表面酸中心对C_8正碳离子与异丁烷分子之间有强的氢转移能力；有较大的比表面积和足够大的孔径，有利于烷基化产物三甲基戊烷的扩散。

目前开发的固体酸烷基化催化剂主要有四类：负载型金属卤化物、负载型杂多酸(盐)、固体超强酸和分子筛等。

大多数固体酸催化剂用于烷基化反应的缺点是失活较快，随反应时间增加不但活性迅速减少，目的产物的选择性也随之降低，这是固体酸烷基化催化剂共有的弊端，但是分子筛的优势在于容易再生，且不损失活性和稳定性，因此分子筛催化剂有望成为生产烷基化汽油的固体酸催化剂。

四、烷基化工艺流程和影响因素

1. 硫酸法烷基化工艺流程和影响因素

(1) 工艺流程

硫酸法烷基化装置可分为时控釜式、反应流出物制冷式以及自冷式或阶梯式三种。时控釜式烷基化目前已不再采用。Stratco(斯特拉特科)公司的反应流出物制冷式硫酸烷基化工艺在世界上许多国家得到采用，包括我国的8套硫酸法烷基化装置，其工艺流程见图10－1。下面就Stratco反应流出物制冷式硫酸烷基化工艺流程进行详细说明。

烷烯比适宜的原料经过原料泵升压，与来自脱异丁烷塔的循环异丁烷混合，进入冷却器与来自闪蒸罐(1)的反应器流出物换热，物料温度由约38℃降至10℃左右，然后进入原料脱水器，脱除原料中的游离水和部分溶解水，然后与循环冷剂混合，并与循环酸一起进入Stratco反应器的搅拌器吸入端。

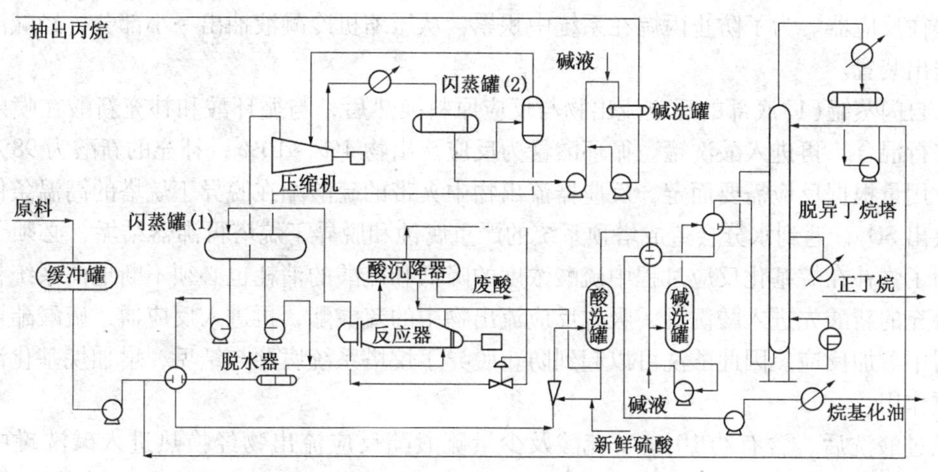

图 10－1　反应流出物制冷式工艺流程示意图

Stratco 卧式偏心高效反应器是该工艺的核心部分，其结构如图 10－2 所示。该反应器的外壳是一个卧式的压力容器，内部装有一个大功率的搅拌器、内循环套筒以及取热管束。靠搅拌叶轮的作用，原料迅速与酸形成乳化液，乳化液在反应器内高速循环并发生烷基化反应。反应后的乳化液经一上升管引入到酸沉降器，在此进行酸和烃的沉降分离。酸沉降器中有一块废酸堰板，以保证废酸在沉降器中有足够的沉降分离时间，废酸(浓度 90% 左右)自酸沉降器中排出，经加热器加热后排放至排酸罐。部分酸经过下降管返回到反应器的搅拌器吸入端。借助于上升管和下降管中物料的密度差，硫酸在反应器和酸沉降器之间形成自然循环。

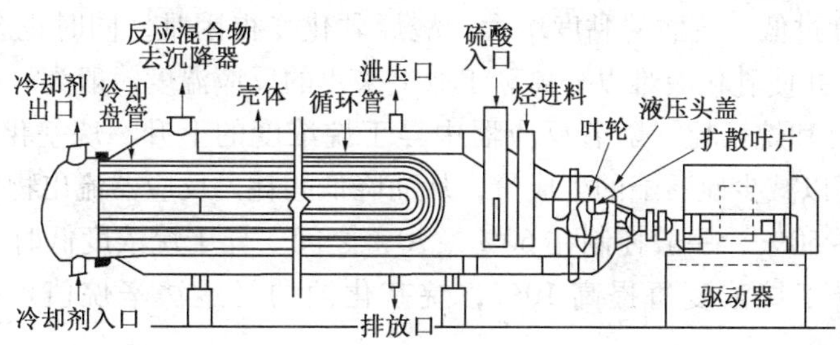

图 10－2　Stratco 卧式反应器

硫酸在反应器和酸沉降器间的循环有贫酸循环和富酸循环(或称乳液循环)两种模式。贫酸循环模式时，下降管里的物料中基本上不含烃类。富酸循环模式时，下降管里的物料中烃类占物料总体积的 1/3 左右。通过减少酸在酸沉降器里所占的体积或者说保持低酸液位，减少酸在沉降器里的停留时间，不使酸彻底沉降下来就返回到反应器中，可以实现富酸循环。富酸循环可以避免或减少在酸沉降器里所发生的副反应，从而提高烷基化油的质量，降低酸耗。

与酸分离后的反应流出物从酸沉降器顶部流出，经过压力控制阀减压后，流经反应器内的取热管束，并部分汽化以吸收反应放出的热量，保持反应器低温。从反应器取热管束管程出来的气液混合物进入闪蒸罐(1)进行气液分离。分出的气体经压缩、冷凝、冷却后，大部分冷凝液进入闪蒸罐(2)，在适当的压力下闪蒸出富丙烷物料，返回压缩机二级入口。闪蒸罐(2)的液体再进入闪蒸罐(1)降压闪蒸，得到的冷温致冷剂经冷剂循环泵与脱水后的原料混合送往反应器。为了防止丙烷在系统中积累，从压缩机冷凝液抽出一小部分，经碱洗罐碱洗后送出装置。

来自闪蒸罐(1)底部的反应流出物与反应原料换热后，与循环酸和补充新酸在喷射混合器中进行混合，再进入酸洗罐。循环酸量为反应流出物4% ~10%，补充的新酸为98%的浓硫酸，用量根据反应需要而定。反应器流出物中夹带的硫酸酯在脱异丁烷塔的高温条件下会分解放出 SO_2，遇到水分会造成塔顶系统的严重腐蚀和脱异丁烷塔再沸器结垢，必须予以脱除；为了弥补在烷基化反应过程中硫酸浓度的降低和硫酸的消耗也必须不断地向系统补充新酸。补充的新酸先进入酸洗罐，吸收反应流出物中的硫酸酯，再进入反应器，硫酸酯可以在反应器中参加反应。因此酸洗可以起到防止脱异丁烷塔系统腐蚀与结垢，增加烷基化油收率的双重作用。

经过酸洗后，含有约10μg/g硫酸及少量硫酸酯反应流出物经换热进入碱洗罐中，用49 ~65℃热碱水(含硫酸钠和亚硫酸盐)进行碱洗，使残留硫酸酯水解并中和携带的微量酸。

经过碱洗后的反应流出物流经换热器与从脱异丁烷塔塔底得到的产品烷基化油换热后，进入脱异丁烷塔。从塔顶分出异丁烷，冷凝冷却后返回反应器循环使用。侧线抽出的正丁烷经冷凝冷却后送出装置。从塔底的烷基化油与脱异丁烷塔的进料、碱洗罐的进料换热后作为目的产品送出装置。

(2) 影响硫酸烷基化反应的主要因素

烷基化反应是可逆的放热反应，影响硫酸烷基化反应的主要因素如下：

① 反应温度。降低硫酸烷基化反应温度，能够有效地抑制叠合和酯化等副反应，提高烷基化油的辛烷值与收率，降低酸耗。所以硫酸烷基化反应温度比较低，一般设计反应温度为10℃。反应温度过低，硫酸的黏度增大，酸烃乳化变得困难，同时也会增大反应的搅拌功率消耗和冷耗，并使乳化液难以分离。工业上采用的反应温度一般为8 ~ 12℃。

② 异丁烷浓度和烷烯比。随着反应器中异丁烷浓度的上升，烷基化油的辛烷值升高，干点下降；同时可以减少硫酸酯的生成量，从而降低酸耗。反应器流出物中，异丁烷的最低安全浓度为38% ~50%，一般控制在60% ~70%之间。异丁烷浓度低时，聚合等副反应增加；一定范围内异丁烷浓度每提高10%，烷基化油的马达法辛烷值可提高0.5 ~0.7个单位。

影响异丁烷浓度的主要因素有两个，即烃相中丙烷、正丁烷的浓度和烷烯比。

丙烷和正丁烷对烷基化反应是惰性的，但如果丙烷和正丁烷的浓度太高，则异丁烷的浓度就要下降。当系统不能及时排出丙烷和正丁烷而造成它们累积时，问题就会变得越来越严重。因此要尽量将正丁烷及多余的丙烷排出装置，同时尽量降低原料中丙烷和正丁烷的浓度。

烷烯比可以是指反应器内异丁烷对烯烃的比例(简称内比)，也可以是指进反应器物料的烷烯比(简称外比)，目前一般控制外比为8 ~12。由于烷基化反应器是全混流反应器，反应流出物的状态与反应器中的物料状态是等同的，因此反应流出物中异丁烷的浓度也就是反应器中异丁烷的浓度。

③ 硫酸的质量。硫酸作为烷基化反应的催化剂，其浓度对烷基化油的辛烷值和收率都有显著影响。酸浓度与酸强度(H_0)有类似线性关系，酸浓度越大，酸强度 H_0 越小。烷基化反应要求催化剂的酸强度(H_0)有一个域值，当硫酸催化剂的酸强度 $H_0 > -8.2$ 时，反应以

烯烃聚合为主，酸耗增加，烷基化油的辛烷值降低；当硫酸催化剂的酸强度 $H_0 < -8.2$ 时，反应以烷基化为主，烷基化油的辛烷值增加。硫酸浓度过高，SO_3 能够和异丁烷发生反应，从而破坏烷基化反应的进行，因此不能使用100%的硫酸或发烟硫酸。

水的存在有利于硫酸的离解，有利于提供烷基化反应所需要的 H^+。但是水含量增加，会使硫酸的浓度下降，腐蚀能力增强。因此要控制硫酸中的水含量为0.5%～1%，硫酸浓度不低于90%。以混合 C_4 烯烃为原料，如果酸的浓度从89%提高到94%，烷基化油的辛烷值可提高1.0～1.8个单位。当乳化液中硫酸浓度为95%～96%时，烷基化油的辛烷值最高。

④ 酸烃比。由于酸的导热系数比烃大得多，在相同的操作条件下，以硫酸为连续相进行烷基化反应时，反应热能有效地散去，所得烷基化油的质量比以烃为连续相时好，且酸耗也低。形成以硫酸为连续相的乳化液所需要的酸烃体积比为1∶1左右。酸烃比过大，会减少烃类的进料量（因为反应器的体积及反应停留时间是一定的），从而降低装置的处理量。同时酸烃比增大，酸烃乳化液的黏度和密度增加，使烷基化反应的功率消耗增大。由于硫酸的类型（新酸，旧酸）、硫酸的浓度、原料烷烯比以及喷嘴、搅拌、反应器内部结构等因素的影响，形成以硫酸为连续相所需要的酸烃比有所差异。一般工业上采用酸烃比为（1～1.5）∶1。

⑤ 反应时间。反应时间对反应产物的收率和质量的影响与酸烃的分散状况相比其作用要小得多。反应时间应至少大于酸烃达到完全乳化所需要的时间，否则反应尚未完成，对收率和质量都将产生不利的影响。但如果反应时间过长，不仅影响装置的处理能力，还会造成副反应和酸耗增加、产品质量下降。工业上通常控制烯烃的进料空速为 $0.3h^{-1}$。烯烃的进料空速即每小时烯烃进料体积与停留在反应区内硫酸体积之比。

⑥ 搅拌功率。决定硫酸烷基化反应速度的控制步骤是异丁烷向酸相的传质过程，因此酸烃乳化程度对烷基化反应过程影响很大。在反应器型式和酸烃比确定后，影响酸烃乳化程度的关键因素是搅拌功率。激烈的搅拌可将烯烃的点浓度降至最低，防止烯烃自身聚合和烯烃与酸的酯化反应的发生。此外，搅拌还有利于反应热的扩散与传递，使反应器内温度均匀，产品质量稳定。工业上采用的搅拌机动力输入（按烷基化油产量计）为 $0.74 \sim 1.19 kW/(d \cdot m^3)$。

2. 氢氟酸法烷基化工艺流程和影响因素

（1）工艺流程

氢氟酸法烷基化工艺可分为Phillips公司开发的氢氟酸法烷基工艺和UOP公司开发的氢氟酸法烷基化工艺。目前我国引进的12套氢氟酸烷基化装置全部采用Phillips公司开发的氢氟酸法烷基化工艺，因此这里主要针对Phillips氢氟酸烷基化工艺进行详细说明，如图10－3所示。

新鲜原料先用升压泵送入装有干燥剂的干燥器中进行脱水处理，以保证进入反应系统的原料中水含量小于20μg/g，流程中有2台干燥器切换操作，1台干燥运行时，另1台再生。

干燥后的原料与来自主分流塔的循环异丁烷混合，经高效喷嘴充分雾化后进入反应管，烃类均匀地分散于氢氟酸中。原料中的烯烃和异丁烷在氢氟酸的作用下，在管式反应器中迅速发生烷基化反应，反应流出物沿反应管自下而上流动，边移动边反应，最后进入酸沉降罐。在酸沉降罐内，由于酸与反应流出物的相对密度不同而进行分离，反应流出物位于沉降罐上部，氢氟酸在沉降罐下部。氢氟酸依靠位差向下流入酸冷却器，取走反应热，然后又进入反应管循环使用。反应流出物从沉降罐上部抽出进入一台辅助反应器，即酸再接触器，反应流出物在酸再接触器中与纯度较高的氢氟酸充分接触，使其中的有机氟化物分解成烯烃和氢氟酸，并在氢氟酸的作用下，烯烃和异丁烷反应生成烷基化油。

来自酸再接触器的反应流出物经换热后进入主分馏塔。主分馏塔塔顶馏出物为带有少量氢氟酸的丙烷，经冷凝冷却后，进入回流罐。部分丙烷作为塔顶回流，剩余部分丙烷进入丙烷气提塔，酸与丙烷的共沸物自气提塔顶部抽出，经冷凝冷却后返回主分馏塔塔顶回流罐。气提塔底部丙烷经 KOH 处理脱除微量氢氟酸后送出装置。异丁烷和正丁烷分别从主分馏塔侧线抽出，异丁烷经冷却后返回反应系统，正丁烷经脱氟器处理后送出装置。烷基化油从塔底抽出，经换热后送出装置。

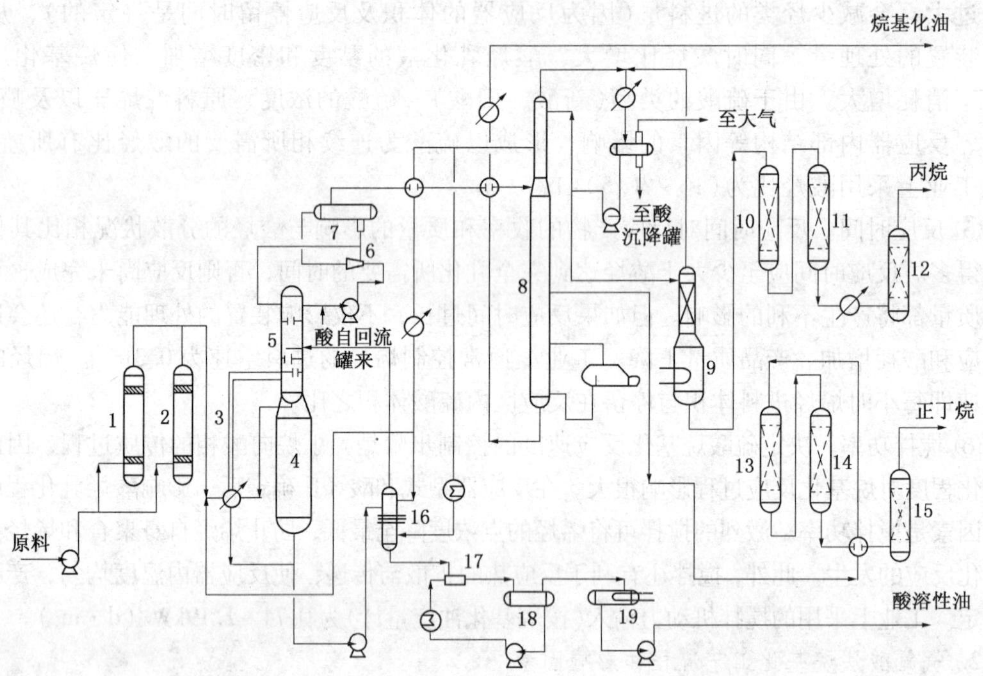

图 10-3　菲利浦斯氢氟酸法烷基化工艺流程图

1、2—进料干燥器；3—反应管；4—酸储罐；5—酸沉降罐；
6—酸喷射混合器；7—酸再接触器；8—主分馏塔；
9—丙烷气提塔；10、11—丙烷脱氟器；12—丙烷 KOH 处理器；
13、14—丁烷脱氟器；15—丁烷 KOH 处理器；16—酸再生塔；
17—酸溶性油混合器；18—酸溶性油碱洗罐；
19—酸溶性油储罐

为使循环酸的浓度保持一定水平，必须进行酸再生，以脱除在操作过程中累积的酸溶性油和水分。再生酸量为循环酸量的 0.12% ~0.13%。来自酸冷却器的待生氢氟酸加热汽化后进入酸再生塔，塔底通入过热异丁烷蒸气进行气提，塔顶用循环异丁烷打回流。气提出的氢氟酸和异丁烷进入酸沉降罐的烃相。酸再生塔底的酸性油和水经碱洗中和后定期送出装置。

(2) 氢氟酸烷基化反应的主要影响因素

① 反应温度。随着反应温度的升高，反应速度加快，但 C_8以上的聚合物和重组分增多，产品的干点提高，辛烷值下降，收率下降。反应温度降低，烷基化油辛烷值增高，干点降低。如果反应温度过低，易于生成有机氟化物，促使酸耗增加。氢氟酸烷基化的反应温度通常为装置所在地的循环冷却水的温度，一般为 30 ~40℃。

② 烷烯比。随着烷烯比的增加，烯烃本身相互碰撞的机会减少，烯烃与烷基化中间产物的碰撞机会也减少，因此发生聚合反应和过烷基化的机会减少，C_8烷基化反应几乎成惟一的反应，副产物减少，烷基化油的辛烷值和收率提高，产物多数是三甲基戊烷，但异丁烷的消耗和能耗也相应地增加。工业上烷烯比一般控制在(12 ~16):1。

③ 氯氟酸纯度。当氯氟酸纯度下降时，烷基化反应产物中有机氟化物的含量将明显上升，如果有机氟化物生成量太大，会有氟化物残留在烷基化油中，会造成质量事故或者塔底重沸器腐蚀。当氢氟酸被大量杂质和酸溶性油污染时，酸纯度下降，由污染物参与的反应增多，有利于酸溶性油的进一步增多和有机氟化物的生成，因此循环酸纯度一般控制在 90%左右。

氢氟酸含水过低，则催化活性低，不利于反应的引发，但含水量过高会造成强烈腐蚀，一般控制氢氟酸中水含量为 1.5% ~2.0%。

④ 酸烃比。酸催化的烯烃与异丁烷的烷基化反应发生在酸烃界面上，因此提供足够的氢氟酸以及使烃在酸中充分分散从而保证产生足够的酸烃界面是十分重要的。一般酸作为连续相，烃作为分散相。为了使酸为连续相，要求酸烃比最低为 4:1，否则会造成酸烃接触不良，产品质量变差，副产物增多。酸烃比过高对产品质量改善不明显，反而增加设备尺寸和能耗。工业上常采用的酸烃比为(4 ~5):1。

⑤ 反应时间。氢氟酸烷基化反应由于相间传质速率快，反应时间一般只有几十秒钟。工业装置中，反应物料在反应管中的停留时间一般为 20s。

3. 固体酸烷基化工艺流程

目前已开发的固体酸烷基化工艺有 UOP 的 Alkylene 工艺、ABB Lummus Global、Akzo Nobel 和 Fortum 公司的 AlkyClean 工艺、Rurgi 公司的 Eurofuel 工艺、Topsoe 公司的 FBA 工艺、Exelus 公司的 ExSact 工艺等。这里主要介绍美国 UOP 的 Alkylene 工艺流程，如图 10 -4 所示。

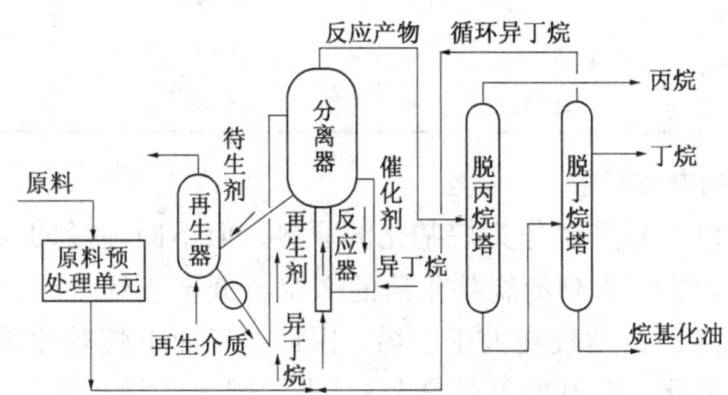

图 10 -4　Alkylene 工艺流程示意图

Alkylene 工艺主要流程与液体酸烷基化工艺相似，只是反应系统不同。如图 10 -4 所示，原料先经过预处理，除去杂质(如二烯烃和含氧化合物)，然后与循环异丁烷一起送到反应系统，异丁烷作为提升管反应器的提升介质。反应器中的反应物料与催化剂进行短时间接触，以尽量减少缩合反应。从反应器出来的反应产物进入分离器，分离出催化剂后送入下游的分馏单元，分出丙烷、丁烷和烷基化油产品。分离出的富含异丁烷馏分循环到反应系统中，以增加反应的烷烯比。

催化剂通过异丁烷洗涤和加氢方法再生，再生条件比较缓和，可以完全使催化剂的活性恢复到新鲜催化剂的水平。为避免反应原料中的烯烃饱和，采用特殊专利方法使反应物料与氢气隔离。

Alkylene 工艺所用催化剂反应系统采用液相流化床提升管反应器，再生系统采用移动床。采用的催化剂是一种型号 HAL－100TM 的 Pt－KCl－$AlCl_3$/Al_2O_3固体酸催化剂，该催化剂的颗粒分布和孔径分布有利于传质。操作条件比较缓和，反应压力约 2.41kPa，外部烷烯比约为(6∶1)～(15∶1)，反应温度为 10～38℃。该工艺产生的缩合物要比用液体酸时少得多，烷基化油收率较高。由表 10－2 可见，UOP 公司 Alkylene 工艺得到的烷基化油的研究法辛烷值和马达法辛烷值与液体酸催化剂制得的烷基化油相近。UOP 公司在阿塞拜疆的 Baku Heydar Aliyew 建设了一套 220kt/a 的 Alkylene 工业装置，2008 年投产。现有的氢氟酸烷基化装置只需对设备稍加改造，即可成为 Alkylene 装置。

Alkylene 工艺与氢氟酸和硫酸烷基化工艺的装置投资、生产成本及烷基化油质量比较见表 10－2。可见 Alkylene 工艺的投资费用和生产成本比硫酸工艺低，比氢氟酸工艺高。生产成本却高 2.14 美元/t。考虑到废酸处理问题等，Alkylene 工艺的总体效益高于液体酸烷基化工艺。

表 10－2　Alkylene 工艺与液体酸烷基化装置技术经济比较

项　　目	氢氟酸工艺	硫酸工艺	Alkylene 工艺
C_5^+ 烷基化油产量/(t/a)	241730	237350	242840
RON	94.1	94.1	93.4
MON	92.0	92.0	91.7
装置投资/百万美元	24.4	28.4	27.1
生产成本/(美元/t)			
可变成本	31.78	35.45	33.45
不变成本	5.55	5.88	5.12
折旧及投资利息	3.46	3.83	4.45
合计	40.79	45.16	43.02

五、烷基化原料的杂质要求

C_3～C_5烯烃均可以与异丁烷作为烷基化的原料，但不同烯烃的反应效果不同。丙烯和戊烯作为烷基化的原料，得到的烷基化油的辛烷值低于丁烯烷基化油；特别是对于硫酸烷基化，丙烯和戊烯原料的酸耗大于丁烯。因此，工业上烷基化采用异丁烷和丁烯为原料。对于硫酸法烷基化，较好的原料是 1－丁烯和 2－丁烯。而对于氢氟酸法烷基化，较好的原料是 2－丁烯。催化裂化装置副产的丁烯中还含有其他组分及杂质，主要包括丁二烯、硫化物和水，如果上游有 MTBE 装置，则原料中还含有甲醇和二甲醚。原料中含有乙烯对硫酸法烷基化装置操作影响比较大。上述杂质对烷基化的影响主要体现在对酸耗的影响上。

1. 乙烯

对于硫酸法烷基化，原料中混入乙烯时，乙烯不是与异丁烷发生烷基化反应，而是与硫酸反应生成硫酸氢乙酯溶解在酸中，对催化剂硫酸起稀释作用，严重时导致烷基化反应不能发生，而主要发生叠合反应。乙烯还能造成酸耗增加，每吨乙烯消耗20.9t硫酸。控制原料中乙烯的办法就是要控制原料中C_3的带入量。

2. 丁二烯

原料中通常含有0.5%～1%的丁二烯，在烷基化条件下，与硫酸或氢氟酸反应生成酸溶性酯类或重质酸溶性油(ASO)，ASO是一种相对分子质量较高的黏稠重质油，造成烷基化油干点升高，辛烷值和汽油收率下降。分离ASO时还会造成酸损失。对于硫酸法烷基化，1t丁二烯消耗13.4t硫酸；对于氢氟酸法烷基化，1t丁二烯会产生0.7～1t ASO，而1t ASO消耗0.5～20t氢氟酸。因此硫酸法烷基化要求丁二烯含量低于0.5%，氢氟酸法烷基化要求丁二烯含量低于0.2%。丁二烯在固体酸催化剂表面会聚合生成胶质，并逐步形成焦炭。

脱除丁二烯普遍采用选择性加氢的方法，选择性加氢通常在固定床反应器内进行。催化剂的加氢活性组分为贵金属Pd，含量为0.2%～0.3%。为了提高催化剂的选择性，通常加入助活性组分，如Au、Cr和Ag。应用最为广泛的载体为Al_2O_3。用碱金属K修饰Al_2O_3载体，可以降低表面酸性，提高催化剂的稳定性。采用复合载体，如$TiO_2-Al_2O_3$，制备的催化剂具有更高的活性、选择性和抗硫、抗砷中毒能力。由于H_2S会造成Pd催化剂永久性中毒，因此要求原料中H_2S含量小于1μg/g。

中国石化齐鲁石化研究院的烷基化原料选择性加氢技术，在温度60～80℃、压力1.5～2.0MPa、空速≤$5h^{-1}$、H_2与C_4摩尔比2.0～4.0的条件下，加氢C_4中二烯烃含量小于100μg/g，单烯烃选择性大于100%。采用选择性加氢技术后，硫酸烷基化汽油干点降低5℃，酸耗从88.11kg/t下降到54.5kg/t，研究法辛烷值由96.5提高到97.6。辛烷值的提高是由于贵金属Pd催化剂除具有高加氢活性和选择性外，还具有较高的双键异构化活性，可以使原料中的1－丁烯转化为2－丁烯，对于氢氟酸法烷基化提高烷基化油辛烷值更加显著。

3. 硫化物

硫化物对酸的稀释作用非常显著，促使叠合反应的发生而抑制烷基化反应，造成ASO增加。同时每吨硫化物(按硫计)可消耗硫酸15～60t。当原料中硫含量为20μg/g时，每吨氢氟酸烷基化油的酸耗量为0.608kg；硫含量超过50μg/g，酸耗量急剧增加；当原料中硫含量为100μg/g时，每吨氢氟酸烷基化油的酸耗量为4.05kg。因此，硫酸法烷基化要求硫含量低于100μg/g，氢氟酸法烷基化要求硫含量低于20μg/g。采用现有的液化气脱硫醇和硫化氢工艺即可使硫含量满足要求。

4. 水

原料中通常含有500μg/g左右的饱和水，特别是当原料中含有游离水时，将对烷基化产生较大影响。原料中带水会造成酸的稀释和设备腐蚀的加剧。采用聚结器可以将游离水脱掉。在烷基化装置的干燥工序，采用3A、4A分子筛或活性氧化铝为干燥剂，可使原料的水含量降至10～20μg/g。

5. 甲醇和二甲醚

来自 MTBE 装置的 C_4 馏分中通常含有 500 ~ 2000μg/g 的二甲醚和 50 ~ 100μg/g 的甲醇。甲醇在烷基化装置中产生二甲醚和水，二甲醚则生成轻质的酸溶性物质，不能从酸中分出，造成循环酸质量的下降，进而造成烷基化酸耗增加和烷基化油收率和辛烷值下降。一般要求原料中甲醇≤50μg/g，二甲醚≤100μg/g。采用蒸馏的办法可以使原料中的甲醇全部脱除，二甲醚含量小于 35μg/g。采用脱二甲醚和甲醇措施后，1 吨烷基化油的酸耗可以降低 4.38kg。

第二节 烷烃异构化

烷烃异构化是指在一定的反应条件和有催化剂存在下，原料中的正构烷烃分子结构重新排到成同碳数异构烷烃的过程。轻质烷烃异构化多属于气、固相的多相催化反应，催化剂是固体，反应物是气体。工业异构化过程主要采用 C_5/C_6 烷烃为原料生产高辛烷值汽油组分，是炼油厂提高轻质馏分辛烷值的重要方法。异构化汽油不含硫、芳烃和烯烃，辛烷值高，是清洁汽油的理想组分。

C_5/C_6 烷烃存在于石脑油的轻馏分中，它们的辛烷值比较低。如果作为催化重整原料，相当大的部分被裂解为小分子烃类，少量转化为苯和异构烷烃，因此，C_5/C_6 烷烃作为重整进料将会影响重整产物的液收和氢纯度，为此重整反应要求尽可能减少重整原料油中 C_5/C_6 烷烃的含量。如果将这部分 C_5/C_6 烷烃转化为 C_5/C_6 异构烷烃，其辛烷值可从 50 ~ 60 提高到 80 以上，这将大大改善这部分轻质油的调合性能。C_5/C_6 烷烃的辛烷值见表 10 - 3。

表 10 - 3 C_5/C_6 烷烃的沸点和辛烷值

烷烃	RON	MON	沸点/℃
异戊烷	93.5	89.5	27.9
正戊烷	61.7	61.3	36.1
环戊烷	101.3	85.0	49.3
2，2 - 二甲基丁烷	93.0	93.5	49.7
2，3 - 二甲基丁烷	104.0	94.3	58.0
2 - 甲基戊烷	73.4	72.9	60.3
3 - 甲基戊烷	74.5	74.0	63.3
正己烷	30.0	25.0	68.7
甲基环戊烷	95.0	80.0	71.8
环己烷	83.0	77.2	80.7

一、C_5/C_6 烷烃异构化的发展概况

C_5/C_6 异构化技术 1958 年首次工业化，轻质烷烃异构化工艺按操作温度可分为高温异构化（高于 320℃）、中温异构化（200 ~ 320℃）和低温异构化过程（低于 200℃）三种，其中高温异构化现已基本淘汰。轻质烷烃异构化工艺发展过程见表 10 - 4。

表 10－4　轻质烷烃异构化工艺发展过程

排列	开发公司	反应物料	反应相	T/℃	p/MPa	催化剂
第一代	Shell	C_4	气相	95～150	1.4	$AlCl_3$/铝矾土/HCl
	UOP	C_4	液相	95～100	1.8	$AlCl_3$/HCl
	Standard oil	C_5/C_6	液相	110～120	5～6	$AlCl_3$/HCl
	Shell	C_4/C_5	液相	80～100	2.1	$AlCl_3/SbF_3$/HCl
第二代	UOP	C_4	气相	375	—	Pt/载体
	Kellog	C_5/C_6	气相	400	2～4	Ⅷ族金属/载体
	Pur Oil	C_5/C_6	气相	420	5	非贵金属/载体
	Linde	C_5/C_6	气相	320	3	Pd/硅铝
	ARCO	C_5/C_6	气相	450	2～5	Pt/硅铝
	UOP	C_5/C_6	气相	400	2～7	Pt/载体
第三代	UOP	$C_4/C_5/C_6$	气相	110～180	2～7	Pt/Al_2O_3，$AlCl_3$
	BP	$C_4/C_5/C_6$	气相	110～180	1～2	Pt/Al_2O_3，CCl_4
	IFP	$C_4/C_5/C_6$	气相	110～180	2～5	Pt/Al_2O_3，AlR_NCl_Y
第四代	Shell	C_5/C_6	气相	230～300	3	Pt/HM
	Mobil	C_6	气相	315	2	HM(Pt、Pd)
	UOP	C_6	气相	150	2	HM＋P－Re/Al_2O_3
	Sun－Oil	C_5/C_6	气相	325	3	PtHY
	Norton	C_5	气相	250	3	Pd/HM
	IFP	C_5/C_6	气相	240～260	1～3	Pt/HM

目前工业应用的异构化催化剂主要有两类。其一是低温双功能型催化剂，加氢脱氢组分是贵金属 Pt，酸性载体为负载三氯化铝或用有机氯化物处理的氧化铝，使用此类催化剂时，反应温度较低(120～150℃)，氢/烃比小于 0.1，不需要氢气循环，但对原料需进行严格的预处理和干燥。其二是沸石类催化剂，使用此类催化剂时，反应温度较高(230～270℃)，氢/烃比大于 1.0，因此需要氢气循环。

2002 年底全世界拥有 C_5/C_6 正构烷烃异构化装置能力约 64.97Mt/a。其中，美国异构化装置能力最大，其生产能力占世界总能力的 42.64%，美国车用汽油中异构化油的加入量已超过 7.0%，欧洲车用汽油中异构化油占 5%，我国 C_5/C_6 正构异构化正处于起步阶段，目前加工能力约为 0.15 Mt/a，约占汽油总量的 1.8%。

我国从 20 世纪 70 年开始异构化技术研究工作。1989 年在中国石化金陵分公司(简称金陵分公司)建设了国内第一套规模为 1 kt/a 的异构化中试装置。该装置所用催化剂为金陵分公司研究院与华东理工大学合作研究的 0.5% Pd/HM 中温型异构化催化剂CI－50，吸附剂为该公司自行研制并生产的无黏结剂 5A 小球分子筛吸附剂。

我国第一套异构化工业试验装置于 2001 年在湛江东兴石油有限公司建成开工，规模为 180kt/a，采用中国石化石油化工科学研究院开发的异构化技术，催化剂为载 0.30%～0.33% Pt 的丝光沸石催化剂 F－15。采用一次通过流程，研究法辛烷值从原料的 75.5 提高到异构化油的 81.2。

由中国石化下属的金陵分公司、中国石化工程建设公司及华东理工大学合作于 2002 年在金陵分公司建成了加工能力为100kt/a的我国第一套异构化工业装置，采用一次通过流程，异构化油的RON提高6~10个单位，达到了国外同类装置的先进水平。

二、异构化催化剂

烷烃异构化过程所使用的催化剂品种很多，目前使用的主要为双功能型催化剂，并广泛采用在氢气压力下进行烷烃异构化的临氢异构化方法。临氢异构化所用的催化剂和重整催化剂相似，是将铂、钯等有加氢活性的金属担载在氧化铝类或沸石等酸性载体上，组成双功能型催化剂。双功能型催化剂按照工艺操作温度的不同分为“中温型”(反应温度210~300℃)和“低温型”(反应温度100~180℃)两种。

1. 中温型双功能催化剂

中温型双功能催化剂随着载体酸性的提高异构化活性提高，反应温度可以降低，载体对催化剂使用温度的影响见表10-5。中温型催化剂对原料要求不很苛刻，操作温度为210~280℃，可以再生。目前研究和应用较多的中温双功能异构化催化剂是Pt/HM脱铝丝光沸石催化剂。

表10-5 载体对催化剂使用温度的影响

催化剂载体	催化剂具有较强活性所需的温度/℃
氧化铝	510
氧化硅-氧化铝，氧化铝-氧化硼	320~450
具有强酸性的泡沸石	316~330
具有更强酸性的丝光沸石(HM)	<280

中温型双功能催化剂用于C_5/C_6异构化过程副反应少，选择性好，对原料精制要求低，硫含量低于10μg/g、水含量低于500μg/g即可正常操作。但由于反应温度相对较高，导致异构烷烃平衡转化率较低，因此，单程反应产物辛烷值较低，需要与正构烷烃循环技术相结合，以提高其转化率和产物的辛烷值。

国外最具代表性的中温型催化剂是UOP公司Penex工艺系列催化剂和壳牌石油公司和联合碳化物公司的完全异构化法(TIP)的系列催化剂。国内有金陵分公司与华东理工大学共同研究的CI-50，以及中国石化石油化工科学研究院开发的FI-15。典型的中温型异构化催化剂的性能见表10-6。

表10-6 典型的中温型异构化催化剂的性能

催化剂	CI-50	FI-15	I-7	HS-10
	Pd/HM	0.32% Pt/HM	0.32% Pt/HM	0.3% Pt/HM
反应温度/℃	260	250	260	260~280
反应压力/MPa	2.0	1.47	1.8	2.0
空速/h^{-1}	1.0	1.0	1~2	1.0
氢油比/(mol/mol)	2.7	2.7	1~2	2~2.5
产品辛烷值(MON)	80.6	80.7	79.4	82.1
C_5 异构化率/%	62.30	66.8	66.67	66.40
C_6 异构化率/%	82.23	83.0	85.66	86.45

2. 低温双功能型催化剂

低温双功能型催化剂是通过用无水三氯化铝或有机氯化物(如四氯化碳、氯仿等)处理铂/氧化铝催化剂而制成，具有较好的活性和选择性，反应温度为115～150℃。低温双功能催化剂具有非常强的路易士酸性中心，可以夺取正构烷烃的负氢离子而生成正碳离子，使异构化反应得以进行。而具有加氢活性的金属组分则将副反应过程中的中间体加氢除去，抑制生成聚合物的副反应，延长催化剂的寿命。与中温催化剂相比，低温型催化剂在一次通过的操作条件下，产品辛烷值可提高5个单位左右。因此，国外C_5/C_6异构化工艺发展大都围绕低温异构化催化剂进行。

国外比较典型的低温型异构化催化剂有UOP公司的I－8和I－80、BP公司的IS－62Q、Engelhard公司的RD－291、AKZO Nobel和Total公司的AT－2G和AT－20等。国内中国石化金陵分公司炼油厂与华东理工大学共同开发了Pt－Cl/Al_2O_3低温催化剂研究。该催化剂以Al_2O_3为载体，金属Pt为活性组分，并添加竞争吸附剂，再通过$AlCl_3/CCl_4$联合补氯制得Pt－Cl/Al_2O_3催化剂，铂含量为0.35%～0.60%，其性能接近UOP公司的I－8催化剂，详见表10－7。

表10－7　Pt－Cl/Al_2O_3和UOP I－8低温异构化催化剂性能比较

催化剂	UOP I－8	Pt－Cl/Al_2O_3
反应温度/℃	130～170	140
反应压力/MPa	1.7～1.8	2.0
空速/h^{-1}	0.8～1.0	1.0
氢油比/(mol/mol)	1～2	1～2
产品辛烷值/%	84.5	80.2
C_5异构化率/%	76.98	>60
C_6异构化率/%	88.83	>80

低温型催化剂的主要缺点是对原料中水和含硫化合物特别敏感，为了维持催化剂的活性又必须向原料中注入卤化物，这将造成设备腐蚀。另外由于环保要求日益严格，不希望使用卤化物，故今后发展方向将是开发对环境无害的高活性催化剂。

3. C_5/C_6异构化新型催化剂研究进展

由于目前工业应用的低温型和中温型C_5/C_6异构化催化剂各自存在不同的缺点，因此开发新型低温高效催化剂一直是异构化催化剂研究的重点。主要研究采用新型酸性载体，例如，HMCM－22、Hβ、F/HM、SO_4^{2-}/M_xO_y（如ZrO_2、TiO_2、SnO_2等）。

中国石化石油化工科学研究院开发了RCQS载铂的氧化锆超强酸异构化催化剂。该催化剂主要组分为超细晶粒的氧化锆，同时还引入了两种特有的氧化物调变组分，使催化剂的异构化选择性和稳定性都得到了显著提高。在反应温度150～200℃、反应压力1.5～2.5 MPa、空速1.0～4.0 h^{-1}、氢油摩尔比2.0～3.0的条件下，C_5异构化率达72%～78%，比中温型催化剂增加了近10%的转化率，C_6异构化率达84%～88%，其中2，2－二甲基丁烷的选择性由中温催化剂的18%～20%提高到30%，液体产品收率在97%以上，产品的辛烷值接近低温异构化催化剂的水平。

此外，过渡金属钼和钨的氧化物、碳化物、碳氧化物，以及酸性载体负载的钼和钨的碳化物，对正构烷烃的异构化表现出优异的催化活性和选择性，具有良好的研究前景。

三、C_5/C_6异构化的原料要求

C_5/C_6异构化的原料可以是直馏C_5/C_6馏分、重整拔头油或加氢裂化轻石脑油的C_5/C_6馏

分。不同原料中正构烷烃和异构烷烃的含量有较大的差别，因此异构化工艺流程需要根据原料的性质来确定。

C_5/C_6馏分中通常含有少量的硫化物、氮化物、氧化物、苯、水和重金属等，氢气中含有硫化物、水和 CO 等，这些杂质会不同程度地影响催化剂的活性。

原料油中硫含量超标会使贵金属催化剂中毒，重金属超标会使贵金属催化剂永久失活。低温型催化剂要求原料油中硫含量小于 1μg/g，中温型催化剂要求原料油中许硫含量小于 35μg/g，硫含量短暂超过 200μg/g 也不会对催化剂造成永久失活。低温型催化剂中含有大量小于卤素，遇水会造成卤素的流失，造成设备腐蚀，因此严格限制原料的水含量不大于 0.5μg/g。中温型催化剂耐水性能较好，但是水含量过高将导致的裂解和积炭加重，从而影响催化剂的活性和寿命。中温型催化剂允许的原料水含量为 75μg/g。

中温型异构化催化剂由于反应温度较高，原料中苯含量大于 3%，催化剂的结焦速度将迅速提高，影响生产周期。

异构化原料的预处理主要办法是加氢精制，采用重整拔头油为原料，硫含量和重金属含量一般不会超标。工业上常采用的脱水方法是采用装有 4A 分子筛干燥塔进行吸附干燥。对于异戊烷含量较高的原料，在异构化反应前设置脱异戊烷塔，进行脱异戊烷预处理也可以解决原料含水超标的问题。

氢气中影响催化剂活性的杂质包括硫、水和 CO。采用络合吸附剂可以脱除氢气中的微量 CO，同时也脱除水分。

不同类型催化剂对杂质含量的要求见表 10－8。

表 10－8　不同类型催化剂对杂质含量的要求　　μg/g

杂质	低温型催化剂		中温型催化剂	
	原料油	氢气	原料油	氢气
硫	1.0	10	35	10
水	0.5	0.5	75	30
一氧化碳	—	10	—	—
含氧化物	0.5	—	—	—
氮	1.0	—	1.0	—
砷	5.0	—	2.0	—
铅	20.0	—	20.0	—
铜	20.0	—	20.0	—

四、烷烃异构化的工艺流程

烷烃异构化工艺流程有多种，可以分为单程一次通过异构化流程和带循环的异构化流程。

1. 单程一次通过工艺流程

如图 10－5 所示，一次通过的异构化流程最为简单，投资最省。反应段由两个串联的反应器组成，通过特殊的阀门控制，可改变两个反应器的在线顺序，即每个反应器都可被用作前反应器或后反应器，以使催化剂得以充分利用。当一个反应器进行催化剂更换或再生时，另一反应器可单独操作。氢气亦为一次通过，无需循环压缩机和分离器。简单一次通过流程没有正、异构烷烃的分子筛吸附分离部分，产品中含有较多未反应的正构烷烃，辛烷值的提高幅度相对较小。单程一次通过异构化流程采用低温型异构化催化剂或金属氧化物超强酸催化剂，正构烷径转化为高度分支的异构烷烃的平衡转化率较高，C_6异构烷烃更多地集中于理想的二甲基丁烷 RON(93)，而甲基戊烷 RON(74)相对较少。

以辛烷值为 70 的原料为例，采用低温型氯化铝催化剂和简单一次通过流程，RON 提高 13 个单位。相同情况下若采用中温型分子筛催化剂，RON 只能提高 10 个单位。

在一次通过流程的基础上，异构化反应器前增加脱异戊烷塔，原料首先进入脱异戊烷塔，从塔顶将具有高辛烷值的异戊烷脱除，塔底的正戊烷和己烷馏分进入异构化反应系统，反应产物经稳定塔稳定后与异戊烷混合作为产品。我国湛江东兴石油企业有限公司采用中国石化石油化工科研究学院研究专利技术，建设的处理量为 180kt/a 的 C_5/C_6烷烃异构化工业装置，采用有脱异戊烷塔的一次通过流程。在反应温度 255℃、*WHSV*0.7h^{-1}、压力为 1.8MPa、氢烃摩尔比为 3.6 的条件下，产品的 RON 达 82.4，与原料油不脱异戊烷的一次通过流程相比，RON 多提高 1.1 单位。

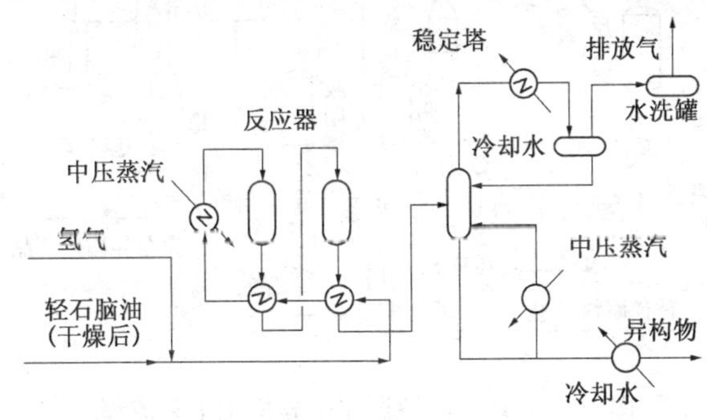

图 10－5　IFP Axens 单程一次通过异构化流程

2. 全循环异构化工艺流程

一次通过的异构化工艺不能将原料中的正构烷烃完全转化为异构烷烃，这就需要将异构烷烃和正构烷烃分离，并将正构烷烃返回反应器中，再次进行异构化转化。典型的全循环异构化工艺有 UOP 的 TIP 全异构化工艺和 IFP 的 Ipsorb 工艺，我国金陵分公司和华东理工大学合作开发出类似的 C_5/C_6全异构化工艺。

图 10－6 是一种称为"完全异构化"的工艺流程。该工艺将未转化的正构烷烃在吸附器中用分子筛选择性吸附分离出来，然后用氢气通过吸附器使被吸附的正构烷烃脱附，与循环氢一起返回异构化反应器(两个吸附器切换吸附、脱附)。不被吸附的混合异构烃进稳定塔。这样正构烷烃大部分都能异构化，从而使稳定塔底得到的异构化油辛烷值可达 90～91。完全异构化过程可使汽油前段馏分辛烷值(RON)提高约 20 个单位，比一次通过式高 7 个单位。

表 10－9 列出了异构化工艺的原料及产物的典型组成和辛烷值数据。

表 10－9　C_5～C_6烷烃完全异构化工艺的原料和产物组成

项　目	原　料	产　物	
	C_5～C_6	单程反应	正构烷烃循环
组成/%			
丁烷	0.7	1.8	2.8
异戊烷	29.3	49.6	72.0
正戊烷	44.6	25.1	2.0
2，2－二甲基丁烷	0.6	5.0	5.5

续表

项　目	原　料		产　物
	$C_5 \sim C_6$	单程反应	正构烷烃循环
2，3-二甲基丁烷	1.8	2.2	2.5
甲基戊烷	13.9	11.3	13.4
正己烷	6.7	2.9	<0.1
$C_5 \sim C_6$ 环烷烃	2.4	2.1	1.8
研究法辛烷值	73.2	82.1	90.7

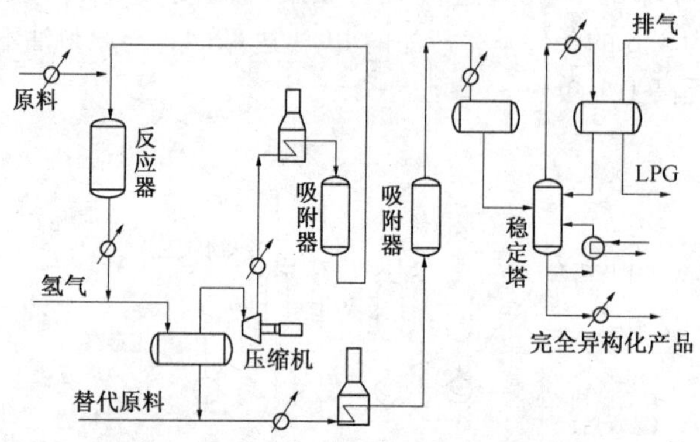

图 10-6　C_5/C_6烷烃完全异构化工艺流程

第三节　醚　化

为了减少汽车尾气中有害物质的排放，车用汽油质量向低烯烃、低芳烃、低蒸气压、高含氧量和高辛烷值方向发展。能够给汽油提供氧的化合物主要有醚类和醇类。醚类由于自身的特点，成为广泛采用的高辛烷值汽油调合组分。目前工业应用的高辛烷值醚类主要包括由 $C_4 \sim C_6$叔碳烯烃与甲醇反应得到的甲基叔丁基醚（MTBE）、甲基叔戊基醚（TAME）和甲基叔己基醚（TH_xME），以及由异丁烯与乙醇反应得到的乙基叔丁基醚（ETBE）。

醚类含氧化合物在提高汽油辛烷值和清洁汽油生产中发挥了重要作用。醚类含氧化合物具有较高的辛烷值，除 TH_xME 外，其余醚类的研究法辛烷值均在 110 以上，马达法辛烷值均在 98 以上，因此向汽油中添加醚类含氧化合物可以提高汽油的抗爆性；醚类含氧化合物含氧量高达 12.5% ~18.2%，加入汽油中可以提高汽油的含氧量，改善燃烧效果，减少尾气中 CO 和未燃烧烃类（如苯、丁二烯）的排放量，显著减少环境污染；此外，醚类含氧化合物具有较适宜的蒸气压，水溶性低，与汽油的互溶性好，热性质与汽油接近，并且醚类含氧化合物相对分子质量越高与汽油的性质越接近。上述特点决定了醚类含氧化合物是清洁汽油的重要组分。存在于催化裂化汽油中 $C_5 \sim C_6$叔碳烯烃转化为相应的醚类，不但可以提高汽油的辛烷值和含氧量，还可以降低烯烃含量和蒸气压，因此，催化裂化轻汽油醚化工艺将在清洁汽油生产中发挥更大的作用。本节重点介绍 MTBE 工艺。

一、醚化反应

醚化是叔碳烯烃与醇进行加成反应的过程。可以发生醚化反应的叔碳烯烃主要有：异丁烯、叔戊烯和叔己烯。其中叔戊烯有 2 种异构体，叔己烯有 7 个异构体。可用的醇是甲醇和乙醇，工业上主要采用甲醇为原料。这里主要介绍异丁烯与甲醇的反应。

异丁烯和甲醇为原料合成 MTBE 的反应式为：

$$CH_3-\underset{}{\overset{CH_3}{\overset{|}{C}}}=CH_2 + CH_3OH \rightleftharpoons CH_3-\underset{CH_3}{\underset{|}{\overset{CH_3}{\overset{|}{C}}}}-O-CH_3$$

在醚化过程中，还同时发生少量的下列副反应：

$$2CH_3-\overset{CH_3}{\overset{|}{C}}=CH_2 \longrightarrow CH_3-\underset{CH_3}{\underset{|}{\overset{CH_3}{\overset{|}{C}}}}-CH_2-\underset{CH_3}{\underset{|}{C}}=CH_2$$

$$CH_3-\overset{CH_3}{\overset{|}{C}}=CH_2 + H_2O \longrightarrow CH_3-\underset{CH_3}{\underset{|}{\overset{CH_3}{\overset{|}{C}}}}-OH$$

$$2CH_3OH \longrightarrow CH_3-O-CH_3 + H_2O$$

$$n(CH_3-CH_2=CH=CH=CH_2) \longrightarrow \text{胶质}$$

上述反应生成的二聚物、叔丁醇、二甲基醚等副产品的辛烷值都不低，对产品质量没有不利影响，可留在 MTBE 中不必进行产物分离。而原料中的二烯烃聚合生成胶质，会造成催化剂失活。

二、醚化催化剂

阳离子交换树脂：工业上使用的催化剂一般为磺化聚苯乙烯系大孔强酸性阳离子交换树脂。常用的阳离子交换树脂催化剂有国外的 A－15、A－35、M－31 和国内的 D72、S54、D005、D006 和QRE－01 等。

强酸性阳离子交换树脂的优点是酸性强，交换容量可高达 5.20mmol/g，溶胀性好，孔径大，安全性好，无毒无腐蚀性，因此在醚化反应中得到了广泛的应用。但阳离子交换树脂也有其弱点，首先是热稳定性差，温度超过 90℃ 磺酸基即开始脱落，造成催化剂活性下降和设备腐蚀，因此工业上严格控制反应温度不超过 85℃。其次原料中含有的金属离子会置换催化剂中的质子，碱性物质（如胺类、腈类、吡啶类等）也会中和催化剂的磺酸根，从而使催化剂失活。另外，原料中的二烯烃聚合生成的胶质会黏附在阳离子交换树脂表面，堵塞催化剂孔道，造成催化剂失活。因此，需要对原料进行预处理，以脱除金属离子和碱性物质，必要时需要对原料进行选择性加氢，使二烯烃转化为单烯烃。选择性加氢催化剂可以采用负载金属 Pd 或 Ni 的氧化铝，也可以采用阳离子交换树脂负载金属 Pd 构成的三功能催化剂，在进行醚化反应的同时将二烯烃加氢。阳离子交换树脂催化剂的最大缺点是失活后不可再生。

三、醚化原料

合成 MTBE 的原料异丁烯存在于催化裂化和蒸气裂解 C_4馏分中，催化裂化 C_4馏分中异丁烯含量一般为 20%～30%，蒸气裂解 C_4馏分中异丁烯含量一般为 40%～50%。典型的催化裂化 C_4馏分组成见表 10－10。

表 10-10　催化裂化 C_4 馏分组成

烃类	丙烯	丙烷	异丁烷	异丁烯	1-丁烯	正丁烷	反-2-丁烯	顺-2-丁烯	丁二烯	水分
组成/%	0.04	0.06	25.20	27.66	18.71	9.21	15.96	3.06	0.10	0.02

原料中的杂质对催化剂活性与寿命具有重要影响。碱性氮化物和金属离子会中和催化剂的酸性，使催化活性降低，通常采用水洗法脱除。

C_4 中的二烯烃非常活泼，极易在醚化催化剂上聚合形成胶质，黏附在催化剂表面堵塞孔道，降低催化剂的活性和使用寿命，同时还会使产品的胶质含量增加。采用选择性加氢工艺或临氢醚化工艺，可以使二烯烃含量降低至 0.03% 以下，从而满足醚化催化剂对二烯烃含量的要求。

甲醇中通常也含有金属离子和水，含水量过大会造成甲醇与 C_4 分层，影响醚化转化率。金属离子含量高影响催化剂活性与寿命。一般要求甲醇含量不低于 99.5%，水含量不大于 0.05%，金属离子含量不大于 0.5μg/g。

四、醚化工艺流程

1. 醚化反应器

工业醚化装置流程通常由原料净化、反应、产品分离与甲醇回收四部分组成。其中最重要的是醚化反应部分，醚化工艺的核心是醚化反应器，各类醚化工艺的主要区别是所采用的醚化反应器的形式。国内外常见的醚化反应器有列管式反应器、固定床反应器、膨胀床反应器、混相床反应器和催化蒸馏塔。

在上述五种类型的反应器中，催化蒸馏塔具有独特的技术优势：①利用蒸馏分离产物，破坏化学反应平衡，提高醚化转化率，并减少一个反应器，简化了流程；②反应热使部分液相物料汽化，不会造成明显热点，反应温度容易控制，不易造成超温使催化剂失活，同时减少了中间换热器，降低了能耗；③蒸馏作用可以使形成焦体的前身物及时离开催化剂床层，从而延长催化剂的使用寿命。由于这些优点，催化蒸馏技术在醚化反应领域得到了最为广泛的应用。目前拥有催化蒸馏醚类合成技术的国外公司主要有美国的 CDTHCH、UOP、法国的 IFP、芬兰的 Neste，国内是齐鲁石化公司研究院。国内目前有 20 余套 MTBE 工业装置采用齐鲁石化公司研究院的催化蒸馏醚化技术。

2. MTBE 工艺流程

以筒式外循环固定床反应器与催化蒸馏塔组成的 MTBE 合成工艺为例，介绍 MTBE 工艺流程，如图 9-7 所示。

混合 C_4 和甲醇混合后进入绝热的固定床反应器中进行醚化反应。混合 C_4 和甲醇在进入反应器前经过净化处理或在反应器中预先多加一些树脂催化剂作为净化剂使用，同时也催化醚化反应。反应后产物一部分冷却后返回到反应器入口，以控制催化剂床层温度在 65～75℃之间，异丁烯转化率达到 90% 以上。另一部分反应产物进入催化蒸馏塔中继续进行反应，从催化蒸馏塔底得到纯度大于 98% 的 MTBE 产品，异丁烯总转化率大于 99%。未反应的 C_4 及其与甲醇的共沸物从催化蒸馏塔顶流出，进入水萃取塔底部，C_4 为分散相，水从萃取塔上部进入萃取塔，水为连续相，萃余相 C_4 从萃取塔顶部出装置，其中甲醇含量 20～40μg/g。萃取相(水与甲醇的混合物)从萃取塔底部流出，经换热后进入甲醇精馏塔中回收甲醇，甲醇从精馏塔顶流出，纯度大于 99%，返回甲醇原料罐重复使用。水从精馏塔底返回到萃取塔上部。主要操作条件列于表 10-11。

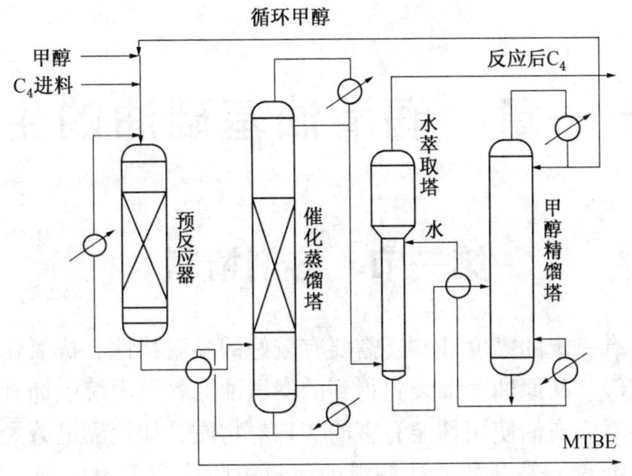

图 10－7　采用筒式反应器与催化蒸馏的 MTBE 合成工艺流程

表 10－11　MTBE 合成过程的主要操作条件

项　　目	固定床反应器	催化蒸馏塔	萃 取 塔	甲醇精馏塔
温度/℃	50～75	50～140	40	60～100
压力/MPa	0.6～1.5	0.6～0.8	0.6	常压
醇烯摩尔比	0.9～1.2	0.9～3.0	1～10(烃水比)	—
回流比	—	0.8～1.4	—	8～20

第十一章　润滑油基础油的生产

第一节　溶剂精制

润滑油除要求具有一定的黏度外，还需要有较好的黏温特性、抗氧化安定性、颜色的稳定性和较低的残炭值等。从原油蒸馏装置得到的润滑油原料及丙烷脱沥青装置得到残渣润滑油原料中，含有一些对润滑油使用性能有害的非理想物质，如短侧链芳烃和含硫、氮、氧非烃化合物以及胶质、沥青质等杂质。从润滑油原料中脱除非理想组分，以提高润滑油的质量，使润滑油的抗氧化安定性、黏温特性、残炭值、颜色等符合产品规格标准的过程称为润滑油精制。

常用的精制方法有酸碱精制、溶剂精制、吸附精制、加氢精制。其中酸碱精制处理量小、操作不连续、损失大、处理效果较差，并且生成大量的酸碱渣无法处理，酸碱消耗量大，碱洗过程易发生乳化。目前，由于环保法规的限制已很少采用。吸附精制通常作为溶剂精制的补充精制。加氢精制是采用加氢的办法脱除上述润滑油的非理想组分的过程，目前正在成为润滑油精制的主要手段。溶剂精制是目前我国最广泛采用的精制方法。

润滑油溶剂精制是利用溶剂的选择性溶解能力，脱除润滑油中的非理性组分及有害物质，改善润滑油基础油黏温性能和抗氧化安定性的过程，是润滑油生产的重要一环。润滑油溶剂精制一般包括萃取和溶剂回收两部分。溶剂精制在石油炼制过程中是石油产品精制常用的方法之一。早期主要用于除去煤油中的芳烃，以改善煤油的燃烧性能。20 世纪 30 年代以后，大规模用于润滑油馏分的精制，以除去其中的杂质和非理想组分。1955 年糠醛精制装置首次在我国投产，目前绝大多数的润滑油都是通过溶剂精制生产的。润滑油精制常用的溶剂有糠醛、苯酚和 *N*－甲基吡咯烷酮等。为提高溶剂精制的技术水平，降低其能耗，各国正在进一步寻找选择性更好的溶剂，发展高效的萃取设备，改进溶剂回收的流程和操作条件等。此外，对性质很差的润滑油原料，采取加氢精制，代替溶剂精制。

一、溶剂精制原理

某些有机溶剂对润滑油馏分中所含的各种烃类和非烃化合物具有不同溶解度，非理想组分在溶剂中有较大的溶解度，而理想组分在溶剂中的溶解度比较小，溶剂精制的原理就是利用溶剂的这一特性，在一定条件下，可将润滑油原料中的理想组分与非理想组分分开。这种分离过程称为液－液抽提(或萃取)过程。

溶剂精制过程中，一般是将非理想组分抽出，而理想组分留在提余液中，然后分别蒸出溶剂，即可得到精制油与抽出油。此过程为物理过程，溶剂在此过程中可以循环使用，溶剂损耗量极少，过程中除耗能外，基本上不需要其他药剂，而且抽出油还可利用。由于过程为物理过程，不能使非理想组分进行化学转化，故只能处理那些含有足够多的理想组分的油料，否则，制造不出合格的产品。因此，溶剂精制必须选择合适的原料。

1. 溶剂的选择性和溶解能力

（1）溶剂的选择性

当某一溶剂对润滑油的理想组分与非理想组分有溶解度的差别时，才具有分离作用，这种溶解度的差别称为溶剂的选择性。润滑油原料中理想组分与非理想组分在某种溶剂中溶解度相差越大，这种溶剂的选择性就越好。在抽提过程中常用β(非理想组分与理想组分在提取液中摩尔分率之比与在提余液中摩尔分率之比的比值)表示选择性系数。

$$\beta = \frac{X_{BC}/X_{AC}}{X_{BA}/X_{AA}}$$

式中 β——溶剂的选择性系数，

X_{BC}——非理想组分在溶剂相(提取液)中的摩尔分率；

X_{AC}——理想组分在溶剂相(提取液)中的摩尔分率；

X_{BA}——非理想组分在油相(提余相)中的摩尔分率；

X_{AA}——理想组分在油相(提余相)中的摩尔分率。

如β数值等于1，则$X_{BC}/X_{AC} = X_{BA}/X_{AA}$，这就是表示理想组分与非理想组分在提余液与提取液中浓度比相等，假如将提取液中溶剂除去，剩余的理想组分与非理想组分所构成的溶液组成与原料相同，这就没有分离作用，δ数值愈大，溶剂的选择性愈好，分离就愈容易。

对于润滑油，非理想组分主要是芳烃较强的物质和分子极性较强的物质，而理想组分则是较为饱和的烃类，如单环长链的芳烃的黏度指数比多环短侧链的环烷烃为好，但是溶剂只对芳烃和饱和烃之间有较好的选择性，对不同结构的饱和烃没有明显的选择性，所以在溶剂精制过程中，不能去掉多环环烷烃。

溶剂的选择性强对精制润滑油有好处，因为在达到同样品质的产品时，选择性强的溶剂溶解的理想组分较少，产品收率高；或者，在同样收率时，油品质量更高。

(2) 溶剂的溶解能力

在精制过程中，还要求溶剂具有适当的溶解能力，如果溶剂的选择性好，而溶解能力很差，虽然理想组分几乎不溶于溶剂，但在单位溶剂中能溶解的非理想组分的量也不大，为了把原料中大都分非理想组分分出，就不得不使用大量溶剂，这样会使装置的操作能耗加大。

烃类在溶剂中的溶解度与其结构有关，烃类在极性溶剂中溶解的次序大致为：烷烃 < 环烷烃 < 少环芳烃 < 多环芳烃 < 胶质。随着芳烃上侧链数目的增多以及烃类碳原子数目的增加，在溶剂中的溶解度减少。

溶剂本身的结构对其溶解能力也有影响，几种常用溶剂的溶解能力顺序为：*N* - 甲基吡咯烷酮 > 苯酚 > 糠醛，选择性顺序则相反。

油品在溶剂中溶解度是温度的函数，在低于临界溶解温度 15 ~ 20℃ 以下温度时，它符合下式的关系：

$$\frac{\partial \ln N}{\partial\left(\frac{1}{T}\right)} = 常数$$

即 $\ln N$ 和 $1/T$ 为直线关系，$\ln N$ 随着 $1/T$ 的降低而增大。随着温度的升高，溶解度增加，这是有利的一面，因为单位溶剂可以溶解更多的油，一般说来，可以增加精制深度，但温度升高，选择性降低。

2. 使油与溶剂形成两相的条件

用溶剂将润滑油中的理想组分与非理想组分分开的首要条件就是必须使抽提系统保持两相。下面举例分析抽提系统保持两相的条件。

以糠醛与某润滑油为例：如在 60℃ 温度下，将少量糠醛加到油中，会完全互溶成一相，增加糠醛加入量占系统总量的5%左右时，糠醛在油中即达到饱和，再继续增加糠醛加入量，则系统出现两相，如图11－1所示，上层为饱和糠醛的油溶液，含糠醛5%，下层为饱和油的糠醛溶液，含油2%。若还继续增加糠醛的加入量，糠醛相将不断增多，而油相则逐渐减少，因油不断被糠醛溶解进入糠醛相。当糠醛量增加到占系统总量的98%左右时，油全部溶于糠醛中，又变成为一相，是为饱和油的糠醛溶液，再继续增加糠醛也仍成一相不变。如图11－2中60℃时的A、B两点所示。

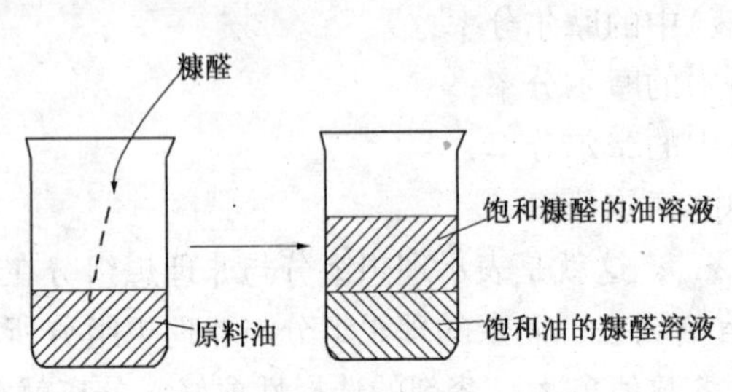

图11－1　溶剂精制原理示意图

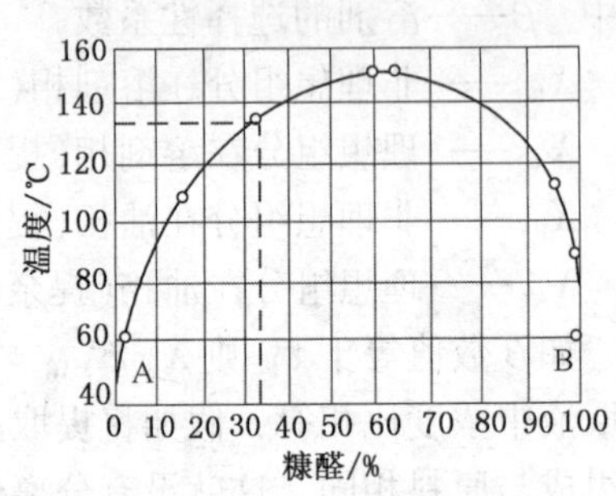

图11－2　润滑油－糠醛系统临界溶解温度曲线

若将系统温度升高，糠醛与油之间的相互溶解度都会增加，因此由一相转为两相的转变点(即互溶量)将会向中间移动。随温度的不断升高，上述左右两点最终重合在一起，形成一个封闭曲线，见图11－2。曲线内为两相区，曲线外为一相区。当系统组成 n 一定时(即糠醛与油的比例一定时)，与此组成 n 在曲线上相应点的温度 t_c 称为临界溶解温度(critical solution temperature)用C. S. T. 表示，图11－2为某润滑油－糠醛系统的临界溶解温度曲线。曲线最高点所代表的温度为系统的最高临界溶解温度，当系统温度达到最高临界溶解温度时，则不论溶剂与油的比例为何值，也不能生成两相。油糠醛系统的最高临界溶解温度约为145℃。可见在溶剂精制过程中根据高产、优质、低消耗的原则将溶剂比确定后，使系统保持两相的关键是温度，即必须使精制过程在相应的临界溶解温度以下进行，一般认为应较C. S. T. 低10℃左右为宜。

临界溶解温度与油和溶剂的相互溶解度有关，因此，不同烃类在同一溶剂中的临界溶解温度不同，反过来，不同溶剂对同一油品的临界溶解温度也不一样。油在溶剂中的临界溶解温度随溶剂的溶解能力升高而降低，可见在使用不同溶剂和处理不同油料时，应选择不同的溶剂比和适宜的温度条件。表11－1所列为某润滑油在不同溶剂中的临界溶解温度。

表11－1　某润滑油在不同溶剂中的临界溶解温度(C. S. T)

溶剂名称	C. S. T/℃(溶剂比为1:1)	溶剂名称	C. S. T/℃(溶剂比为1:1)
硝基苯	25	酚	75
苯胺	40	糠醛	100

确切地说润滑油是一个非常复杂的混合物，溶解于溶剂的那些物质和润滑油中的物质大部分是不同的，而不完全是同一物质在两相中的分配。并且其在两相中的组成随着溶解数量的改变而不断变化。所以对润滑油和溶剂体系至少应该粗略地当作理想组分、非理想组分和溶剂三元物系处理。它的相平衡关系可以用三角相图来表示。

图11－3是糠醛－润滑油系统三角相图的举例，S 表示溶剂(糠醛)、芳香组分表示非

理想组分，饱和组分表示理想组分，用这样的平衡相图可以进行抽提过程的计算。计算方法与催化重整的芳烃抽提类似。

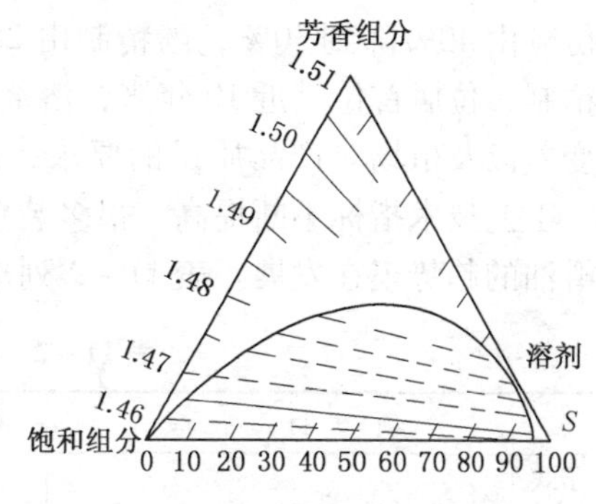

图 11－3　糠醛－润滑油系统相平衡关系图

3. 使两相迅速分层的条件

在抽提过程中，非理想组分是通过两相之间的界面由油相扩散到溶剂相的。当非理想组分在溶剂中达到饱和时(即达相平衡)，往往需要相当长的时间才能完成，这是工业生产上所不允许的。因此，必须设法提高抽提速度。抽提速度(即单位时间被溶剂抽出的非理想组分的量)与两相间的接触面积和非理想组分在两相间的浓度差成正比，与两相界面间的阻力成反比。因此，欲提高抽提速度，主要是增加两相间的接触面和非理想组分在两相间的浓度差，降低两相间的界面阻力。要达到这一目的就需要在抽提过程中使溶剂与原料油充分混合，这样不仅可以增大两相的接触面，而且由于加强液体流动也可降低扩散阻力，因此必须选择结构合理的抽提塔来保证一相在另一相中充分分散增加接触面。适当增加溶剂用量可提高浓度差。但是要使抽提过程顺利进行，还必须使已形成的两相能比较迅速的分层，这就需要使溶剂与油(提余液)有较大的相对密度差。

4. 选择溶剂的主要依据

选择合适的溶剂是润滑油溶剂精制过程的关键因素之一。理想的溶剂应具备以下各项性质：

① 有较强的选择性，能很好地溶解油中的某一些组分，而不溶解或很少溶解另一些组分。比较理想的溶剂，应该是溶解油中非理想的应除去的组分的能力强，而对理想的应保留的组分的能力弱。这是因为在通常情况下，润滑油料中需要除去的非理想组分比要保留的组分少，因而用溶剂量少。糠醛、苯酚和 N－甲基吡咯烷酮等都属于这一类溶剂。

② 有一定的溶解能力，以保证精制油品的质量。溶解能力大，可以用小的溶剂比，溶剂回收系统的负荷小。

③ 有较高的化学安定性、热安定性和抗氧化安定性，不易变质，受热不易分解也不易于氧化或缩合等。

④ 与润滑油料有适宜的沸点差，以利于从提余液和提取液中回收溶剂，降低回收成本，还要避免溶剂沸点过低，造成的回收需要在高压下进行，使回收成本提高。

⑤ 在工作条件下黏度小，密度大，保证与润滑油料的密度差足够大，在抽提过程中易于传质和分离。

⑥ 毒性小，对设备腐蚀性小，无爆炸危险，来源容易，价廉。

实际上，不可能要求溶剂所有的性质都很理想，在选择溶剂时，应以主要性质为依据，兼顾其他方面的要求，最主要的性质就是选择性和溶解能力。

溶剂精制工艺已有 80 多年历史，在工业上也曾用过一些溶剂，如硝基苯，它的溶解度很强，但选择性太差，所以已被淘汰。液体 SO_2 是选择性最强的溶剂，但其溶解能力太小，为了提高其溶解能力常掺入苯，但加入苯后回收时需用水蒸气汽提，装置中有水存在造成对设备腐蚀严重，所以已不再使用。目前较常用的溶剂采用糠醛、酚或 N－甲基砒咯烷酮(NMP)，我国糠醛精制占绝对主导地位，NMP 精制仅在中国石油兰州分公司得到应用。在国外，新建装置大都采用 NMP 溶剂，据美国和加拿大统计，进入 20 世纪 90 年代，糠醛精制份额由40%降到30%，酚精制由28%降到10%，NMP精制上升到56%，取代了糠醛和酚精制，位居首位。近10年来，溶剂精制工艺虽没有重大突破，但国内外为了适应原油质量变差以及市场对产品质量的要求，同时为了节能，提高收率，对工艺和设备不断进行改进，工艺技术指标不断提高。很多装置由酚精制改为NMP精制，这说明用NMP代替酚精制润滑油的趋势正在发展。表11-2列出了上述三种溶剂的性质。

表11-2　几种常用溶剂的主要理化性质

项　目		N-甲基吡咯烷酮	苯　酚	糠　醛
分子式		C_5H_9NO	C_6H_5OH	$C_5H_4O_2$
相对分子质量		99.13	94.11	96.09
密度(25℃)/(g/cm^3)		1.029	1.04(66℃)	1.159
熔点/℃		-24	+41	-39
沸点/℃		202	181.2	161.7
汽化热/(kJ/kg)		439	481.2	450
比热容(60℃)/(kJ/kg)		1.758(30℃)	2.156	1.7165
黏度(50℃)/mPa·s		1.01	3.42	1.15
折光率(n_D^{20})		1.4703	1.5425(n_D^{41})	1.5261
与水共沸点/℃		无共沸物	99.6	97.5
1×10^5Pa时共沸物含水/%		—	90.8	65
和水互溶度(40℃)/%	水在溶剂中	完全互溶	33.2	6.4
	溶剂在水中	完全互溶	9.6	6.8

表11-3、表11-4所列分别为溶剂精制过程及其能耗的比较。

表11-3　糠醛、酚、N-甲基吡咯烷酮精制过程比较

溶剂 / 项目	糠　醛	酚	N-甲基吡咯烷酮
适应性	优	好	良
乳化性	低	高	中
剂油比	中	低	极低
抽提温度	中	在两者之间	低
精制油产率	优	好	良
产品颜色	良	好	优
腐蚀性	在两者之间	中	低
能量费用	中	在两者之间	低
基建投资	在两者之间	中	低
维修费	低	中	低
操作费	在两者之间	中	低

注：优>良>好。

表11-4　N-甲基吡咯烷酮精制与用酚或糠醛的能耗比较　　MJ/t原料

类型 / 溶剂 / 项目	惰性气体汽提		蒸汽汽提	
	N-甲基吡咯烷酮	酚	N-甲基吡咯烷酮	糠　醛
蒸汽	572.75	586.15	9.21	308.98
电	131.88	181.88	118	63.63
燃料	1235.9	1636.2	949.98	1644.9
能耗	7950	1178.1	1058.8	2017.6

N - 甲基吡烷酮虽具有无毒性，腐蚀性小，溶解能力较高和选择性较好的优点，用于石蜡基油和环烷基油，能耗小，收率高，但其价格昂贵，来源困难，因而妨碍了广泛采用，我国已建有这种溶剂精制装置。

二、影响溶剂精制过程的因素

影响溶剂精制过程的因素主要有：抽提温度、抽提方式、溶剂比、提取物循环、界面位置、原料中沥青含量以及抽提塔内的液体流速等。

1. 抽提温度与温度梯度

如前所述，抽提系统保持两相的关键是抽提温度。即必须使抽提过程在临界溶解温度与润滑油及溶剂的凝点之间进行。在实际操作中，一般抽提温度应比临界温度低 20 ~ 30℃，在此温度范围内，溶剂的溶解能力随温度的升高而增强，而选择性则随温度的升高而降低，因此，温度变化必然会影响精制油的质量与收率。

下面以溶剂比为 3∶1 时，糠醛处理某润滑油馏分为例，来分析温度对精制油质量与收率的影响，如图 11 - 4 所示。

由图 11 - 4 可以看出，精制油收率随抽提温度的升高而迅速下降，黏度指数在开始升温阶段随温度升高而升高，但当达到某一最高值以后，黏度指数随温度提高而下降。该最高点说明溶剂在此温度下具有最适宜的溶解能力，可以保证最大限度地溶解非理想组分，同时又具有恰当的选择性，使理想组分不致因溶解能力提高而过多的进入提取相。低于这一温度则由于溶剂溶解能力低，使相当数量的非理想组分不能进入提取相。而高于这一温度，则会由于溶剂溶解能力过高，选择性过低，使理想组分被抽走。

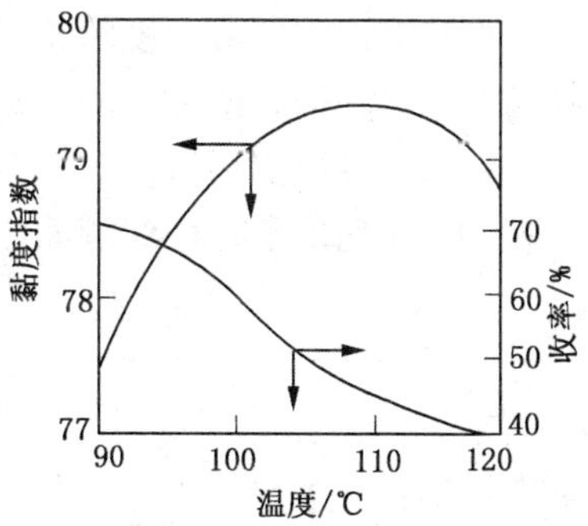

图 11 - 4　温度对精制油黏度指数与收率的影响

在逆流抽提过程中，原料油自塔下部进入，其中所含非理想组分随着向上运动，不断被自上而下的溶剂抽提而逐渐减少，因此它在溶剂中的临界溶解温度就会逐步提高，故而应该使抽提温度也逐步提高。所以抽提塔顶部应维持较高的温度，但这样难免有一定数量的理想组分和中间组分被溶解，为了减少理想组分的损失，提高精制油的收率，塔底则维持较低的温度。溶剂自塔上部进入后，随着它向下流动，温度逐渐降低，选择性提高，使开始被溶解的理想组分又将不断释放出来，这样自塔底排出的提取液中，就不致有理想组分，从而保证了精制油收率。表 11 - 5 所示为某 10 号汽油机油在不同塔顶温度下的精制油质量。

表 11 - 5　某 10 号汽油机油在不同塔顶温度下的精制油质量

项　目	抽提塔顶温度/℃		
	65	80	95
塔底温度/℃	40	40	40
溶剂比(体)①	0.8∶1	0.8∶1	0.8∶1
精制油质量			
相对密度 ρ_4^{20}	0.898	0.8930	0.8917
比色	0	4	5
残炭/%	0.17	0.13	0.12
黏度指数	77	84	87

① 溶剂为糠醛。

抽提塔顶部与底部的温度差，称为温度梯度。糠醛精制时的温度梯度约为20～25℃。在塔内形成温度梯度后，塔顶溶剂中因高温而溶入的部分理想组分，当溶剂沿塔高下降时，将随温度降低而逐步析出，析出物又返回油相，形成内回流，由温度梯度形成的内回流，参与两相间的传质过程，因此，抽提塔内回流与分馏塔的回流一样，会提高抽提的分离效果。

另外增大内回流，也增大了塔的实际负荷，增大了塔内流体的湍动。当塔未达到极限负荷以前，增大塔内湍动也有利于提高传质效率。改变温度梯度会改变内回流量，因而调整温度梯度，也是调节操作的一个重要手段。温度梯度调节得当，可以用较小的溶剂比，在保证精制油质量水平的情况下，获得较高的精制油收率。但对用酚作为溶剂的精制过程，由于酚对烃类的溶解能力较强，同时其熔点又较高(40.97℃)，因此，用降低塔底温度的方法来减少提取液中理想组分的含量，受到很大限制，工业上通常多用在抽提塔下部注入酚水的办法来提高酚的选择性。不过在处理残渣油时，由于残油在酚中的溶解度比馏分油低，所以注入的酚水量应比处理馏分油时要少。

烃类在溶剂中的溶解度随相对分子质量的增高而降低，所以处理不同的原料时，采用的精制温度也不一样，馏分重的、黏度大的、含蜡量多的，采用的温度应高些。

原料的馏分范围很宽时，不易选择适宜的精制温度，因此精制原料的沸点范围越窄越好。表11－6列出了各种润滑油原料适宜的糠醛精制抽提温度。

表11－6　不同润滑油原料适宜的糠醛精制抽提温度

产品名称	25号变压器油	20号机械油	10号汽油机油	15号汽油机油	22号汽轮机油	真空泵油
塔顶温度/℃	55～65	67～85	75～85	110～120	70～80	90～100

2. 抽提方式

抽提方式有三种：一段抽提、多段抽提与逆流抽提。

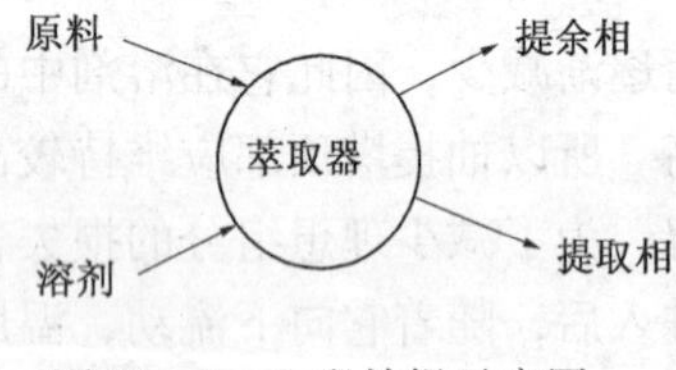

图11－5　一段抽提示意图

一段抽提是全部溶剂一次和原料油相混，分离后得到提取油与提余油。一段抽提示意图如图11－5所示。

一段抽提所得的精制油质量不高，同时，在非理想组分溶解的过程中，一部分理想组分也溶解在溶剂里，因而精制油的收率也不高。

多段抽提的示意流程如图11－6所示。溶剂被分成的份数越多，抽提的效果就越好。多段抽提比一段抽提分离要完全些，达到同样分离程度时，溶剂耗量要小，但操作复杂，设备增多，在两相分离时，造成精制油的损失过多，因而降低收率。

逆流抽提是在塔中进行的，是一个连续过程。溶剂从上部进入，原料油从下部进入，由于油的相对密度比溶剂小，油从下向上升，溶剂从上向下沉降，两者在逆向流动中接触，非理想组分就溶于溶剂。为了增大接触面积，改善抽提效果，常采用填料塔或转盘塔，逆流抽提的过程如图11－7所示。

不同抽提方法与溶剂消耗的关系以及不同抽提方法，对精制油收率的影响如图11－8和图11－9所示。获得同样质量的精制油，采用逆流抽提可以使用最低溶剂比和得到最高的精制油收率。

在生产中，溶解有非理想组分的溶剂称为提取液(或称为抽出液)，溶解有溶剂的油(即理想组分)称为提余液(或精制液)。在抽提塔内，提余液和提取液分成两相，中间有一分界面。界面上为提余液，界面下为提取液。当界面位于溶剂与原料进口之间时在界面以下，溶剂(即提取液)为连续相，油以液滴状态穿过，称为分散相。界面以上则油(即提余液)为连续相，溶剂为分散相。

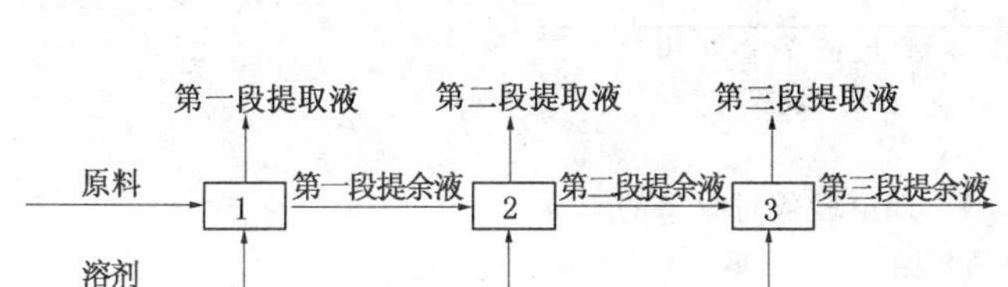

图 11－6　多段抽提示意流程图

1—第一抽提器；2—第二抽提器；3—第三抽提器

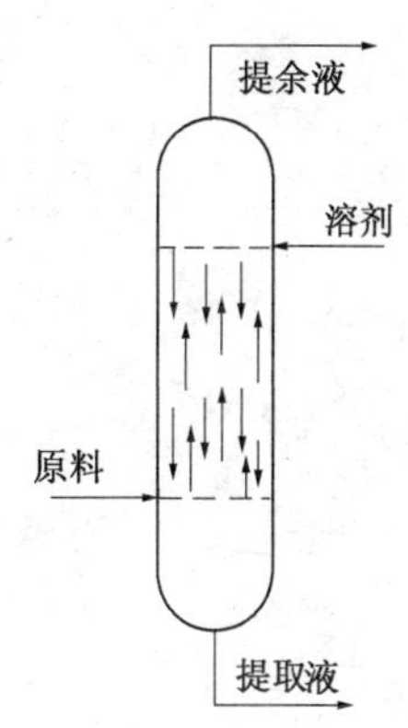

图 11－7　逆流抽提的示意图

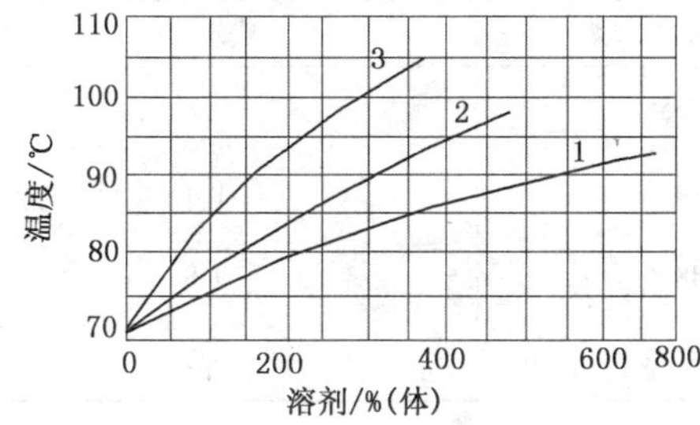

图 11－8　不同抽提方法与溶剂消耗关系

1—一段抽提；2—多段抽提；3—逆流抽提

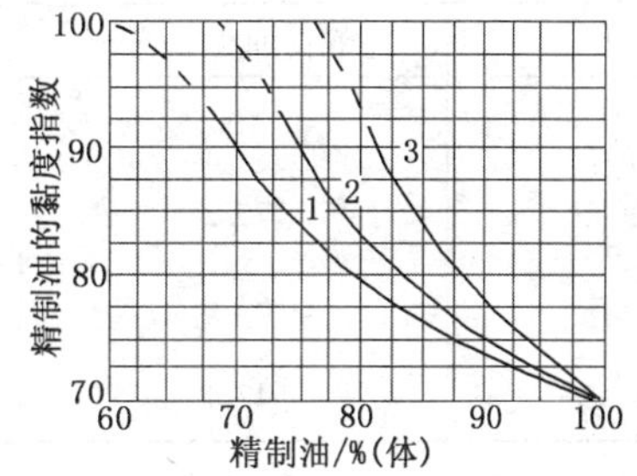

图 11－9　不同抽提方法对精制油收率的影响

1—一段抽提；2—多段抽提；3—逆流抽提

抽提塔所需要的理论段数与溶剂的选择性、采用的溶剂比及要求的产品质量、收率等都有关系。图 11－10 给出了以糠醛为溶剂，不同原料油、不同溶剂比生产黏度指数为 95 的产品时，抽提塔的理论段数与精制油收率的关系。从图中可以看出，在一定溶剂比下，不同产品所需理论段数不全相同，但是对各种原料油都是理论段数越多，精制油收率越高，但当段数达到 6 段以后，收率的增加即不显著。因此，通常设计的抽提塔采用 6～7 个理论段，以适应不同原料及产品的要求。

3. 溶剂比

加入的溶剂量和原料油量之比称为溶剂比。溶剂比可以是体积比，也可以是质量比。非理想组分在油中与溶剂中的浓度差是抽提过程的推动力，增大溶剂比即增加了浓度差，也就增加了抽提过程的推动力。

当溶剂比增加时，溶剂量增加，非理想组分的溶解量增加；同时，对理想组分的溶解量也会增加，因此，精制油的黏度指数提高，但精制油的收率降低。在实际操作过程中，溶剂比的大小取决于溶剂的性质、原料油性质以及产品要求与抽提的方法。

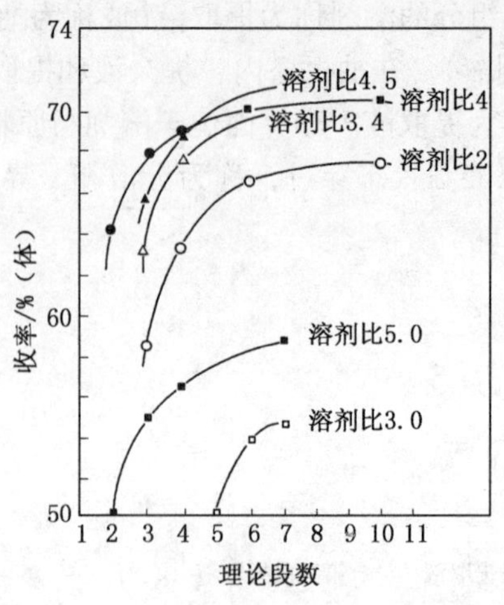

图 11－10　理论段数对收率的影响

▽、▼—中质机械油；○、●—重质机械油；

□、■—脱沥青油；

糠醛溶剂比对精制油质量的影响见表 11－7。

表 11－7　糠醛溶剂比对精制油质量的影响

溶剂比	精简油产率/%	黏度指数	残炭/%
0	100	65	2.8
3	75.2	84.7	1.1
6	62.6	88.6	9.8
12	47.1	93.2	0.7

从表 11－7 看出，增加溶剂量对精制油质量的影响，并没有出现像改变精制温度时那样黏度指数曲线有一个最高点。这是由于增加溶剂比只改变提取相内提取液中油的总量，而不改变溶剂性能的缘故。

一般精制重质润滑油原料时，采用大的溶剂比，精制轻质润滑油原料时，采用较小的溶剂比。使用糠醛溶剂时，轻质油用 1.3～2.5，中质油用 2.5～3.5，重质油用 3.5～6.0。溶剂比过大，处理量会降低，同时，回收系统的负荷增加，操作费用也就增加。适宜的溶剂比应根据溶剂、原料性质和产品质量的要求，通过实验来确定。

提高溶剂比和提高温度都能提高精制深度，对于某一油品要求达到一定深度时，在一定的范围内可用较低温度、较大溶剂比；也可以用较高温度、较小溶剂比。一般采用前者精制油收率高，这是因为低温下溶剂的选择性较好的缘故。

4. 提取物循环比

采用提取液返回塔下部循环的方法，可以提高提取液中非理想组分的浓度，将提取液中的理想组分与中间组分置换出，提高了分离精确度，在质量一定的情况下，可增加精制油的收率，但循环量过大，会影响精制油的质量和抽提塔的处理量。

提取物循环比对糠醛精制馏分油与残渣油的影响见表 11－8。

表 11－8　提取物循环对糠醛精制馏分油与残渣油质量与收率的影响

项　目	馏　分　油		残　渣　油	
溶剂比/%(体)	300	305	200	199
抽提塔顶温度/℃	121	124	138	137
抽提塔底温度/℃	77	79	86	88
提取物循环比(对原料)	0.0	0.40	0.0	0.35
提余油产率/%(体)	80.4	80.4	86.5	90.0
提余油脱蜡后黏度指数	110.0	110.5	103.5	103.5

5. 界面

原料与溶剂接触后分成两相，两相分界面称为界面，界面位置很重要，界面过高，不但有可能使提取液进入精制液系统而影响产品质量，而且由于溶剂在浓缩段没有足够的时间凝聚、沉降，塔顶精制液就会带出较多的溶剂，而使以后的精制液汽提塔负荷增加。界面过低，说明溶剂太少，必然会缩短油品的精制时间，不能较完全地将非理想组分抽提出来影响油品的质量。

界面的位置因采用不同的溶剂和塔型而有所不同。酚精制时，适宜的界面应控制在塔的上、中部；糠醛精制采用转盘塔时，以糠醛为连续相，原料油为分散相，界面在上部；采用填料塔时，界面位置在下部，糠醛为分散相，与转盘塔相反。

6. 原料油中沥青质含量

原料油分馏不好，其中夹带一些沥青质，它几乎不溶于溶剂中，而且它的相对密度介于溶剂与原料油之间，因此，在抽提塔中容易集聚在界面处，增加了油与溶剂通过界面时的阻力，同时，油与溶剂细小颗粒表面被沥青质所污染，因而不易集聚成大的颗粒。这样，沉降缓慢，抽提塔处理能力大幅度降低。如果原料油中含沥青质量过多，抽提塔便无法维持正常操作。为了保证抽提过程的顺利进行，对原料油中沥青质的含量应严格控制。

7. 转盘转速与塔内液体的流速

采用转盘抽提塔时，液体被转盘带动旋转；由于离心力的作用，液体流向塔壁，碰上固定环又转向轴心。同时，轻相向上移动，重相向下移动，使塔内液体流动十分复杂。

由于转盘的旋转，液体在离心力的作用下被分成细微的小液滴，使两相接触面积增大，接触面不断更新，从而提高了抽提效率。液体的分散程度可用转盘的转速来调节，转速越大，液体被分散得越细，但超过一定限度，反而对抽提不利，往往造成抽提塔液泛，原因是每个液滴在塔内部受到重力的作用，同时还受到一个方向相反的摩擦阻力的作用，当重力大于摩擦阻力时，重相液滴会均匀地向下沉降，这样就能使轻相与重相得到分离。然而，相间的摩擦阻力是随着接触面积的增大、液体流速的加快而增大的，液滴越小，接触面积越大，摩擦阻力越大；当摩擦阻力大于重力时，往往会使溶剂液滴不易沉降下来，造成“液泛”。因此转速必须适当。转速大小可根据实际经验来确定，一般黏度大的油品，转速可选大一些；黏度小的油品，转速可选小一些。

此外，处理量超过负荷，也会使相间摩擦阻力增大，使溶剂不能很好沉降，同样，也可以产生“泛溢”。

不同原料油在转盘式抽提塔内进行糠醛抽提精制时的工艺操作数据见表 11－9。

表 11－9　不同原料油在转盘式塔内进行糠醛精制的工艺条件

项目 \ 原料油	变压器油	20 号机械油	10 号汽油机油	15 号汽油机油	20 号汽轮机油	真空泵油
糠醛比(体)	1.25:1	0.75:1	1:1	1.2～(1.6:1)	2:1	3:1
抽提塔顶温度/℃	55～65	70～80	80～90	100～110	70～80	85～95
抽提塔底温度/℃	25～40	25～40	30～45	55～70	30～45	30～45
转盘转速/(r/min)	25～50	25～50	25～50	25～50	25～50	25～50
精制油收率/%	88	94	93	87	82	75

三、抽提溶剂的回收

溶剂精制包括抽提与溶剂回收两大系统，溶剂回收又包括从提余液与提取液中回收溶剂以及从溶剂－水溶液中回收溶剂。溶剂回收主要采用蒸发的方法，而蒸发大量的溶剂需要消耗较多的热量。在溶剂精制的装置中，燃料的消耗对其技术经济指标有很重要的影响。溶剂回收能耗约占溶剂精制能耗的75%～85%。因此，国内外均非常重视溶剂回收工艺的改进。

1. 提取液和提余液中溶剂的回收

从抽提塔出来的提取液和提余液均含有溶剂，加入抽提塔的溶剂绝大部分进入提取液中，提余液中含溶剂量较少，而提取液中的溶剂含量很高，常达90%以上。

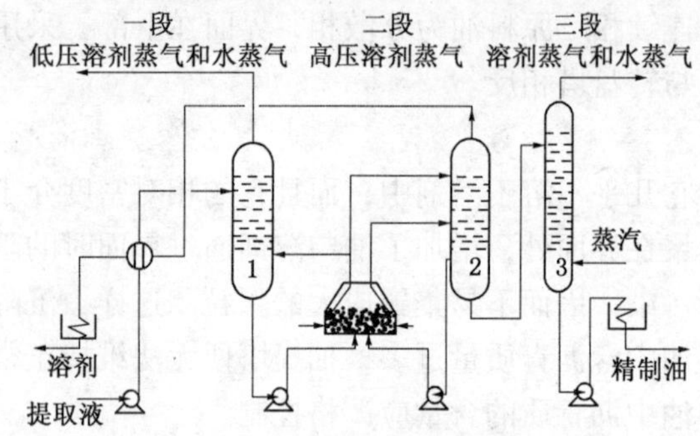

图 11－11　双效蒸发工艺的原理流程图
1—第一蒸发塔；2—第二蒸发塔；3—汽提塔

(1) 提取液溶剂回收

目前，提取液溶剂回收工艺多采用双效蒸发和三效蒸发工艺来回收溶剂，可以节省燃料的消耗。

① 双效蒸发。双效蒸发是采用几个不同压力的塔分段蒸出溶剂。高压段(第二段)的溶剂蒸气温度高，冷凝后放出的冷凝热作为低压段(第一段)的热源。双效蒸发工艺的原理流程如图 11－11 所示。

提取液经与第二段(第二蒸发塔)蒸出的溶剂蒸气换热后进入第一段(第一蒸发塔)，蒸出全部水和部分溶剂(以共沸物形式蒸出)。不含水的提取液经加热炉加热后，进入第二段(第二蒸发塔)，蒸出绝大部分的溶剂，为了使溶剂蒸发更充分，在第二段中采用提取液热循环的办法，即将部分蒸发后的残余液抽出，经加热炉加热，再打入塔内。提取液经第二段蒸发后，其中还含有少量溶剂。这部分溶剂在汽提塔内用水蒸气汽提除去。从第一蒸发塔和汽提塔蒸出的水和溶剂的混合物，进入水溶液回收系统。据计算，采用双效蒸发时，回收溶剂的加热炉负荷仅为单效蒸发时的61%左右。

② 三效蒸发。从图 11－12 可以看出，提取液三效蒸发溶剂回收工艺是由低压蒸发、中压蒸发、高压蒸发和精制油闪蒸及汽提五部分组成。

从低压、中压和高压蒸发塔顶蒸出的溶剂蒸气，均根据温度的不同分别与蒸发塔进料进行换热，将溶剂蒸气冷凝时所放出的热量充分回收利用。提取液换热后先进入低压蒸发塔蒸出部分溶剂，低压蒸发塔底的提取液经与高压蒸发塔顶蒸气换热后进入中压蒸发塔，蒸出另一部分溶剂。中压蒸发塔底提取液再经加热炉进一步加热后，进入高压蒸发塔。最后在蒸发汽提塔中脱除残余溶剂。脱除溶剂后的精制油经冷却送出装置。据报道，提取液的溶剂回收采用三效蒸发，可使传统的糠醛精制工艺的燃料耗量降低30% ~35%。据计算，采用三效蒸发时的加热炉负荷可进一步降低到单效蒸发的41%。

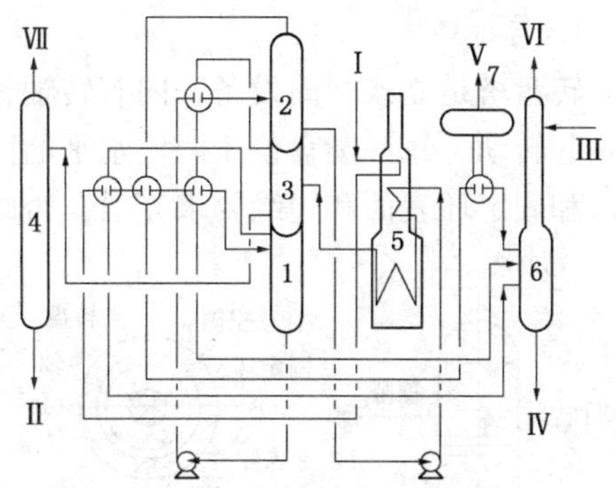

图11－12　糠醛抽出液溶剂回收三效蒸发及溶剂脱水工艺流程

Ⅰ—提取液；Ⅱ—精制油；Ⅲ—湿糠醛；Ⅳ—干糠醛；Ⅴ—0.3MPa蒸汽；Ⅵ—糠醛－水共沸物；Ⅶ—含糠醛蒸汽 1—低压蒸发塔；2—中压蒸发塔；3—高压蒸发塔；4—汽提塔；5—加热炉；6—干燥塔；7—蒸汽发生器

(2) 提余液溶剂回收

提余液和提取液在组成上差别很大，因此，从提余液(精制液)回收溶剂与从提取液中回收溶剂的流程不同。提余液主要由润滑油组成，溶剂含量较少，一般只有15%左右。因此，从提余液中回收溶剂就比较简单，一般只有一段至二段蒸发，如图11－13所示。

2. 水溶液中溶剂的回收

以从糠醛水溶液中回收糠醛为例，介绍水溶液中溶剂的回收过程通常糠醛－水的分离用双塔回收法。它的原理可以从糠醛－水的溶解度关系图和气、液平衡关系图看出。图11－14(a)是糠醛－水的气液平衡和溶解度图。从气液平衡关系图中可以看出，有含糠醛为35% 的共沸物存在。含糠醛小于35%的混合物进行蒸馏时可以分成水和共沸物，而大于35%时可以分成共沸物与糠醛。用简单的蒸馏方法是不能把共沸物分开的，但是与溶解度图联系起来就可以找到分离共沸物的方法，因为从溶解度图中可以看出含糠醛35%的共沸物冷凝后冷却到接近常温时就会分成两相。例如，冷到40℃就分成一相为含糠醛6.8%的水溶液，另一相为含糠醛93.6%的糠醛液。这两相可以又送回精馏塔精馏，分出水和糠醛。图11－14(a)中的虚线和箭头表示这个分离过程。具体到工业上的双塔流程如图11－14(b)所示。糠醛－水混合物先冷凝进入分层罐，上层水多叫水液，送入脱糠醛塔，糠醛以共沸物从塔顶分出，冷凝后回到分层罐又分成两层。水从塔底排出。分离罐的下层中主要是糠醛，送入糠醛脱水塔，水以共沸物组成从塔顶蒸出，冷凝后进入分层罐。塔底得到含水小于0.5%的干糠醛。

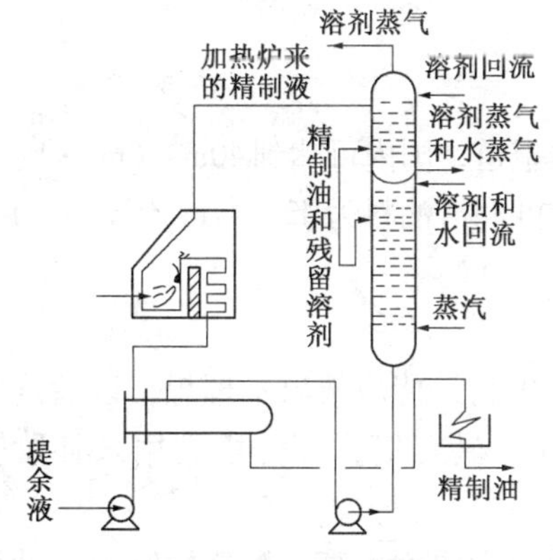

图11－13　从提余液回收溶剂工艺示意图

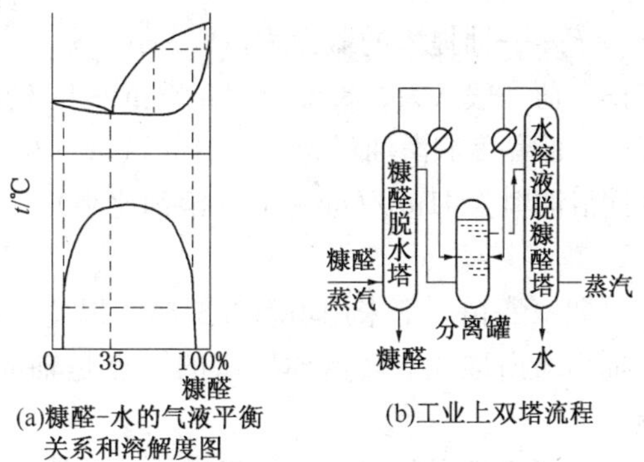

图11－14　双塔回收的原理和流程

四、国内常用的抽提塔

溶剂精制常用的抽提塔有两种塔型：转盘塔和填料塔。

1. 转盘塔

转盘塔是立式圆筒设备，内有转轴，轴由电动机带动或水力驱动，转轴装有圆盘，并随轴一起转动。每一圆盘位于两块水平的固定环之间，转盘和固定环之间有一定的环形空隙。转盘和固定环表面和边缘要求光滑，否则会影响抽提效果。

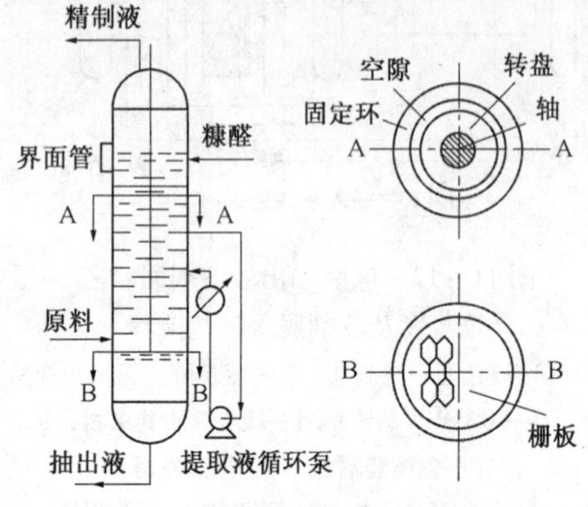

图 11－15 糠醛精制抽提塔结构示意图

糠醛精制抽提塔的结构示意如图 11－15 所示。

转盘塔的上部为精制液浓缩段，下部为提取液沉降段，中间为精制段。糠醛与原料均以切线方向进入，与转盘旋转方向一致，以防影响塔中流体的流向。

精制段上部为糠醛进口，下部为原料进口。浓缩段与精制段之间和精制段与沉降段之间均用固定的栅板分开。上部栅板的作用是使油滴悬浮稳定并起凝聚作用，减少糠醛随理想组分悬浮而被带出，下部栅板是防止提取液提带原料油。

转盘的作用是使原料以液滴的形式向糠醛相扩散，使油和糠醛均匀接触，增大接触面积，并在固定环的作用下增加塔内的行程，以达到所要求的精制深度。

抽提塔的大小和高度是由进入的原料油和糠醛的总体积来决定。而糠醛与原料油的比例（即溶剂比），又要根据原料的性质和要求的精制深度来决定，其变动范围较大，所以，实际生产能力在很大程度上取决于原料油。

抽提塔的处理量受到塔比负荷的限制，超过允许的比负荷，抽提塔效率变差，严重时会产生“泛溢”。但比负荷太小，抽提效率低。比负荷（$V_D + V_C$）可用以下公式计算：

$$(V_D + V_C) = \left(\frac{G_t}{\rho_f^{t_1}} + \frac{G_o}{\rho_f^{t_2}}\right)/F$$

式中 G_t——入抽提塔的糠醛量，kg/h；

$\rho_f^{t_1}$——在入塔温度 t_1 下糠醛密度，kg/m³；

G_o——入抽提塔的原料油量，kg/h；

$\rho_f^{t_2}$——在入塔温度 t_2 下原料油密度，kg/m³；

F——抽提塔的截面积。

此负荷一般认为在 8.2～328m³/(m²·h) 较合适。据报道，国内可达到 40m³/(m²·h)。国外报道，低黏度润滑油料为 29～31m³/(m²·h)，中等黏度润滑油料为 42～47m³/(m²·h)，高黏度润滑油料为 41m³/(m²·h)（溶剂比小）。

2. 填料塔

早期糠醛精制都采用填料抽提塔，以瓷质拉西环作填料，传质效果不理想，以后逐步被转盘抽提塔所取代。转盘抽提塔的缺点是轴向返混严重，转盘塔大部分塔高用来补偿轴向返混。

由于新型填料的发展，填料塔的处理能力和传质效率大幅度提高，糠醛精制填料抽提塔又得到了迅速发展。20 世纪 90 年代以来我国一些炼油厂对糠醛精制转盘搭进行了技术改造，采用 QH－1 和 QH－2 高效填料及较先进的蜂窝状填料支撑结构，并优化塔内空间布局以提高填料的利用率。改造结果表明，抽提塔的抽提效率提高了一个多理论段，在产品质量相同的条件下，取得了降低溶剂用量，提高精制油收率的效果。

填料塔结构示意如图 11－16 所示。在填料塔内，溶剂和润滑油原料逆向流动，通过填料层逆流接触，塔顶流出的是精制液，提取液由塔底抽出。

塔顶有精制液沉降段，塔底有提取液沉降段，两段之间为精制段。塔内有多层拉西环填料均放置在栅板上。为了避免沟流现象的发生，使酚和润滑油原料接触更加充分，塔内设有两层泡帽式分配塔盘，此外，沿塔开有数个界面放样口。

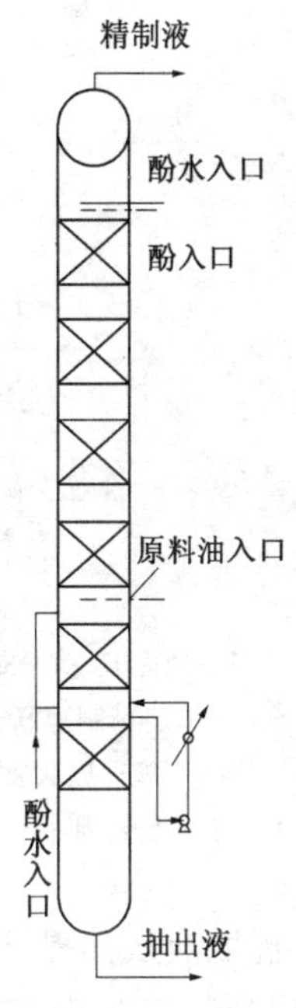

图 11－16　填料抽提塔

五、溶剂精制的工艺流程

1. 糠醛精制的工艺流程

（1）糠醛的一般性质

糠醛是无色液体，有刺激性的臭味。糠醛不稳定，放置在空气中很快变色，先是淡黄、黄色、棕色，直到变成黑色。糠醛有微毒，呼吸糠醛气过多时有头晕、走路不稳、恶心等症状。糠醛在常压下的沸点为 161.7℃，20℃时密度为 1169.4kg/m^3。糠醛作为精制润滑油的选择性溶剂有较好的选择性，但溶解能力稍低，在精制残渣润滑油时要用较苛刻的条件。糠醛中含水对其溶解能力影响较大，见表 11－10。当其含水量大于 1% 时，对精制效果就有显著影响，通常控制在小于 0.5%。

表 11－10　糠醛含水量对溶剂精致油质量的影响

糠醛含水量/%	残炭/%	黏度指数	糠醛含水量/%	残炭/%	黏度指数
0	0.55	40	6	0.73	28
1	0.63	40			
3	0.73	34	原料油馏分	1.07	16

糠醛对热和氧都不稳定，通常在使用中限制温度不超过 230℃。糠醛氧化以后产生酸，酸性物质对糠醛的氧化又起催化作用，所以有的装置经常在提取液回收塔中注入 $Ca(OH)_2$ 溶液以中和酸性物质，为防止糠醛氧化，装置上需采取密封措施与原料油脱氧措施。

（2）糠醛精制的工艺流程

糠醛精制的工艺流程可分为三部分：抽提系统、提余液和提取液的溶剂回收系统、糠醛水溶液的溶剂回收系统。糠醛精制工艺的原理流程如图 11－17 所示。

① 抽提系统。原料油从油罐区用原料油泵抽出，经原料油冷却器 11 冷却后，进入抽提塔 1 的下部，抽提塔底温度由原料油温度控制。

糠醛从糠醛干燥塔 4 的底部抽出，经糠醛冷却器 13 冷却后，打入抽提塔 1 的上部，在抽提塔内，糠醛和原料油逆向接触，以糠醛温度来控制抽提塔顶温度。

抽提塔的提取液可以从塔中部抽出经冷却后，循环到抽提塔内，以维持抽提塔所需的温度梯度，并提高精制油的收率。

② 从提余液、提取液中回收溶剂系统。提余液从抽提塔顶流出，靠塔内的压力自动流入提余液加热炉 6，加热到 220℃左右，进入提余液汽提塔 7 中，进行减压汽提，塔底精制油经精制油冷却器 17 冷却后送出装置，提余液汽提塔顶蒸出的糠醛水共沸物经糠醛－水蒸气冷却器 19 冷却后进入真空罐 10，再进入糠醛水分离罐 9。

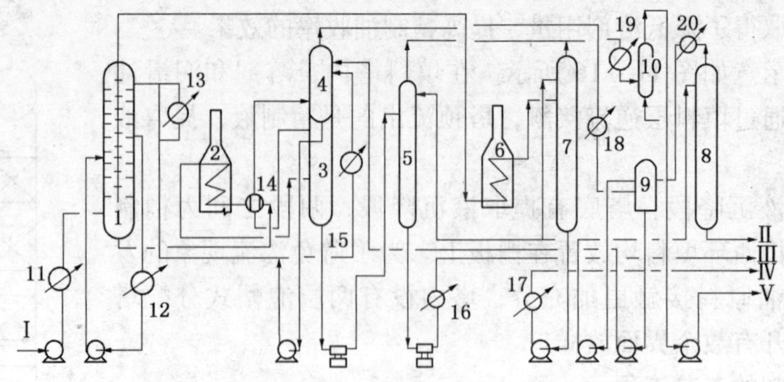

图 11-17　糠醛精制工艺的原理流程图

1—抽提塔；2—提取液加热炉；3—糠醛蒸发塔；4—糠醛干燥塔；5—提取液汽提塔；6—精液加热炉；7—精制液汽提塔；8—含糠醛水蒸发塔；9—糠醛水分离罐；10—真空罐；11—原料油冷却器；12—提取液循环冷却器；13—抽提糠醛冷却器；14—提取液换热器；15—回流糠醛冷却器；16—抽出油冷却器；17—精制油冷却器；18—共沸物冷却器；19—糠醛-水蒸气冷却器；20—共沸物冷却器；Ⅰ—原料油；Ⅱ—污水；Ⅲ—提取物；Ⅳ—精制油；Ⅴ—污水

提取液从抽提塔1底部流出，靠塔内压力压至提取液换热器14，与糠醛蒸发塔3(高压塔)出来的糠醛蒸气换热，然后，进入提取液加热炉2加热，加热到220℃左右后，进入糠醛蒸发塔3进行蒸发。蒸出的糠醛蒸气与提取液换热后，进入糠醛干燥塔4中，与中段回流糠醛进行精馏，冷凝后的糠醛汇集在塔底部的糠醛箱中。蒸出大部分糠醛的提取液打入提取液汽提塔5中，进行减压汽提后，用泵抽出，经抽出油冷却器16冷却后送出装置。

③ 从糠醛水溶液中回收溶剂系统。提余液汽提塔，提取液汽提塔顶部汽提出的糠醛水共沸物经糠醛-水蒸气冷却器19冷凝冷却后进入真空罐10，不凝气体用真空泵从真空罐顶抽走，以维持真空，液体靠位差压入糠醛水分离罐9。

在糠醛水分离罐内，糠醛与水分成两层。上层为含糠醛的水溶液，用泵抽出，一路打入提取液汽提塔和提余液汽提塔作回流，控制这两个塔的塔顶温度；另一路则打入糠醛水蒸发塔8中进行糠醛回收。下层是含水的湿糠醛，用泵抽出后打入糠醛干燥塔4进行脱水。由塔4顶蒸出的糠醛、水共沸物蒸气经冷凝器18冷凝冷却后又回糠醛水分离罐，此即所谓的双塔回收。

④ 原料油脱气系统。一般原料油中可溶解7%~10%(体)的空气，原料油中含氧量高，糠醛氧化反应加剧，糠醛氧化反应是游离基的连锁反应，反应生成糠酸呈黑色，有腐蚀性，糠酸进一步缩合则会生焦，给加工带来严重的不良后果。设置脱气塔后，原料油先经脱气塔脱气，再入抽提塔抽提，取得明显效果，开工周期可从3个月延长到1年，脱气效果见表11-11。

若在进料温度120℃，顶部真空度为0.053MPa，塔底吹气量为1%时，每吨原料可脱除空气0.1383kg，脱气后，原料油中含空气量只有1.7μg/g。

表11-11　脱气试验数据(塔底不吹水蒸气)

脱气温度/℃	脱气真空度/MPa	脱气后油中含氧量/(μL/L)	脱出空气量/(kg气/t原料油)
80	0	140	0
120	0.0267	120	0.02
120	0.04	100	0.04
120	0.053	80	0.06

续表

脱气温度/℃	脱气真空度/MPa	脱气后油中含氧量/(μL/L)	脱出空气量/(kg气/t原料油)
120	0.06	67	0.073
120	0.067	57	0.083

(3)糠醛精制原料油、精制油的性质及典型工艺条件

以大庆原油减压馏分及脱沥青油糠醛精制为例的原料油的性质见表11－12，各种精制油的性质及收率见表11－13，抽提塔及溶剂回收系统的工艺条件见表11－14及表11－15。

表11－12　原料油主要性质

项　目	密度(20℃)/(g/cm³)	黏度(100℃)/(mm²/s)	比色(ASTM－1500)	闪点/℃	残炭/%
150HVI	0.8528	4.61	2～2.5	203	
500HVI	0.8750	8.01	3.5～4.0	257	0.08
150BS	0.8849	26.8	8	330	0.9

表11－13　精制油的主要性质及收率

项　目	密度(20℃)/(g/cm³)	黏度(100℃)/(mm²/s)	比色(ASTM－1500)	闪点/℃	残炭/%	收率/%
150HVI	0.8127	4.13	0.5	217	—	86.8
500HVI	0.8579	7.23	1.0～1.5	259	0.025	86.7
150BS	0.8788	21.2	6.0	319	0.35	83.1

表11－14　抽提塔工艺条件

项　目		150HVI	500HVI	150BS
溶剂比(质量比)		2.0:1	2.4:1	4.8:1
抽提塔温度/℃	塔顶	105	110	138
	塔底	65	70	103

表11－15　溶剂回收系统工艺条件

项　目	压力/MPa	温度/℃		
		顶部	底部	进料
精制液蒸发汽提塔	0.03(绝)	130	200	207
一级蒸发塔	0.02	168	169	170
二级蒸发塔	0.09	185	186	188
三级蒸发塔	0.20	215	218	220
抽出液汽提塔	0.018(绝)	100	170	190
干燥塔	0.01	98	150	160
水溶液汽提塔	0.01	102	108	40

2. *N*－甲基吡咯烷酮精制的工艺流程

(1)*N*－甲基吡咯烷酮的一般性质

N－甲基吡咯烷酮是无色液体，熔点－24.4℃，沸点201.7℃，与水、乙醇、乙醚等混溶。可用作乙炔和树脂等的溶剂，也可以用于有机合成。它是由α－吡咯烷酮甲基化而制成。用作润滑油精制的溶剂，具有较高的溶解能力和较好的选择性，无毒，安定性好，是良好的选择性溶剂，但价格昂贵。

由于 N-甲基吡咯烷酮不与水形成共沸物，只需从精制液和抽出液中回收溶剂，溶剂回收流程简单，损失小。N-甲基吡咯烷酮在惰性气体保护下，即使在315℃以上，N 安定性仍然很好，因此，回收温度较高，一般控制在280℃左右。由于 NMP 精制回收温度较高，因此回收效果好，溶剂损失小。另外，NMP 溶剂回收温度高，使 NMP 冷凝热在较高温位下加以利用成为可能，可考虑用发生蒸汽来有效利用高温位热源降低装置能耗。NMP 精制工艺具有溶剂比小、剂耗低、抽提温度低、流程简单、溶剂损失小、高温位热利用率高等特点，这不仅使装置的处理能力可增大15% ~30%，而且使能耗降低20% ~25%左右，从而使该工艺具有较好的经济效益。

(2) N-甲基吡咯烷酮精制的工艺流程

图11-18为 N-甲基吡咯烷酮装置的工艺流程图。该装置抽出液溶剂回收采用三级蒸发、双效换热、溶剂后干燥流程。

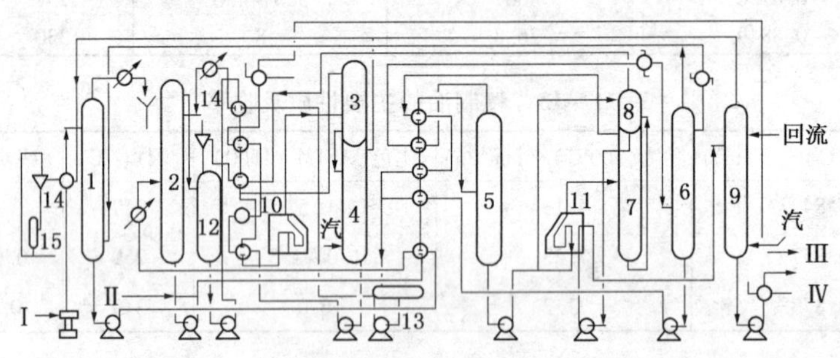

图11-18　N-甲基吡咯烷酮精制工艺流程

Ⅰ—原料油；Ⅱ—湿溶剂；Ⅲ—精制油；Ⅳ—抽出油

1—吸收塔；2—抽提塔；3—精制液蒸发塔；4—精制油汽提塔；5—抽出液一级蒸发塔；6—溶剂干燥塔；7—抽出液二级蒸发塔；8—抽出液减压蒸发塔；9—抽出油汽提塔；10—精制液加热炉；11—抽出液加热炉；12—精制液罐；13—循环溶剂罐；14—真空泵；15—分液罐

① 溶剂抽提部分。抽提塔为填料塔，使用金属阶梯环填料。溶剂从塔顶进入，原料油由塔的中下部进入，二者在塔内进行逆向接触抽提。溶剂入口温度高于原料油入口温度，并通过部分塔底液冷却循环，在塔内形成上高下低的温度梯度，以改善抽提传质效果，抽提塔下部可以打入少量湿溶剂降低溶剂溶解能力以保证精制油收率，精制液从塔顶引出进入精制液中间罐，塔底的抽出液用泵直接运到抽出溶剂回收系统。

② 溶剂回收部分。精制液自中间罐用泵抽出，先与精制油及精制液蒸发塔顶回收的溶剂换热，并在加热炉中加热后进入精制液蒸发塔，精制液蒸发塔在减压下操作，从中先蒸出大部分溶剂，再在汽提塔中脱除残余溶剂。精制液蒸发塔上部有若干塔板，塔顶打入回流以控制塔顶温度，防止塔顶携带轻油，脱除溶剂的精制油经换热及冷却后送出装置。抽出液中溶剂含量在90%以上，从抽出液中回收溶剂的能耗占总能耗的大部分，抽出液溶剂回收采用三级蒸发的流程。抽出液先与吸收塔底原料油及干燥塔底溶剂换热，再与一级蒸发塔顶和二级蒸发塔顶回收溶剂换热后进入一级蒸发塔，蒸出部分溶剂。一级蒸发塔底液再经加热炉加热后，在二级蒸发塔中蒸出大部分溶剂。二级蒸发塔保持较高的操作压力以利于二级蒸发塔顶溶剂热量的回收利用。由于二级蒸发塔操作压力较高，塔底仍残存较多溶剂的塔底液再自行压到减压蒸发塔中，闪蒸出部分溶剂，最后再在汽提塔中脱除残余溶剂。

精制油及抽出油汽提塔出来的湿溶剂，除少量打入抽提塔下部以调节抽提操作外，其余打入抽出液中，一起进入溶剂回收系统。

③ 溶剂干燥部分。系统中水分主要集中在抽出液中，由于水对 N - 甲基吡咯烷酮的相对挥发度很大，在抽出液溶剂回收中，水又绝大部分集中到了一级蒸发塔顶蒸出的溶剂中。一级蒸发塔顶回收溶剂经适当换热后，以气液两相进入干燥塔的中下部，塔顶以其馏出物的冷凝液作回流控制温度。塔顶馏出物为含有 5% ~10% 溶剂的水蒸气，不经冷凝直接进入吸收塔的底部，在吸收塔中与由塔顶打入的热原料油接触，溶剂被原料油吸收，残余的水蒸气从塔顶排出，经冷凝冷却后排入下水道。干燥塔底溶剂可以直接进入循环溶剂罐循环使用。

(3) 典型操作条件

某厂 N - 甲基吡咯烷酮精制装置的主要操作条件见表 11 - 16。

表 11 - 16 NMP 精制装置主要操作条件

原　料	溶剂比	抽提塔顶温/℃	抽提塔中温/℃	抽提塔底温/℃	下部循环温度/℃
减二线	1.3	83	78	67	55
减三线	1.3	87	80	68	57
减四线	1.6	96	91	75	62
残渣油	1.8	98	92	78	64
装置剂耗/(t/kg)	0.2 ~ 0.25				
收率/%	85.96				

第二节　溶剂脱蜡

润滑油的低温流动性是润滑油的重要使用性能。低温流动性差则影响润滑油在低温下的使用。润滑油失去流动性的原因有两种：一是随着温度降低，润滑油黏度增大而失去流动性，称为黏稠凝固；另一种是在温度降低时，润滑油中析出蜡结晶，随着结晶浓度增大，质点间的联结增强而丧失流动性，称为结构凝固。

润滑油的黏稠凝固决定于润滑油的黏温特性，黏温特性用黏度指数来表示。黏温特性好，即黏度指数高，达到黏稠的温度低，不易发生黏稠凝固。改善润滑油的黏温特性需要除去油品中的多环烃类，特别是多环短侧链芳烃、沥青质、胶质等。这是润滑油溶剂精制或加氢精制的任务。

润滑油的结构凝固在很大程度上决定于润滑油的蜡含量的高低。润滑油中在低温下易结晶的烃类包括烷烃、带烷基侧链的环烷烃和带烷基侧链的芳烃(通称为石蜡)以及在高沸点馏分中的异构烷烃及长侧链的环烷烃(通称为地蜡)。防止由于蜡结晶引起油品凝固的方法是加入降凝剂和脱蜡。加入降凝剂可以在一定程度上防止晶粒析出和聚结使凝点降低，但只适于含蜡量较低的情况。采取脱蜡的方法除去结晶组分可以得到低凝点的润滑油基础油，同时还可以得到蜡。脱蜡是润滑油的主要加工工艺过程之一。脱蜡的作用是降低润滑油基础油的凝点或倾点，即改善润滑油的低温流动性。

由于在润滑油馏分中，蜡和油的馏程是相同的，因此不能用蒸馏的方法分离。由于含蜡原料油的轻重不同，以及对润滑油凝点的要求不同，脱蜡的方法也不同。工业上应用的物理脱蜡方法有冷榨脱蜡、尿素脱蜡、溶剂脱蜡，催化脱蜡等。

冷榨脱蜡只适应于轻质润滑油料(如变压器油料、10 号机械油料)，对大多数较重的润滑油是不适用的，尿素脱蜡只适用于低黏度的轻质润滑油。溶剂脱蜡是利用溶剂在低温下与油互溶性较好而对蜡溶解度较低的特性，在含蜡原料油中加入稀释溶剂，在特定的冷却、结晶设备中，以一定的冷却速度降低温度，使蜡浓缩析出结晶，然后用过滤方法将油和蜡分离的过程。溶剂脱蜡适用性很广，能处理各种馏分润滑油和残渣润滑油。催化脱蜡是在较高的温度和氢压下，通过催化作用，使润滑油中凝点较高的正构烷烃发生加氢异构化和选择性加氢裂化反应，转化为凝点较低的异构烷烃与低分子烷烃，并保持其他烃类基本上不发生变化，以达到降低凝点的目的。目前工业上主要采用的是溶剂脱蜡和催化脱蜡，本节主要介绍溶剂脱蜡。

1927 年印第安炼油公司建成了世界上第一套溶剂脱蜡工艺装置，20 世纪 70 年代到 80 年代初是溶剂脱蜡技术发展较快时期。目前，主要成熟的溶剂脱蜡工艺可以归纳为减压蜡油分步结晶脱蜡、甲乙酮 - 甲苯(酮苯)脱蜡和流化床溶剂脱蜡三种。我国在 20 世纪 50 年代中期开始采用溶剂脱蜡工艺生产润滑油，70 年代溶剂脱蜡由单一脱蜡工艺发展为脱蜡脱油联合工艺，同时生产脱蜡油和石蜡。在脱蜡溶剂上，由丙酮 - 苯 - 甲苯混合溶剂，逐渐全部改为甲乙酮 - 甲苯混合溶剂，并陆续采用了结晶过程多点稀释、滤液循环以及溶剂多效蒸发回收等工艺技术。

一、脱蜡溶剂

1. 溶剂的作用

(1) 稀释作用

润滑油料中油与蜡是相互溶解的。温度降低，蜡在油中的溶解度下降。润滑油料冷至一定温度时，溶液达到过饱和状态，蜡就开始结晶析出，随着温度的不断下降，结晶不断析出，并生长成较大的蜡结晶。由于降低温度使油的黏度升高，不利于蜡结晶的扩散而生成大的结晶体，因此中质、重质润滑油脱蜡时，常在油中加入溶剂，使蜡所处的介质黏度下降，有利于生成大颗粒和有规则的蜡结晶。

(2) 选择性溶解

溶剂对油与蜡的溶解度不同，即在脱蜡温度下油几乎全部溶解于溶剂，而蜡在溶剂中则很少溶解，这种现象叫做溶剂的选择性，由于溶剂具有选择性，才能使油与蜡在脱蜡温度下能较好地分离。

此外，由于蜡在油中结晶时，往往形成网状结构，而且在网状结构中包含大量的油，用溶剂可以将这部分油溶解出来，提高脱蜡油的收率。

2. 对脱蜡溶剂的要求

在脱蜡的过程中，加入溶剂是为了降低油品黏度，以利于结晶颗粒的成长及油分的渗出，改善油品的过滤性能，以及方便油品的输送。因此对溶剂有以下要求：

① 具有足够低的黏度，使蜡的结晶容易用机械方法(过滤)从溶液中分离出来。

② 具有较强的选择性溶解能力，低温下对蜡的溶解度小，使脱蜡温差小(为了得到一定凝点的油品，不得不把溶剂 - 润滑料冷到比凝点更低的温度。这个温度差称为脱蜡温差。即脱蜡温差 = 去蜡油凝点 - 脱蜡温度)，对油的溶解度大，使所需的溶剂比小。

③ 能使蜡结晶有良好的性状，以便得到较高的过滤速度。

④ 有较低的沸点、较小的比热容及蒸发潜热，以便于采用闪蒸的方法从蜡和油溶液中回收；沸点也不能过低，以避免必须在高压下操作。

⑤ 化学安定性和热稳定性好，不容易分解。

⑥ 能适应多种来源和各种馏分范围的原料。

⑦ 冰点低，在脱蜡温度下溶剂不会析出结晶。

⑧ 毒性小、不腐蚀设备、廉价易得。

3. 常用的脱蜡溶剂

选择性和溶解性是脱蜡溶剂最重要的性能。由于很难找到一种二者兼备的良好溶剂，因此，多采用2～3种溶剂的混合物，在工业上采用的混合溶剂有：丙酮－苯－甲苯、丙酮－甲苯、甲基乙基酮(MEK，简称甲乙酮)－甲苯、甲基异丁基酮－甲苯、二氯乙烷－二氯甲烷、丙烷以及丙烯－丙酮等，后三者由于有某些缺点，已少用。几种脱蜡溶剂性质见表11－17。

表11－17 几种脱蜡溶剂的物理性质

项目	丙酮	甲基乙基酮	甲基异丁基酮	苯	甲苯
分子式	C_3H_6O	C_4H_6O	$C_6H_{12}O$	C_6H_8	C_7H_8
相对分子质量	58.080	72.107	100.162	78.115	92.141
沸点/℃	56.1	79.6	115.1	80.100	110.63
凝点/℃	－95.8	－88.4	－80.3	5.533	－94.991
闪点/℃	－16	－7	27.2(开口)	－12	6.5
液体密度(20℃)/(kg/m^3)	790.5	804.8	800.7	877.4	867
液体黏度(20℃)/(mm^2/s)	0.410	0.65(0℃)	0.59mPa·s	0.735	0.68
液体热容(20℃)/(kJ/kg·℃)	2.345	2.22	2.07	0.72	1.67
液体表面张力(20℃)/(N/m)	2.37×10^{-2}	25.05×10^{-3}	23.90×10^{-3}	28.9×10^{-3}	28.4×10^{-3}
蒸发潜热/(kJ/kg)	521.2	443.59	364.25	394.1	363.4
临界温度/℃	235.0	262.5	298	289.5	320.6
临界压力/MPa	4.6	4.02	3.17	4.77	4.07
常压下与水共沸点/℃	—	73.45	87.9	69.25	84.1
共沸物中溶剂组成/%	—	89.0	75.7	91.17	80.4
溶剂在水中溶解度/%	∞	2.0(20℃)	22.6(20℃)	0.175(10℃)	0.037(10℃)
水在溶剂中溶解度/%	∞	99(20℃)	1.8(20℃)	0.041(10℃)	0.034(10℃)
爆炸界限/%(体)	2.15～12.4	1.97～10.1	—	1.4～9.5	1.3～6.75

丙酮、甲乙酮和甲基异丁基酮是极性溶剂，在低温下对蜡的溶解度小，而苯和甲苯是非极性溶剂，在低温下对油有较大的溶解度，是油的稀释剂。

甲乙酮－甲苯混合溶剂既具有必要的选择性，又具有充分的溶解能力，且能满足其他各种性能要求，因而在工业上获得广泛使用。甲乙酮为极性溶剂，具有很好的选择性，在脱蜡低温下，对蜡不溶解，对油有一定的溶解能力，是蜡的沉淀剂。甲苯为非极性溶剂，对油与蜡都有很好的溶解能力，是油的稀释剂，但选择性差。它们在混合溶剂中的比例不同而表现出不同的性质：①溶剂中的甲苯含量高，溶剂的溶解能力大，脱蜡油收率高；但溶剂的选择性差，脱蜡温差大，过滤速度慢。②溶剂中的甲乙酮含量高，在一定范围内，溶剂的选择性好，蜡的结晶好，脱蜡温差小，过滤速度快。但溶剂中酮含量增高会使溶解能力降低，达到某一限度时，在低温下会出现油与溶剂分层现象，反而导致过滤困难、蜡饼大量带油和脱蜡油收率大幅度下降。

根据润滑油原料性质及对脱蜡深度的要求，正确选择溶剂中甲乙酮、甲苯的配比，使脱蜡油收率、脱蜡温差、过滤速度等之间达到综合最佳值，是溶剂脱蜡过程的关键。在通常情况下，对黏度大、难以溶解的重质馏分油，采用含酮量较少、溶解能力较大的混合溶剂；对黏度小、较易于溶解的轻质馏分油，采用含酮量较大、溶解能力不太大的混合溶剂。对两种不同原油的相同馏分，含蜡量高的应用含酮较高的溶剂。大庆原油不同馏分油脱蜡时所采用的溶剂组成见表 11－18。

表 11－18　大庆原油不同馏分油脱蜡时所采用的溶剂组成

原料油	溶剂组成/%	
	甲乙基酮	甲苯
150HVI	60～65	35～40
350HVI	58～62	38～42
650HVI	50～55	45～50
150BS	35～40	60～65

使用甲乙酮－甲苯溶剂，在一般使用的组成范围内，常温下饱和水含量如果按 2%～3%，其冰点就远高出一般要求的脱蜡温度，在蜡结晶过程中会析出冰。因此，使用甲乙酮作脱蜡溶剂时需要考虑脱水。

甲基异丁基酮用于较重的原料油时效果比较明显，该溶剂低温下油溶性好，可采用单一溶剂，没有调配组成的问题，简化了流程；脱蜡温差小，比用丙酮时小了 6～7℃，比用甲乙酮时小了 4～5℃。对某些馏分油，脱蜡可以得到负温差，节省冷冻负荷；水溶性差，容易脱水，不需要分干、湿溶剂系统；沸点高，同样温度下，蒸气压较丙酮和甲乙酮低，在高熔点石蜡或地蜡脱油时，过滤温度高达 20～30℃仍可保持所要求的真空度；蒸发潜热比较低；热稳定性好，无腐蚀，毒性小。

甲基异丁基酮作为脱蜡脱油溶剂的主要缺点是沸点高，溶剂回收需要的温度较高；低温黏度大，使过滤速度降低，不宜用于－35℃以下的深度脱蜡；价格高。

二、影响酮苯脱蜡过程的主要因素

酮苯脱蜡过程的影响因素很多。在生产中应使工艺条件满足下列两个要求：①使含蜡原料油中应除去的蜡完全析出，使脱蜡油达到要求的凝点。②使蜡形成良好的结晶状态，易于过滤分离，以提高脱蜡油收率，并提高处理量。

1. 原料性质

（1）馏分轻重对脱蜡的影响

脱蜡原料油中所含的固体烃，大致分成石蜡和地蜡两种。石蜡主要存在于沸点较低的馏分中，而地蜡主要存在于重馏分及残渣油料中。石蜡相对分子质量较小，它的结晶是大的薄片状，易于过滤分离；地蜡的相对分子质量较大，但结晶为细小的针状，易于堵塞滤布，不易于过滤。

脱蜡原料油中，随着馏分沸点的增高，固体烃的相对分子质量逐渐加大，晶体颗粒变得越来越小，生成蜡饼的间隙较小，渗透性差，难以过滤分离。因此，馏分重的油比馏分轻的油难以过滤，残渣油比馏分油更难过滤。

（2）原料油馏分范围对脱蜡的影响

由表 11－19 可知，原料油馏分范围越窄，蜡的性质越相近，蜡结晶越好，否则大小分子不同的蜡混在一起，可能生成共熔物，生成细小的晶体，影响蜡晶体的成长，而使蜡结晶难以过滤，不易寻找到合适的操作条件。如溶剂比对原料中轻组分要求要小，若溶剂比大，轻组分中蜡易于溶在溶液中，使脱蜡温差大；若溶剂比小，对原料中重组分的油不能完全溶解，使蜡中带油，脱蜡油收率降低，因此，溶剂脱蜡不希望处理宽馏分油。在相同条件下，要达到相同凝点的脱蜡油，脱蜡油收率相近，宽馏分油的过滤速度要比窄馏分油小得多。

表 11－19　原料油馏分范围对脱蜡过程的影响

原料黏度（50℃）/（mm^2/s）	沸点范围/℃	馏分宽窄/℃	溶剂组成丙酮/%	滤机进料温度/℃	脱蜡油凝点/℃	过滤速度/[$kg/(m^2 \cdot h)$]	油收率/%
18.12	362～453	91	35	—	－20	151	85
18.7	352～410	68	31～35	－15	－20	314	80.6

（3）原料油中胶质与沥青质含量对脱蜡的影响

原料油中胶质、沥青质较多时，影响蜡结晶，固体烃析出时不易连接成大颗粒晶体，而是生成微粒晶体，易堵塞滤布，降低过滤速度，同时易黏连，蜡含油量大。但原料油中含有少量胶质，可以促使蜡结晶连接成大颗粒，提高过滤速度。

（4）原料油组成对脱蜡的影响

当原料油中同时含有石蜡与地蜡时，其结晶状态相互有影响。试验证明，当有 1% 的地蜡存在时，并不能改变石蜡的结晶，蜡仍为片状；当含有 5% 的地蜡时，片状结晶的形成已非常不好；当含有 10% ～20% 地蜡时，已完全成为针状结晶，使过滤速度大大降低。

原料油产地不同其组成常常不同，蜡的结晶大小和形状也就不同。如两个馏分油的馏程、黏度、含蜡量基本相同，所用的脱蜡工艺条件也基本一致，但含石蜡多时，生成共熔物较少，过滤速度快；而含环烷烃多时，容易与其中的正构烷烃形成共熔物，过滤速度较慢。

（5）原料油含水对脱蜡的影响

由于甲苯对水的溶解度很小，通常是小于 1% 的，甲基乙基酮对水的溶解度也很小，因此酮苯溶剂对水的溶解度就更小。当原料油经酮苯溶剂稀释降温时，如果原料油含水较多，在低温下就会有一部分水得不到溶解而析出结晶，生成细小的冰粒，散布在蜡结晶的表面，妨碍蜡结晶更好地生长，过滤时，冰粒晶体为正六角柱体，棱角多，易堵塞滤布的孔隙，使过滤困难。因此，生产中希望原料油中含水越少越好。

2. 溶剂组成

混合溶剂中甲乙酮和甲苯的比例应根据原料油黏度大小、含蜡量多少及脱蜡深度而定，这里讨论的主要是酮含量的变化对结晶的影响。溶剂中的甲乙酮是蜡的沉淀剂，对油有一定的溶解能力。具有一定组成的溶剂，随着温度降低，溶剂对油的溶解度下降。冷到某一温度时，溶剂与油不互溶，析出的油附在滤饼上，使油收率降低。油和溶剂完全互溶的最低温度称为互溶温度。对于不同组成的溶剂，互溶温度越低，说明溶剂的溶解能力越大。

从对大庆原油的减压馏分油进行互溶点试验结果表明：对于某一种原料油，在固定脱蜡温度和溶剂比的条件下，改变溶剂中的酮含量时，随着酮含量的增加，脱蜡油收率下降不多，但过滤速度提高，脱蜡温差减小，继续增大酮含量，一旦达到溶剂与油不完全互溶时，收率大大降低。与此同时，过滤速度猛增，脱蜡温差减小，详见图 11－19。这一突变点就是该溶剂组成的互溶点。

可以看出，对于过滤速度和脱蜡温差来说，酮含量越高越好，但如果不完全互溶，收率损失太大。而采用接近互溶点的最大酮含量的组成，能得到比较高的收率和比较合适的过滤速度以及脱蜡温差。

对大庆馏分油所作的互溶温度与甲基乙基酮含量关系的试验结果见图 11－20。从图 11－20可以看出，馏分变重，溶剂对油的溶解度降低，互溶温度升高，换句话说，可使溶剂的极限酮含量减小。对于残渣油也可以作出类似的曲线，只不过溶剂对残渣油的溶解度更小，互溶温度比同一原油的馏分油更高，亦即可使用溶剂的极限酮含量更低一些。对馏分油和残渣油用丙酮及甲乙酮作溶剂的试验结果见表 11－20。可见，对于不同原油的不同馏分油脱蜡，应通过试验找出最佳溶剂组成。

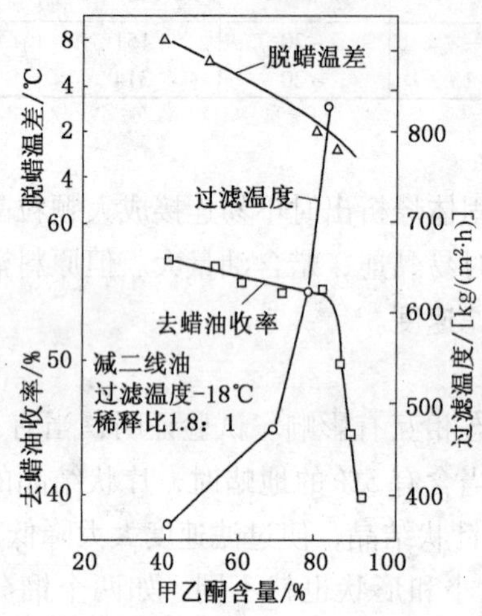

图 11－19　溶剂中的甲乙酮含量与脱蜡油收率、过滤速度和脱蜡温差的关系

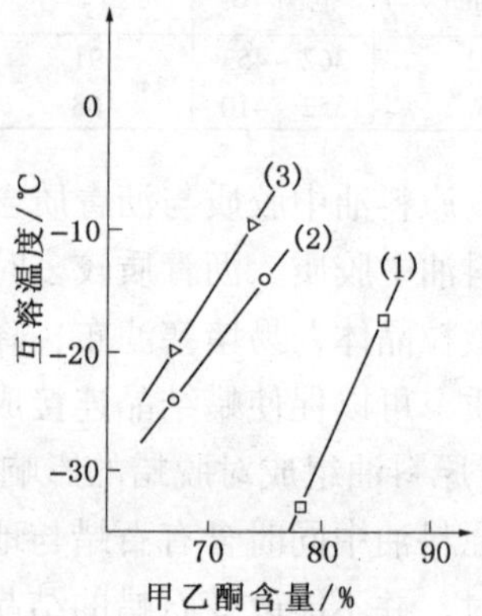

图 11－20　互溶温度与甲基乙基酮含量的关系

(1)—减二线油过滤温度－18℃；

(2)—减三线油过滤温度－14℃；

(3)—减四线油过滤温度－10℃

表 11－20　酮苯脱蜡的极限酮含量　　%

项　目	丙　酮	甲乙酮
馏分油	约 50	10～80
残渣	约 40	60

在脱蜡脱油联合装置中，含油蜡液升温脱油的小型试验结果表明：为使蜡中含油较完全地溶解到溶剂中，溶剂的酮含量应较脱蜡时低。在工业装置上做到脱蜡段用高酮溶剂，脱油段用低酮溶剂，就需要安排好溶剂的分配，或者要采取溶剂组成的分离及调配措施，因而增加溶剂平衡的复杂性，目前国内的脱蜡、脱油联合装置中，两段溶剂组成没有大的差别。

3. 稀释比

溶剂脱蜡过程中加入的溶剂包括稀释溶剂和冷洗溶剂，溶剂比为脱蜡溶剂量与脱蜡原料油量的比，所以溶剂比包括稀释比和冷洗比(见下式)。

$$\text{溶剂比} = \frac{\text{脱蜡溶剂量}}{\text{脱蜡原料油}} = \frac{\text{稀释溶剂} + \text{冷洗溶剂}}{\text{脱蜡原料油}} = \text{稀释比} + \text{冷洗比}$$

溶剂加入的总量应该满足以下要求：在过滤温度下，能够溶解全部润滑油，使溶液的黏度减小到易于过滤的程度。在润滑油脱蜡中，溶剂加入量(即稀释比)主要决定于在套管冷却及过滤中溶液的黏度即溶液输送和过滤的难易。因此原料油黏度大，凝点高(含蜡多)，脱蜡深度大，温度低，需要的稀释比大。适当地增大溶剂加入量，对结晶生长有利，使蜡膏中含油量降低，脱蜡油收率提高。但是，增大溶剂加入量后，增加了溶解能力，将使脱蜡油中含蜡量增多，会造成脱蜡油凝点提高，脱蜡温差加大。溶剂量增大后，还会加大冷却、过滤、回收几个系统的负荷，增加操作费用、能耗和建设投资。因而，溶剂加入量应在满足以上要求的基础上，以加入量少即小稀释比为宜。

同一种原油的各个馏分，由于黏度和溶解度不同，溶剂稀释比也不相同。轻质润滑油料黏度小，溶解度较大，溶剂用量可以少些，一般采用的溶剂稀释比(不包括冷洗溶剂)为(1～1.5)∶1；重质润滑油料黏度大、溶解度较小，溶剂用量应该多些，一般采用(2.5～3)∶1。含蜡量较多的原料油在低温脱蜡时，由于蜡的结晶使黏度增大，不易输送(套管结晶器压力降大)，溶剂用量要多些。

随着脱蜡温度的降低，溶剂对油的溶解能力减小，而油液的黏度相应增大，为了使油能全部溶解于溶剂中，并保证过滤速度，溶剂加入量也应适当地增加。溶剂稀释比和过滤速度不总是成正比的关系。加入溶剂可以降低油料的黏度，提高过滤速度。但是，加入溶剂后，降低了脱蜡油在滤液中的浓度。因此，加大稀释比对脱蜡油而言的过滤速度，比对整个滤液而言的过滤速度增加得少。当已达到充分稀释时，油液的黏度实质上不再因多加入溶剂而进一步下降，而由于人人降低了脱蜡油在滤液中的浓度，反而会使油的实际过滤速度降低。

4. 稀释溶剂加入温度

根据经验每次稀释溶剂加入温度应与加入点处原料油温度相同或低1～2℃。若溶剂温度比原料油温度高，会使已形成的结晶熔化，加大套管结晶器的负荷。若溶剂温度比原料低得太多，会产生“急冷”现象，生成细小的蜡结晶。

一次稀释溶剂加入温度在稀释点后移法中称为冷点温度。根据操作经验，冷点原料油温度约低于含蜡原料油凝点15～29℃。冷点溶剂温度与冷点原料油温度相同或略低。

蜡脱油稀释溶剂加入温度可以比加入点处含油蜡液的温度高，约高15～20℃而不会对脱油效果起坏的影响。

5. 溶剂加入的方式

溶剂加入方式对脱蜡效果影响很大。溶剂的加入方式有两种：一种是蜡冷冻结晶以前，将全部溶剂一次加入，此称一次稀释法；另一种是在冷冻前和冷冻过程中，逐次将溶剂加入到脱蜡原料油中，称多次稀释法。使用多次稀释法，可以改善蜡结晶，并可在一定程度上减小脱蜡温差，工艺大多采用多点稀释法。

工业上一般都采用多次稀释法，也称多点稀释。采用多次稀释方法可以改善蜡的结晶，增加过滤速度，减小脱蜡温差，提高脱蜡油收率。原料油在冷却以前加入部分溶剂进行预稀释，可降低原料油的黏度，有利于蜡晶的生长。一般在轻质原料油脱蜡时，不采用预稀释，而在重质原料油脱蜡时采用预稀释。但是预稀释溶剂量不宜过大，过大时蜡在溶液中的浓度小，也会影响大粒蜡晶的形成。

当原料油冷却到蜡结晶形成相当数量的温度(通常称为“冷点”)时，加入一次稀释溶剂，以后在溶液继续冷却过程中和套管结晶器出口处，再分别加入二次稀释、三次稀释或四次稀释溶剂。在采用多次稀释中，各次稀释溶剂用量，特别是一次稀释溶剂用量即一次稀释比，对脱蜡过程的影响很大。在总稀释比不变的条件下，一次稀释比的大小对脱蜡油收率和过滤速度的影响见表11－21。从表中数据看出，黏度低的原料油，一次稀释比可以小些，黏度高的原料油，需要较大的一次稀释比。同时，一次稀释比小，过滤速度及脱蜡油收率均较高。一次稀释比过小，溶液的黏度大，也不利于蜡晶的生长，并会使蜡中带油量增大。

表 11－21　一次稀释比对脱蜡油收率和过滤速度的影响

原料油	一次稀释比溶剂: 油	二次稀释比溶剂: 油	过滤速度/[kg/(h·m²)]	脱蜡油收率/%	脱蜡油凝点/℃
减压三线油	0.8	1.7	104	57.8	-3
	1.0	1.5	93	55.1	-1
	1.3	1.3	89	54.6	-2
减压四线油	1.3	2.2	71	67.5	0
	1.6	1.9	59	63.1	+3

实践证明，在结晶过程中，应采用高、低酮溶剂稀释方式，即一次稀释溶剂应用酮含量较高的溶剂，有利于形成良好的蜡结晶。与此同时，加在套管结晶器出口的溶剂(三次或四次稀释溶剂)及过滤机的冷洗溶剂应用酮含量较低的溶剂，有利于油的溶解而降低蜡的含油量，提高脱蜡油收率。而在低温下，溶剂对蜡的溶解度很小，对脱蜡油的凝点无多大影响。

6. 冷却速率

冷却速率是指含蜡原料油在冷换设备中单位时间里所降低的温度数，单位用℃/h 或℃/min 表示。

$$冷却速率 = \frac{温降数}{停留时间}(℃/h)$$

$$停留时间 = \frac{套管容积}{体积流量}(h)$$

在蜡结晶开始形成时的冷却速率影响最大，对于馏分油来说就是冷点前的冷却速率，对于残渣油来说就是在水冷器和换冷套管结晶器的冷却速率。

蜡开始结晶时，若冷却速率高，会形成大量的结晶中心，以后将生成细小的蜡结晶，影响过滤速率和收率。在蜡的结晶中心形成以后，继续析出的蜡会扩散到已有的结晶上，使晶粒长大，不会重新生成太多的结晶中心，这时适当提高冷却速率不会影响过滤性能。冷却速率对过滤速率和脱蜡油收率的影响见表 11－22。

表 11－22　冷却速率对过滤速率和脱蜡油收率的影响

冷却速率/(℃/min)	过滤速率(比较数据)	脱蜡油收率(比较数据)
420～480℃馏分油		
0.5	100	100
5.0	80	97
500℃以上脱沥青油		
0.5	100	100
5.0	54	87

形成良好蜡结晶的适宜冷却速率与原料性质、选用的溶剂性质等有关。对于不同的原料适宜的冷却速率应通过试验考查，据文献介绍，结晶初期冷却速率最好控制在 1～1.3℃/min，而后期可以增加到 2～5℃/min。

套管结晶器是蜡结晶所在的设备，若冷却速率低，在结晶器内停留时间就要加长，所需设备尺寸就要加大，所以提高冷却速率就可以提高处理量。

7. 热处理

对残渣油脱蜡时，还采用“热处理”工艺。热处理是指原料和溶剂混合后在加热器中加热，温度超过熔点20℃左右，一般加热温度为70～80℃。热处理的目的在于把原料中已有的晶核全部熔化，然后使其在良好的条件下重新生成最少量的晶核，以便蜡结晶好一些，有利于过滤。

8. 溶剂含水量

溶剂回收汽提塔不断地将水带入溶剂，原料油也会带入一些水。溶剂含水高不仅增加制冷及回收系统的负荷，能耗增大；更重要的是水会在冷却面上结冰影响传热，增加套管结晶器的阻力；冰会堵塞过滤机滤布，在生产运行中需要定期地进行熔化即所谓的“热洗”，中断生产操作；此外，溶剂含水还会降低溶剂对油的溶解能力，从而降低脱蜡油收率。生产中为了维持一定的脱蜡油收率，往往只有采用调整溶剂组成、增加甲苯含量来降低甲乙基酮含量的措施，其结果使脱蜡温差增大，能耗增加。

溶剂含水对套管结晶器和过滤机的使用寿命也有很大的影响。因此，需要设置溶剂干燥系统，使溶剂中的水分含量不超过0.2%～0.3%。

9. 助滤剂

为了增大蜡的晶体颗粒，提高处理量和收率，还采用加入助滤剂来提高过滤速度。目前应用的助滤剂有：巴拉弗洛(由萘与氯化石蜡缩合而成)、甲基丙烯酸酯、醋酸乙烯酸共聚物、烯烃共聚物、氯化聚合物、烷基水杨酸酯、反丁烯二酸酯共聚物等。它们可以与蜡共同结晶或者吸附在蜡晶体的边缘，阻止它发展成为很薄很大的片状晶体，而使它形成紧密厚实的晶体颗粒。由于助滤剂在含蜡油冷却结晶过程中所起的成核、吸附和共晶作用，蜡晶体在各方向上生长的速度相近，这使得蜡能够成长为大小均匀、离散性好的晶体，从而有利于过滤，达到提高过滤速度、增大处理量的目的。加入助滤剂除了可使蜡成长为大小均匀、离散性好的晶体外，还可降低蜡含油量，提高脱蜡油收率。表11－23所示为原料油中加入巴拉弗洛后，对过滤速度和收率的影响。

表11－23　原料油中加入巴拉弗洛对过滤速度和收率的影响

原料性质			工艺条件				结果	
黏度(50℃)/(mm^2/s)	凝点/℃	含蜡量/%	加入巴拉弗洛/%	丙酮比/%	过滤温度/℃	剂/油	过滤温度/[$kg/(m^2 \cdot h)$]	收率/%
14.68～18.8	36.4	45.91	—	36.5～40	－25	(2.94～3.32):1	225	57.5
14.68	33	48.73	0.11	36.5	－25	2.79:1	276	64.1

三、酮苯脱蜡系统工艺流程及设备

溶剂脱蜡由四个系统组成：结晶系统、制冷系统、过滤系统(包括真空密闭系统)、溶剂回收系统(包括溶剂干燥)。

1. 结晶系统

图11－21为包括结晶、过滤、真空密闭和制冷部分的工艺流程。图中显示的使用套管结晶器的馏分油酮苯脱蜡结晶流程是一个两段溶剂脱蜡流程。原料油与预稀释溶剂(重质原料时用，轻质原料时不用)混合后，经水冷却后进入换冷套管与冷滤液换冷，使混合溶液冷却到冷点，在此点加入经预冷过的一次稀释溶剂，进入氨冷套管进行氨冷。在一次氨冷套管

出口处加入过滤机底部真空滤液或二段过滤的滤液作为二次稀释，再经过二次氨冷套管进行氨冷，使温度达到工艺指标。在二次氨冷套管出口处再加入经过氨冷却的三次稀释溶剂，进入过滤机进料罐。

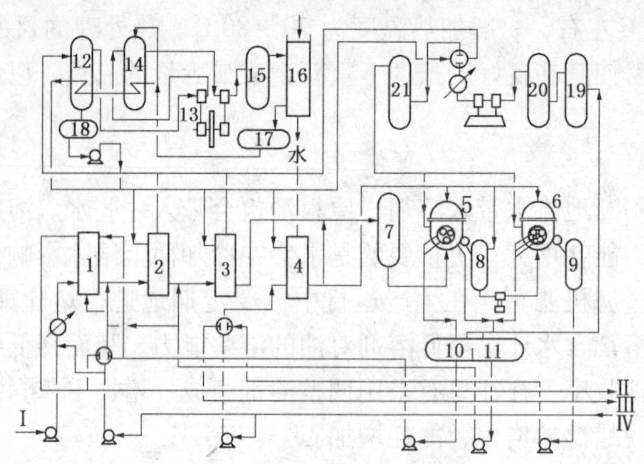

图 11－21 溶剂脱蜡的典型工艺流程——结晶、过滤、真空密闭、制冷部分

Ⅰ—原料油；Ⅱ—滤液；Ⅲ—蜡液；Ⅳ—溶剂

1—换冷套管结晶器；2、3—氨冷套管结晶器；4—溶剂氨冷套管结晶器；5—一段真空过滤机；6—二段真空过滤机；7—滤机进料罐；8—一段蜡液罐；9—二段蜡液罐；10—一段滤液罐；11—二段滤液罐；12—低压氨分离罐；13—氨压缩机；14—中间冷却器；15—高压氨分液罐；16—氨冷凝冷却器；17—液氨储罐；18—低压氨储罐；19—真空罐；20—分液罐；21—安全气罐

溶液在套管结晶器中的冷却速度，对于冷滤液换冷套管一般为 1～1.3℃/min，对于氨冷套管为 2～5℃/min。

套管结晶器是结晶系统中的主要设备，它的任务是冷却含蜡原料油和溶剂的混合物，保证蜡有一定的时间在其中析出并不断送出。因此套管结晶器的结构一般由给冷部分、换热部分和刮蜡部分三大部分组成。给冷部分由氨罐、进入套管液氨线和从套管出来的气氨线组成。换热部分由 10～16 根套管组成，每根套管与普通的换热套管相同，由内管和外管组成。由于原料油析出的蜡易于结在内管的管壁上，影响传热以及影响蜡、油、溶剂混合物的输送。因此，套管结晶器必须有转动的刮蜡设备，如图 11－22 所示。刮蜡部分由刮刀、弹簧、空心轴、套管小轴、链轮等部分组成。

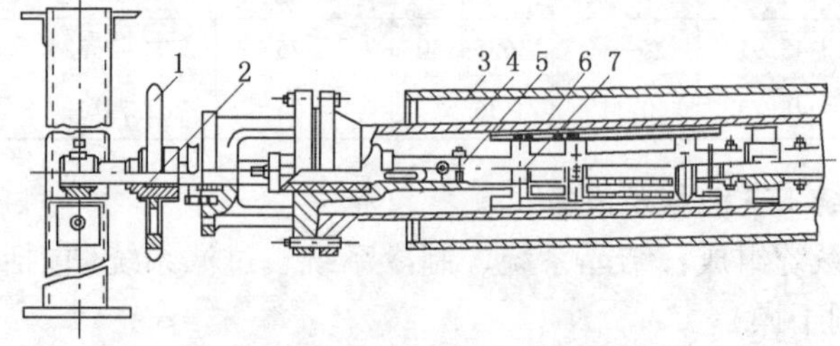

图 11－22 套管结晶器中套管的结构图

1—链轮；2—安全销；3—外管；4—内管；5—转动轴；6—刮刀；7—弹簧

(1) 稀冷脱蜡工艺与稀冷结晶塔

稀释冷冻脱蜡(简称稀冷脱蜡)是 20 世纪 70 年代美国埃克森公司发展的一种技术，被

认为是脱蜡工艺的突破。该技术的核心是用一座6～50段的稀冷塔代替部分或全部套管结晶器，其特点是低温的溶剂和温度较高的原料油在稀冷塔中高度机械搅拌的情况下互相接触，在很短的时间内(1s钟)两者充分混合，使全塔的温度从上到下分段均匀缓慢下降，这样，就促使原料油中的高熔点蜡优先结晶出来。在塔中自上而下随着温度的逐渐降低(1～3℃/min)熔点较低的蜡一层层地包在高熔点蜡晶体上，形成一种球形洋葱式的晶团结构，高熔点蜡在球的中心部分，低熔点蜡在最外层。这种球形蜡结构紧密、坚实、含油少、透气性好。因此，过滤速度快，脱蜡效率高，这对蜡脱油联合操作特别有利，因为蜡膏中的低熔点蜡在外层，脱油时只需要用一定温度的溶剂，就可以洗去外层低熔点蜡，得到低含油的高熔点蜡，所以，不需要将蜡重新熔化和结晶。

稀冷脱蜡脱油流程如图11－23所示。稀冷结晶塔的原料适应性强，适合于宽馏分范围内的馏分油的脱蜡－蜡脱油，特别适合于需要溶剂比大的残渣油脱蜡。可以采用任何低黏度的溶剂，较好的溶剂是甲乙酮、甲基异丁基酮与甲苯。溶剂的温度与用量决定于所需的冷却油量、希望稀释的程度、结晶器出口温度等，一般稀释比为1.5～5.0(体)。

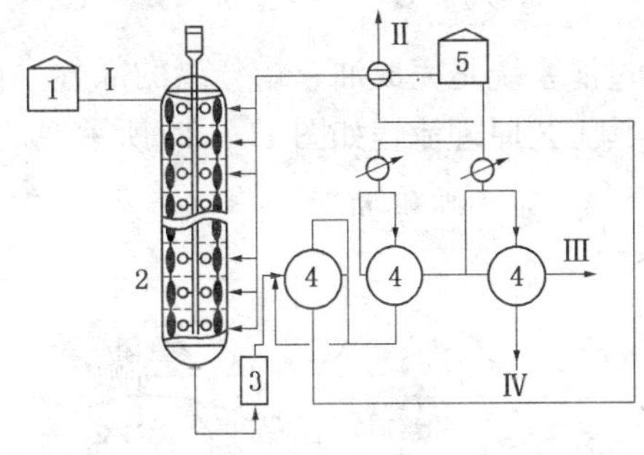

图11－23　稀冷脱蜡脱油示意流程图

1—原料油罐；2—稀释冷却塔；

3—刮刀表面冷却器；4—滤机；5—溶剂罐

Ⅰ—含蜡油；Ⅱ—脱蜡油；Ⅲ—脱油蜡；Ⅳ—脚油

(2)流化床脱蜡工艺

液固流化床换热器是20世纪70年代开发的换热设备，换热管内有数以百万计的切碎金属丝，液体流化固体，由于其激烈的湍流而对管壁产生了冲刷作用，这不仅可以有效地穿透和破坏管壁的边界层，而且可以清除管壁上的沉积物，从而使传热系数提高。流化床溶剂脱蜡工艺就是基于流化床换热器发展起来的。1989年美国Scheffer公司首先将流化床换热器用于溶剂脱蜡。

用流化床结晶器代替套管结晶器进行溶剂脱蜡。大量的固体颗粒在流化床结晶器中湍动，使附着在流化床结晶器管壁上的蜡迅速地被刮掉，清洁了管壁，使总传热系数提高，同时析出的蜡结晶颗粒均匀、包油少，便于油和蜡的分离。因此该工艺在传热、油收率、蜡中油含量等方面有明显的优越性。工艺流程见图11－24，原料与一次稀释溶剂按一定比例混合后，经冷却进缓冲罐。流化床进料泵抽缓冲罐混合液，经流量控制器，分几路从内管下部进入换冷流化床与冷滤液逆流换冷，混合液达到一定温度后，再经氨冷流化床与液氨逆流换冷。混合液达到脱蜡温度后，从氨冷流化床最后一级流出进入过滤中间罐，经真空过滤机过滤分离，并加入冷洗溶剂。过滤系统分离出的一段冷滤液作为流化床换冷段的冷剂；分离出的一段蜡液加入三次溶剂后再次过滤，分离出的二段滤液循环使用，液氨经多点进入氨冷流化床的壳体。

与现有冷点工艺相比，用流化床溶剂脱蜡工艺，在脱蜡油产品质量合格的条件下，油收率可提高5个百分点以上；蜡的结晶颗粒大小均匀，蜡包油很少，脱出蜡的油含量可降低4～5个百分点；换冷和氨冷总传热系数可提高到450～1000W/(m·K)，是套管结晶器的6～11倍，因而可太幅度减少换热面积，降低投资费用；流化床工艺对原料有较好的适应性，其溶剂组成对原料变化的适应性强，切换原料时不需频繁调整溶剂组成；流化床结晶器采用固体颗粒刮蜡，维修费用很低，由于采用立式结构，占地面积小。

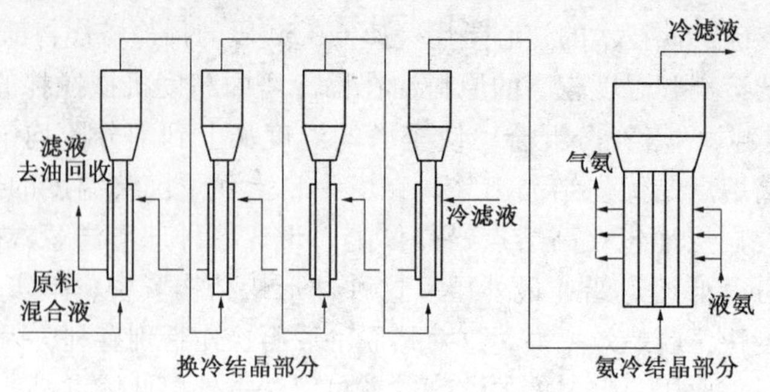

图 11－24　流化床溶剂脱蜡工艺原则流程

2. 过滤系统

过滤系统是完成油、蜡分离的部分。在酮苯脱蜡、脱油中，一般都采用转鼓式真空过滤机，其工艺原理流程如图 11－25 所示。

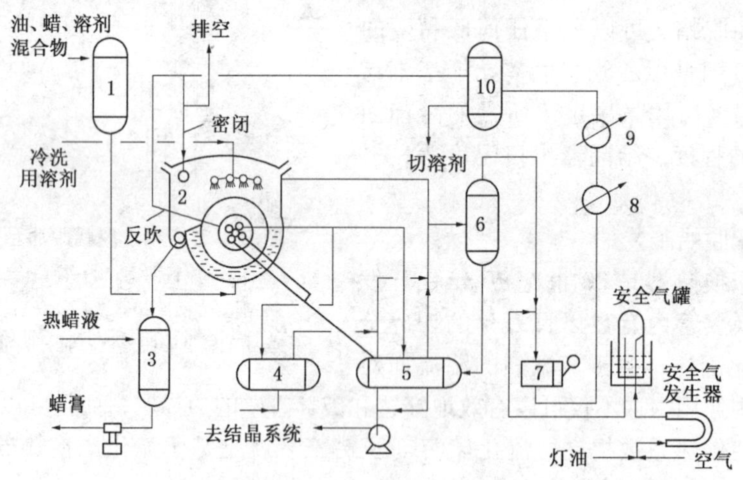

图 11－25　过滤流程图

1—进料罐；2—过滤机；3—蜡膏中间罐；4、5—滤液、冷洗液中间罐；
6—真空泡沫罐；7—真空泵；8—水冷却器；9—氨冷却器

（1）过滤系统流程

滤机进料罐 1 架在高于过滤机的位置上，结晶冷却后的蜡、油、溶剂混合物自滤机进料罐自流入并联的各台过滤机 2 的底部。进料量根据滤机的滤面控制，过滤后蜡膏进入中间罐 3，滤液、冷洗液分别进入中间罐 4 和 5，然后再用泵抽出去结晶系统换热。由螺旋输送器将蜡膏送到中间罐 3 中，为使它能顺利被泵送去回收，有热液循环流动。有的装置为了利用蜡的冷量，停止热蜡循环，用搅拌器搅拌，降低蜡的结构黏度，使之易于输送。

由于溶剂容易挥发，并和空气形成易爆炸的混合物，为安全起见，用真空泵送安全气到过滤机壳体内起密封作用。反吹也用安全气（反吹用来吹脱滤鼓上的蜡饼），进入滤机外壳的安全气，一部分在滤鼓表面冷洗与吸干部分由鼓外通过蜡饼被吹入鼓内，到滤液、冷洗液中间罐 5，又在真空泡沫罐 6 分出携带的雾状液滴，再进入真空泵 7，排出后经水冷却器 8 和氨冷却器 9 后到分溶剂罐切除溶剂，安全气再送入滤机作密封与反吹用。为了便于控制滤机外壳密闭压力和滤鼓的反吹压力，从滤机外壳还有一条线直接与真空泡沫罐相连。

转鼓式真空过滤机的构造如图 11－26 所示，技术规格见表 11－24。

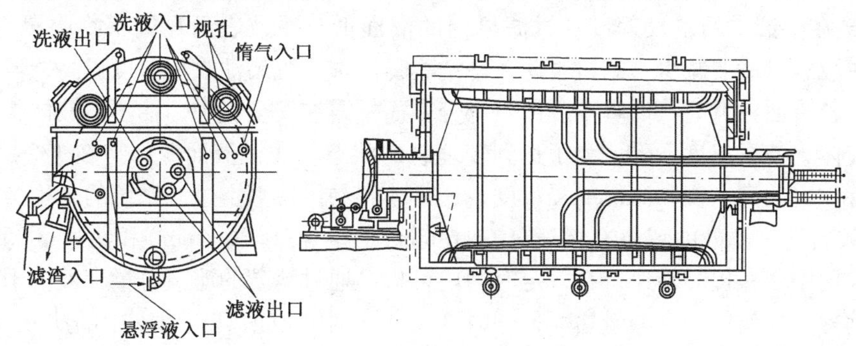

图 11－26 转鼓式真空过滤机的构造

表 11－24 转鼓式真空过滤机的技术规格

项目	技术规格		项目	技术规格	
过滤面积/m^2	50	100	转鼓转速/(r/min)	0.255～1.525	0.255～1.525
转鼓尺寸/mm	φ3000×5400	φ3000×10000	滤鼓浸没角度	180	180
浸没温度/℃	－35～＋15	－35～＋15	过滤区角度	165	165
真空度/kPa	88	88	吸干及淋洗区角度	164	164
反吹压力/MPa	0.04	0.04	吹脱区角度	12	12
密闭压力/MPa	0.001	0.001			

(2) 影响过滤的主要因素

判断过滤效果的指标有过滤速率(单位时间内在单位过滤面积上通过的滤液量，它直接影响到处理量的大小)和蜡饼的质量(蜡饼中含油量少，脱蜡油收率高，油中带蜡少，脱蜡温差小，冷冻的负荷就可以减少)。影响过滤效果的主要因素是原料性质、压差、滤鼓在溶液中的浸没程度和滤鼓转速、滤机的温洗质量。

① 原料性质。原料不同、馏分不同、结晶条件不同，蜡饼性质就不同，因此过滤速率也就不同。残渣油中含地蜡多，结晶呈针状，容易堵塞滤布，使过滤速率下降。含蜡少、黏度小的油料易过滤、结晶的条件合适，蜡结晶坚实而粒大，过滤速度也快。

② 压差。在处理同一原料，密闭压力不变时，过滤时压差(推动力)小，过滤速度就慢。尤其在蜡饼脱离液面以后和经过冷洗后不易吸干，这样就会增加蜡饼中含油量，收率降低。如果压差过大，蜡饼会很快压紧，并使滤布小孔被堵塞，同时对吸干、洗涤、抽净都不利，反吹也很困难，这样会使蜡饼中含油量增大，脱蜡油收率降低。因此要根据不同原料与结晶情况，分别保持高部、中部、低部真空部位适当的真空度。一般在 20～80kPa，低部真空度略高于中部与高部的真空度，在蜡饼容易产生裂缝的情况下，适当加大冷洗量可以盖住裂缝，防止裂缝漏气造成真空度下降。

正常操作中，反吹压力必须严格控制，一般在 30～50kPa(表)，蜡饼吸干，紧紧附在滤布表面，必须凭借一定压力差(即反吹压力与机壳内密闭压力之差)才能将蜡饼吹松。加之刮刀与滤布有一定间隙，故蜡饼不易被吹松脱掉，就会影响到过滤效果。反吹压力过大也不好，容易使滤布损坏，绕线受力过大而折断。密闭压力一定要大于外界大气压，否则空气会漏入，造成氧含量过大。因此，在真空度、密闭压力、反吹压力产生矛盾时，首先应当保证反吹压力，以保证过滤系统的平稳操作。一般情况下，所有过滤机真空度及反吹管线都是联在一起的，若有一台过滤机真空度维持不住，各台真空度都会掉下来，所以在操作中要处理好整体与个体的关系。

③ 滤鼓在溶液中的浸没程度。过滤机内的液面低、滤鼓表面在糊状物中浸没时间短、通过表面滤液总量就要减少，蜡饼也薄，冷洗容易洗透，脱蜡油收率可以提高，但对处理量提高不利。若液面太低时，低真空度区一部分表面暴露在安全气中，抽不上液体，而抽的是滤机壳内气体，使真空度下降。为了达到较理想的状态，滤机液面应保持在 1/2 ~ 1/3 的液面，以保持一定的真空度和滤机的浸没度，这样才容易维持真空过滤系统的平稳操作。

④ 滤鼓转速。滤鼓的转速有慢速(0.21r/min)、中速(0.36r/min)和快速(0.5r/min)三种，一般采用中速。提高转速，在一定时间内可提高通过滤鼓的滤液总量，但抽干和冷洗的时间相对缩短，使蜡饼中含油量增大，同时到反吹区时滤鼓内真空小管中的滤液没被抽净，而又被反吹气体吹出来，收率会下降。在蜡结晶比较好的情况下，可以用调节滤鼓转速来增大处理量。

⑤ 温洗。当过滤机操作一段时间后，滤布就会被细小的蜡结晶或冰粒堵死，需要停止进料，待滤机中原料与溶剂混合物滤空后，用40 ~ 60℃左右的热溶剂冲洗滤布，称为温洗，温洗可以改善过滤速率，又可减少蜡中带油，但较多的温洗对生产不利。

温洗溶剂的温度、温洗时间与温洗周期是温洗中应注意的问题。温洗溶剂的温度低，则不能将滤布孔隙中的蜡、冰熔化，因而达不到温洗质量要求，但温度太高，会增加丙酮汽化量，使温洗溶剂量减少，同时，密闭压力也会增大，增加丙酮损失。温洗时间与温洗周期应根据原料性质来决定，缩短温洗周期或延长每台温洗时间，相应减少了滤机开工时数，对设备及生产能力都有一定影响。若结晶条件较合适，真空过滤操作较稳定，则可减少温洗次数。

采用冷反洗可以大大减少温洗次数，提高过滤机处理能力，减少过滤过程中溶剂、蜡的循环量，可以节省冷冻负荷。

对于大庆原油脱蜡原料，一般选用以下过滤速率，见表 11 - 25。

表 11 - 25　不同大庆原油脱蜡原料选用的过滤速率

原　料	过滤速率/[kg/(m² · h)]	原　料	过滤速率/[kg/(m² · h)]
常三线	180 ~ 200	减四线	120 ~ 150
减二线	150 ~ 180	残渣油	90 ~ 120
减三线	150 ~ 180		

3. 溶剂回收系统

从过滤系统分离出来的蜡膏和滤液都含有大量的溶剂，在蜡膏中一般含有 65% ~ 75% 的溶剂，在滤液中含有 80% ~ 85% 的溶剂，这些溶剂需要回收循环使用。溶剂回收系统的热源分为用加热炉加热或用蒸汽加热，大型装置多采用加热炉加热。溶剂回收的好坏关系着溶剂的周转和消耗及脱蜡油成本的高低，对整个脱蜡装置操作都有很大影响。

回收系统应满足下列要求：溶剂应回收完全，损失少；回收溶剂的质量好，不带油、蜡和水；消耗的动力(水、电、汽)要小。

溶剂回收系统包括滤液和含油蜡膏的溶液回收及酮水回收三部分。酮水回收部分的作用是将溶剂与水分开，在脱蜡与脱油的联合装置中，回收系统还多一个蜡下油的溶剂回收部分。溶剂脱蜡的溶剂回收的原理与溶剂精制的溶剂回收原理相同，亦采用双效蒸发或多效蒸发。双效蒸发比单效蒸发可节约能量 50% 左右，溶剂在两个蒸发塔中各回收 45% 左右，余下的10%溶剂由汽提塔回收，三效蒸发比双效蒸发可节能80%左右，溶剂在三个蒸发塔各回收30%左右，余下的10%溶剂由汽提塔回收。

(1) 双效蒸发工艺流程

滤液和蜡液中的溶剂通过蒸发回收，循环使用。滤液和蜡液溶剂回收系统均采用双效或三效蒸发。酮苯脱蜡溶剂回收系统流程如图11－27所示。

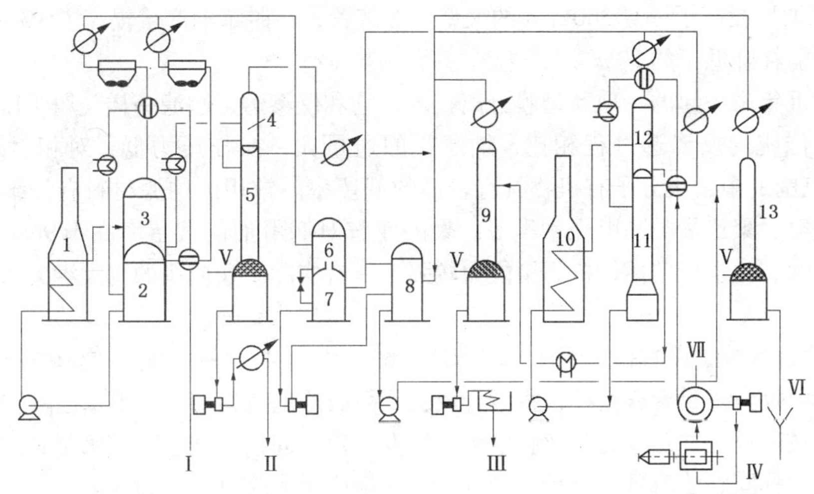

图11－27　酮苯脱蜡溶剂回收系统的典型工艺流程图

1—加热炉；2—油溶剂第一蒸发塔；3—油溶剂第二蒸发塔；4—油溶剂第三蒸发塔；5—汽提塔；6—干溶剂罐；7—湿溶剂罐；8—水溶剂罐；9—蜡汽提塔；10—加热炉；11—蜡溶剂一级蒸发塔；12—蜡溶剂二级蒸发塔；13—丙酮塔

Ⅰ—滤液；Ⅱ—脱蜡油；Ⅲ—含油蜡；Ⅳ—蜡膏；Ⅴ—水蒸气；Ⅵ—水；Ⅶ—干溶剂

在双效蒸发中，第一蒸发塔为低压操作，热量由与第二蒸发塔塔顶溶剂蒸气换热提供；第二蒸发塔为高压操作，热量由加热炉供给；第三蒸发塔为降压闪蒸塔，最后在汽提塔内用蒸汽吹出残留的溶剂，得到含溶剂量和闪点合格的脱蜡油和含油蜡。三效蒸发的流程与双效蒸发基本相同，只是在低压蒸发塔与高压蒸发塔之间，增加了一个中压蒸发塔，使热量得到充分利用。各蒸发塔顶回收的溶剂经换热、冷凝、冷却后进入干或湿溶剂罐。汽提塔顶含溶剂蒸气经冷凝、冷却后进入湿溶剂分水罐。

溶剂干燥系统是从含水湿溶剂中脱除水分，使溶剂干燥，从含溶剂水中回收溶剂，脱除装置系统的水。湿溶剂罐内分为两层，上层为含饱和水的溶剂，下层为含少量溶剂(主要是酮)的水层。含水溶剂经换热后，送入干燥塔，塔底用重沸器加热，酮与水形成低沸点共沸物，由塔顶蒸出，干燥溶剂从塔底排出，冷却后进入干溶剂罐。湿溶剂罐下层含溶剂的水经换热后，进入脱酮塔，用直接蒸汽吹脱溶剂，塔顶的含溶剂蒸气经过冷凝冷却后，回到湿溶剂分水罐。水由塔底排出，含酮量控制在0.1%以下。

(2) 膜分离技术在润滑油脱蜡溶剂回收中的应用

长期以来，溶剂脱蜡法在润滑油基础油的生产中一直占主要地位。脱蜡后的溶剂(即甲乙酮和甲苯)要通过蒸馏过程从润滑油和溶剂的混合液中分离出来以循环利用，由于溶剂频繁重复着冷冻－加热－汽化－冷凝－冷冻等循环过程，既限制了装置的生产能力，又造成能量的大量消耗，成为润滑油和石蜡生产扩能的瓶颈。

膜分离技术在石化行业中的应用为液－液有机物系的分离开辟了一条高效、低能耗的新途径。膜分离技术不涉及相变，将其应用于脱蜡工艺，可在低温下直接从脱蜡油的滤液中分离出部分冷溶剂回系统循环使用，减少了高温蒸馏和冷却过程的能量损耗，同时降低了溶剂回收和冷冻系统的负荷。另外，纯冷溶剂代替滤液作稀释溶剂，还可以提高润滑油收率。国外自 20 世纪 80 年代中期开始相继进行了渗透膜溶剂回收分离装置的研究，其中，Mobil 公司联合 W. R. Grace 公司已开发成功了 Max - Dewax 膜技术，应用此技术在 Mobil 公司的 Beaumont 炼油厂投产了一套 360kt/a 的大型工业装置，将脱蜡油产量提高了 3% ~5%，单位体积产品的能耗降低了约 20%。

纳滤是近年来兴起的一项新型膜分离技术，它和反渗透、超滤一样是属于压力驱动的膜过程，但与传统的反渗透过程相比，纳滤膜的通量大，操作压力低，对相对分子质量在 200 ~1000范围的中、小分子有机物具有较高的截留率。常用的纳滤材料有纤维素类、聚砜类、聚酰胺类、聚乙烯类和甲壳素类等。聚酰亚胺对润滑油的截留率高于 96%，且具有良好的热稳定性、化学稳定性，抗污染能力较强，具有实际工业应用的巨大潜力。在膜分离领域备受关注。

① 聚酰亚胺纳滤膜的制备原理：均苯四甲酸二酐与 4，4 - 二氨基二苯醚在 N，N' - 二甲基乙酰胺中反应得到聚酰胺酸，将所合成的聚酰胺酸的 N，N' - 二甲基乙酰胺溶液刮刀涂覆在光洁的玻璃板上，在室温下使膜中溶剂挥发一定时间，再浸入乙醇水凝胶浴中，即得到聚酰胺酸不对称膜。然后再与过量乙酐进行胺化反应生成聚酰亚胺膜。

② 聚酰亚胺纳滤膜分离酮苯 - 润滑油性能：聚酰亚胺纳滤膜的主要性能可以用渗透通量和对润滑油的截留率来表示，其中渗透通量用下式计算：

$$J = \frac{V}{A \cdot t}$$

式中 J——膜通量，$L/(m^2 \cdot h)$；

V——渗透液体积，L；

A——膜有效面积，m^2；

t——时间，h。

聚酰亚胺纳滤膜对润滑油的截留率按下式计算：

$$R = \left(1 - \frac{C_1}{C_0}\right) \times 100\%$$

式中 R——截留率，%；

C_1——渗透液浓度，%；

C_0——原料液浓度，%。

原料液及渗透液中润滑油浓度按《中华人民共和国石油化工行业标准》(SH/T 0556—93) 测定。

③ 操作条件对膜分离性能的影响：影响膜分离性能的主要因素有操作压力、料液温度、料液流量、料液润滑油浓度和料液酮苯比。

a. 操作压力。操作压力是纳滤膜装置重要的运行参数之一，由图 11 - 28 可知，操作压力对膜通量的影响较大，而对截留率的影响较小。

操作压力较低时，膜通量随压力增加迅速增加。在操作压力超过一个临界值后，膜通量随压力增加变化不大。随着压力的增大，膜对润滑油的截留率增大，但当压力较高时，膜截留率增幅下降，截留率逐渐稳定。

b. 料液温度。使用膜分离装置进行脱蜡溶剂回收，是为了减少溶剂在高温蒸馏和冷却过程中的能量损耗，因此膜分离设备一般在低温下操作。温度对截留率的影响较小，不同温度下的截留率相差不大。

c. 料液流量。由图 11－29 可知，随料液流量增大，膜通量也相应增加，但增加幅度有逐渐减小的趋势。随料液流量增大，截留率也有微弱增加，但变化幅度不大，基本稳定在95%～98%的范围内。

d. 料液润滑油浓度。在酮苯脱蜡实际生产中，由于蜡含量不同，加入的溶剂量也相差较大，一般需分离的酮苯－润滑油混合液中润滑油的浓度在 6%～33%之间。由图 11－30 可知，随料液中润滑油浓度增加，膜通量减小，但减小的速度逐渐放慢。料液中润滑油浓度的增加对截留率的影响不大，润滑油浓度增加后，截留率基本不变，保持在 96%以上。

e. 料液酮苯比。膜分离过程中甲乙酮和甲苯在膜中的透过速率存在一定差异，当料液中酮苯比发生变化时，膜的分离性能也会发生一定变化。由图 11－31 可以看出，随着原料液中甲乙酮含量的增加，膜通量呈线性增长，截留率也有所上升，但变化幅度不大。

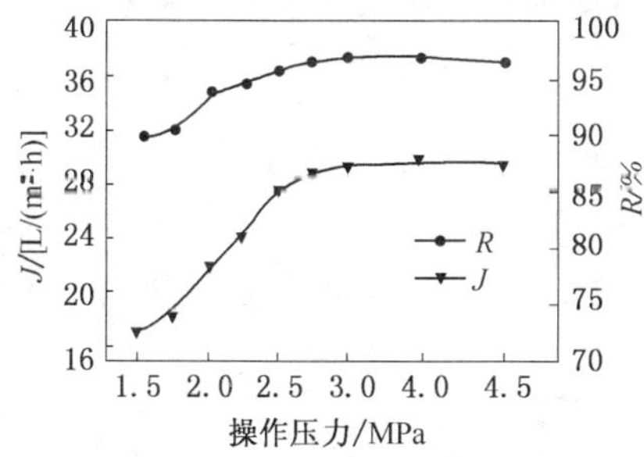

图 11－28　操作压力对膜通量和截留率的影响

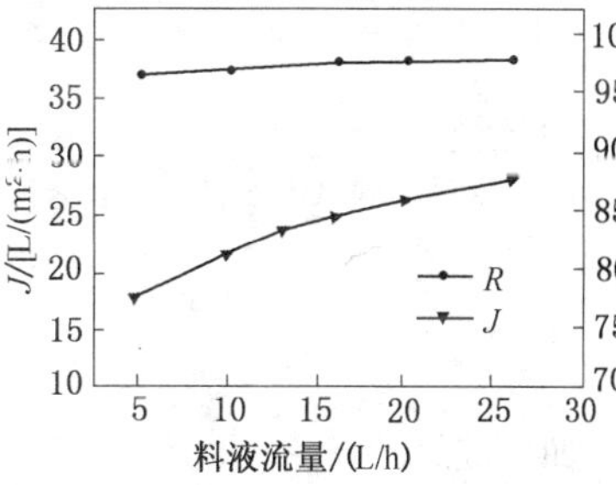

图 11－29　料液流量对膜通量和截留率的影响

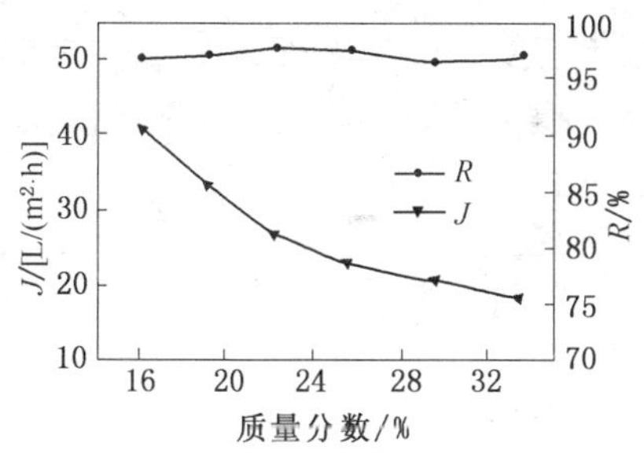

图 11－30　润滑油浓度对膜通量和截留率的影响

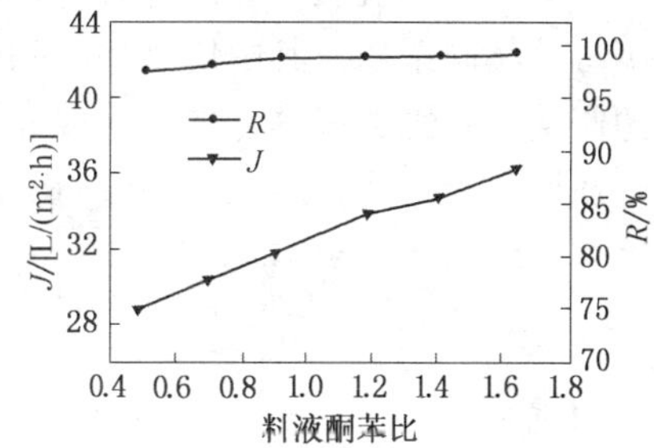

图 11－31　料液酮苯比对膜通量与截留率的影响

第三节　润滑油加氢

随着汽车制造业及机械工业的飞速发展以及环保要求日益严格，我国润滑油工业面临着经济效益及环保法规的双重挑战，同时还将面临着与国外公司在高档润滑油市场的激烈竞争，因此润滑油的升级换代已势在必行，迫切需要生产出具有高黏度指数、抗氧化安定性好、低挥发性的高档润滑油基础油。国外 APIⅡ类、Ⅲ类润滑油基础油的生产工艺有加氢裂化（加氢改质）、异构脱蜡（催化脱蜡）、加氢补充精制等全加氢工艺，也有与润滑油老三套相结合的组合工艺。我国润滑油生产主要以老三套（包括溶剂脱沥青、糠醛精制和酮苯脱蜡装置）生产工艺为主，润滑油加氢研究工作虽在 20 世纪 60 年代就已开始，但直到 80～90 年代才大规模开展起来。

随着原油性质的日益变差以及对润滑油基础油质量要求的日益提高，在现在的润滑油基础油生产工艺中，采用加氢工艺技术已成为发展的必然趋势。我国自 1970 年建成第一套润滑油加氢装置以来，先后在各润滑油生产厂建设了各种润滑油加氢装置，对提高我国润滑油基础油质量及生产技术水平发挥了积极作用。

一、润滑油加氢补充精制

润滑油加氢补充精制主要用来代替白土精制，以除去其中残留的胶质、环烷酸、酸渣、微量溶剂等有害物质，改善油品的颜色与安定性，得到合格的润滑油。加氢补充精制是在缓和条件下进行的加氢过程，温度低、压力低、空速大。操作条件大约是：温度为 250 ~ 300℃、压力为 3.0 ~ 4.0MPa、空速为 $1.0 \sim 2.0h^{-1}$，而且可用炼油厂的副产氢气。过程的条件缓和，加氢深度浅，耗氢量少。此过程基本上不改变烃类的结构，只能除去微量杂质、溶剂和改善颜色。与白土精制比较，加氢补充精制具有过程简单、油收率高、产品颜色浅、无污染等一系列的优点。润滑油加氢补充精制已成为润滑油补充精制的主要手段。

1. 润滑油加氢补充精制原理

（1）加氢脱氧

含氧化合物在加氢时生成水和烃。

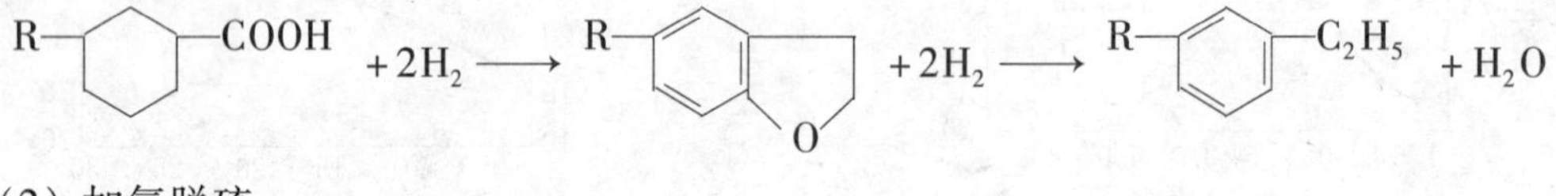

R—⬡—COOH $+2H_2 \longrightarrow$ R—(苯并呋喃环, O) $+2H_2 \longrightarrow$ R—⬡—C_2H_5 $+H_2O$

（2）加氢脱硫

润滑油基础油中的硫化物主要为硫醚类和噻吩类，硫醚硫主要是五元环和六元环的单环硫醚和二环或多环环硫醚，它们都带有复杂的长侧链。噻吩硫主要是烷基噻吩、苯并噻吩和二苯并噻吩及其同系物，其中烷基噻吩和苯并噻吩都带有复杂的长侧链，而二苯并噻吩带有简单的短侧链。硫醚类很容易加氢生成烃类和硫化氢，噻吩类杂环硫化物加氢脱硫反应要经过加氢开环等几个步骤，以二苯并噻吩为例，可写成下式：

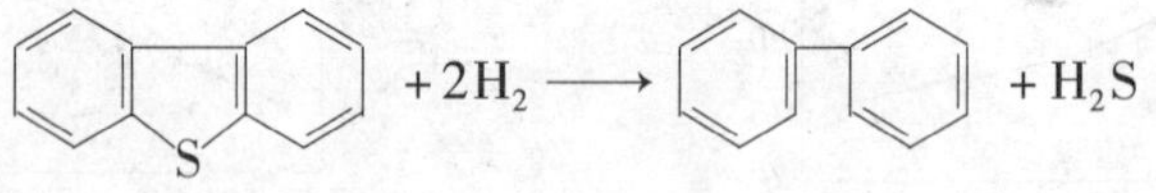

(二苯并噻吩, S) $+2H_2 \longrightarrow$ (联苯) $+H_2S$

（3）加氢脱氮

含氮化合物反应如下：

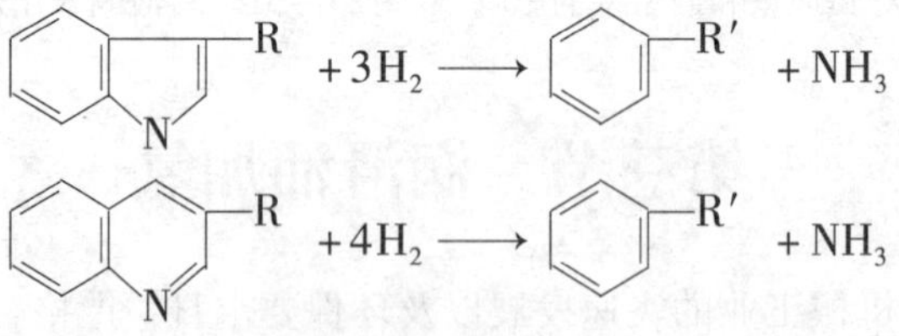

(吲哚环, N)—R $+3H_2 \longrightarrow$ ⬡—R′ $+NH_3$

(喹啉环, N)—R $+4H_2 \longrightarrow$ ⬡—R′ $+NH_3$

上述反应中脱氧、脱硫在缓和的条件下即可完成，而脱氮要在较苛刻的条件下进行。基础油中含氮化合物中主要是吡啶类和吡咯类的杂环化台物。非杂环化合物如胺、腈等加氧脱氮活性比环氮化物高，含量少，容易脱除，因此加氢精制的关键是脱除杂环氮化物。一般认为，杂环氮化物的加氢脱氮主要经历三个步骤：①杂环和芳烃的加氢饱和；②饱和杂环中 C—N 键的氢解；③氮最终以氨的形式脱除。各种反应进行的相对程度与催化剂的种类和操作条件有很大关系，因此寻找合适的催化剂是非常重要的。

2. 润滑油加氢补充精制催化剂

在润滑油加氢补充精制过程中，我国使用的催化剂有镍－钼、钨－钼等类型，这类催化剂有的是专为润滑油加氢精制开发的，有的是由燃料加氢精制催化剂转用过来的，其理化性质见表11－26。

表11－26　国内润滑油加氢补充精制催化剂

商品名称	活性组分	载　体	形　状	堆密度/(g/mL)
RN－1	WO_3－NiO－F	Al_2O_3	ϕ1.2mm～ϕ1.8mm三叶草形	～0.95
3665	MoO_3－NiO	SiO_2－Al_2O_3	ϕ2mm挤条	0.86～0.89
CH－4	MoO_3－NiO－P	Al_2O_3	ϕ2mm三叶草形	～0.78

3. 加氢补充精制的操作参数

润滑油加氢补充精制加氢条件非常缓和，加氢压力为2～6MPa，温度为210～320℃，空速1～3h^{-1}，氢油比50～300。该过程基本不改变润滑油料的烃类结构及组成。

二、润滑油馏分加氢脱酸

润滑油馏分加氢脱酸是一种润滑油馏分缓和加氢预处理方法，国内三个由含酸原油生产环烷基润滑油基础油的炼油厂，都已采用此工艺技术。

1. 润滑油馏分加氢脱酸的原理及催化剂

从含酸原油生产环烷基润滑油基础油时，由于其润滑油馏分中含有较多的环烷酸以及其他的杂环化合物，按照传统的溶剂抽提－白土处理工艺加工这类馏分油，困难较大，精制时溶剂及白土用量大，通常糠醛精制溶剂比需(3～4)∶1，有时甚至高达6∶1，白土用量为5%～10%或更高，因此精制油收率低；同时由于环烷酸的催化作用，在糠醛抽提过程中易造成糠醛在装置中结焦并腐蚀设备。

为了合理加工此类原油，提高炼油厂经济效益，故开发了润滑油馏分加氢脱酸工艺。采用此工艺加工酸值高的环烷基原油润滑油馏分的流程为：

润滑油馏分——→加氢脱酸——→糠醛抽提——→白土处理——→基础油

含酸原油润滑油馏分在糠醛抽提前先经加氢脱酸，可以除去油料中的环烷酸，同时除去某些含硫、含氮的杂环化合物，使某些多环芳烃转变为润滑油有用组分，从而使糠醛抽提容易进行，精制收率也可以提高。加氢脱酸所用的催化剂与润滑油加氢补充精制催化剂类似。

由于含酸原油润滑油馏分中含有较多的环烷酸铁，所以在脱酸催化剂上面需装填一层保护剂，其作用是使环烷酸铁转变为FeS并被保护剂吸附。加氢脱酸的反应温度较低为260～340℃，因而能够在较低的氢压下操作，氢压一般为2.5～4.0MPa。

2. 加氢脱酸的工艺流程

加氢脱酸的工艺流程与润滑油加氢补充精制相同，事实上最早的加氢脱酸就是利用已有的加氢补充精制装置。但是，由于含酸原油润滑油馏分中常含有较多的铁垢及其他的机械杂质，为防止这些杂质在反应器床层顶部迅速沉积使反应器压降升高，故在原加氢补充精制装置前，增设了一套原料过滤系统，其流程见图11－32。

三、润滑油加氢处理

润滑油加氢处理是化学转化过程，在催化剂及氢的作用下，通过选择性加氢裂化反应，将非理想组分转化为理想组分来提高基础油的黏度指数。加氢处理能使润滑油料中的多环芳

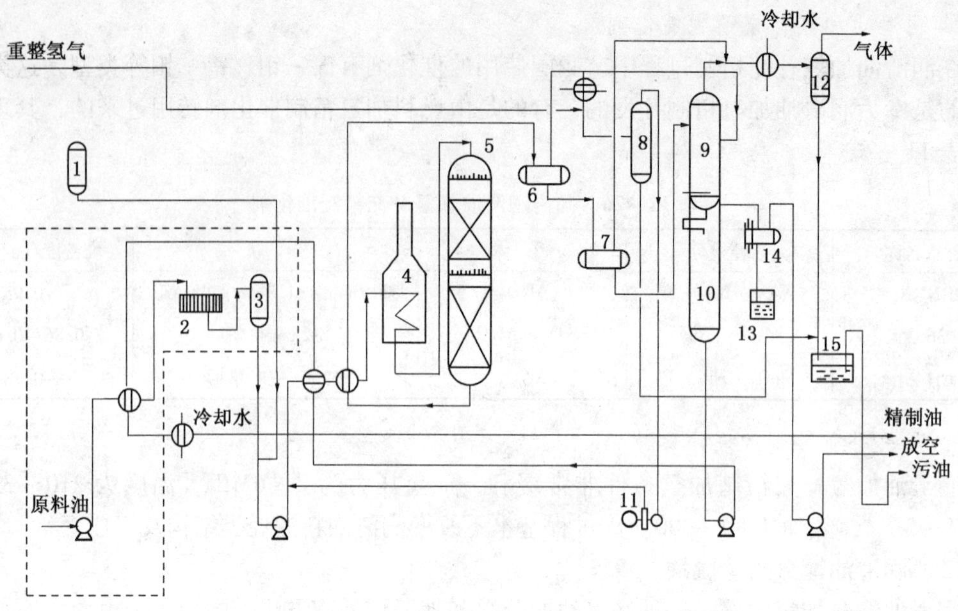

图 11－32　加氢脱酸装置简单工艺流程（虚线内为原料过滤系统）

1—二氧化碳罐；2—滤机；3—缓冲罐；4—加热炉；5—反应器；6—热高分；7—热低分；8—冷高分；9—常压汽提塔；10—残压干燥塔；11—氢压机；12—气体分液罐；13—水箱；14—冷却器；15—污油罐

烃及多环环烷烃裂解开环，生成带有若干烷基侧链的高黏度指数的单环芳烃或单环环烷烃。而不是像溶剂精制那样将低黏度指数的多环芳烃抽提掉，因此应用加氢处理技术可以从各种原油生产高黏度指数的润滑油基础油。

1. 润滑油加氢处理的原理

润滑油加氢处理是将润滑油料中的非理想组分，通过加氢转化为润滑油的理想组分的过程，其化学反应除脱硫、脱氮、脱氧外，尚有以下的几种重要反应：

（1）稠环芳烃加氢生成稠环环烷烃

R_1　R_2　$\xrightarrow{H_2}$　R_1　R_2

黏度指数约－60　　　　黏度指数约 20

（2）稠环环烷烃的加氢开环

R_1　R_2　$\longrightarrow$　R_4　R_5　R_3　R_6　$\longrightarrow$　R_7　R_8　R_9　R_{10}

黏度指数约 20　　　　黏度指数为 110～140

（3）正构烷烃或分支程度低的异构烷烃的临氢异构

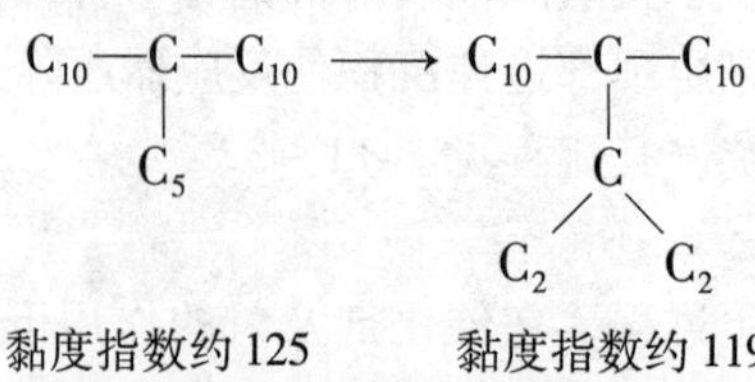

黏度指数约 125　　黏度指数约 119

倾点 19℃　　倾点－40℃

2. 润滑油加氢处理催化剂

润滑油加氢处理催化剂需要较强的加氢性能，特别是对稠环芳烃更要兼具适当的开环及异构化性能。因此，用于润滑油加氢处理的催化剂需要有适中的裂化功能以提高黏度指数。目前常用的 Ni - Mo、Ni - W 和 Co - Mo 的催化体系中，Ni - W 体系有最强的芳烃加氢活性，Ni - Mo 其次。因此加氢处理催化剂通常采用 Ni - W 或 Ni - Mo 作活性组分。由于要使多环芳烃加氢开环，加氢处理生产润滑油所用催化剂为双功能催化剂，但它与加氢裂化生产汽油的催化剂不一样。为了避免脱烷基和不使加氢后润滑油黏度下降太大，催化剂载体的酸性不能太强，而且酸性中心也不能太多。加氢处理生产润滑油的反应温度很高，所以催化剂应具有很强的加氢活性。作为加氢组分的金属含量高达 25% ~40%；此外催化剂也需要大的孔径，以便大的润滑油分子能够进入催化剂内部。

我国从法国 IFP 引进的润滑油加氢处理装置所用的催化剂 HR 360 为 Mo - Ni 型。

RIPP 开发的溶剂精制 - 加氢处理组合工艺 RLT 设有两个加氢反应器，第一个反应器装填的是具有高脱硫、脱氮以及加氢开环性能的 W/Ni 催化剂 RL - 1，第二反应器装填的是具有高芳烃加氢饱和性能，没有酸性的 RJW - 2 催化剂。

XOM 公司 Baytown 炼油厂采用三个反应器串联的加氢处理 RHC 工艺，第一个反应器选择较苛刻的加氢条件，目的为提高产品的黏度指数；第二个反应器是为了克服热力学平衡对芳烃加氢的限制，选择比第一个反应器低的操作温度，以利于芳烃加氢。前两个反应器装填的是没有酸性的 KF - 840Ni/Mo 催化剂。第三个反应器装填的是加氢活性强的催化剂，目的是降低油品中的致癌物质并提高产品的光安定性。RL - 1 催化剂的性质见表 11 - 27。

表 11 - 27　RL - 1 催化剂的性质

项　目		质量指标	项　目		质量指标
化学组成/%			物理性质		
WO_3	≥	27.0	比表面积/(m^2/g)	≥	90
Ni	≥	2.7	孔体积/(mL/g)	≥	0.24
助剂	≥	4.5	径向强度/(N/mm)	≥	16

3. 润滑油加氢处理的操作条件及工艺流程

加氢处理生产润滑油由于要使多环芳烃加氢并裂化，所以加氢温度及压力都很高，总压一般大于 15MPa，温度为 360 ~420℃。加氢压力低不利于芳烃加氢饱和，同时会使催化剂的失活速度加快。液时空速为 0.3 ~1.0h^{-1}，空速高则反应温度就必须升高，因而使润滑油收率降低，氢分压也需提高到不经济的程度。氢油体积比一般为(1000 ~1800)∶1。高的氢油比有利于提高反应的氢分压，可加强原料油的雾化，改善反应器的温度分布；但氢油比过大则会增加过程的动力消耗，并使反应器的压降增加。

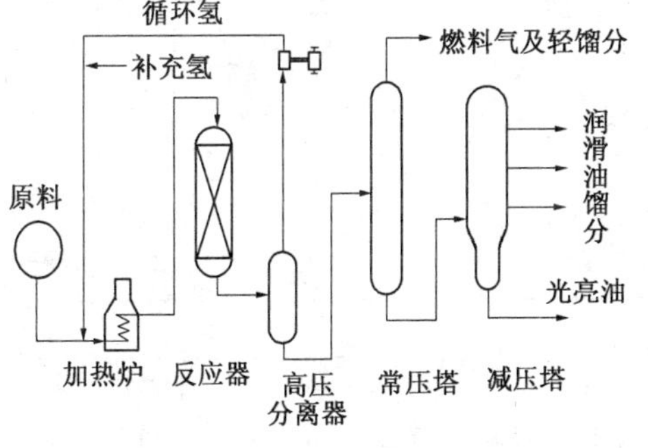

图 11 - 33　润滑油加氢处理原则流程图

润滑油加氢处理的原则流程见图 11 - 33，原料油和氢气在炉前混合，经加热炉加热后，再由上到下通过多个催化剂床层，然后经高、低压分离及常减压蒸馏，得到各种黏度的加氢润滑油。由于加氢处理是一个强放热反应，必须在催化剂床层间通入冷氢冷却以控制反应温度。从高压分离器出来的气体，即循环氢，经循环压缩机加压后，一部分作为冷氢，另一部分则与新氢混合循环使用。循环氢有时还需要经过洗涤或吸收处理，除去其中的 H_2S 和轻烃，以免对催化剂带来不利影响。

按照上述流程得到的加氢润滑油，光安定性往往不很理想，在氧存在下经日光照射，油品颜色容易变深，并产生沉淀。加氢处理润滑油光安定性不好的原因有以下几方面：

① 加氢处理润滑油经深度加氢，油品中硫、氮含量极低，芳烃含量也不高，即天然抗氧剂几乎全部被除去。

② 加氢处理润滑油的组成中，大部分为饱和烃，所以对氧化产物的溶解能力很低，氧化产物容易沉淀析出。

③ 加氢处理润滑油中含有部分饱和的多环芳烃，这类物质非常不稳定。

这些原因中，加氢处理过程生成的部分饱和芳烃，是影响加氢处理润滑油光安定性不好的最重要原因。

为改进加氢处理润滑油的光安定性，常将上述加氢处理的润滑油在高压、低温下进一步加氢以除去油品中部分饱和的多环芳烃。这就是两段润滑油加氢处理工艺。

我国从法国 IFP 引进的润滑油加氢处理就是两段加氢处理工艺，其流程见图 11－34，加氢工艺条件见表 11－28。

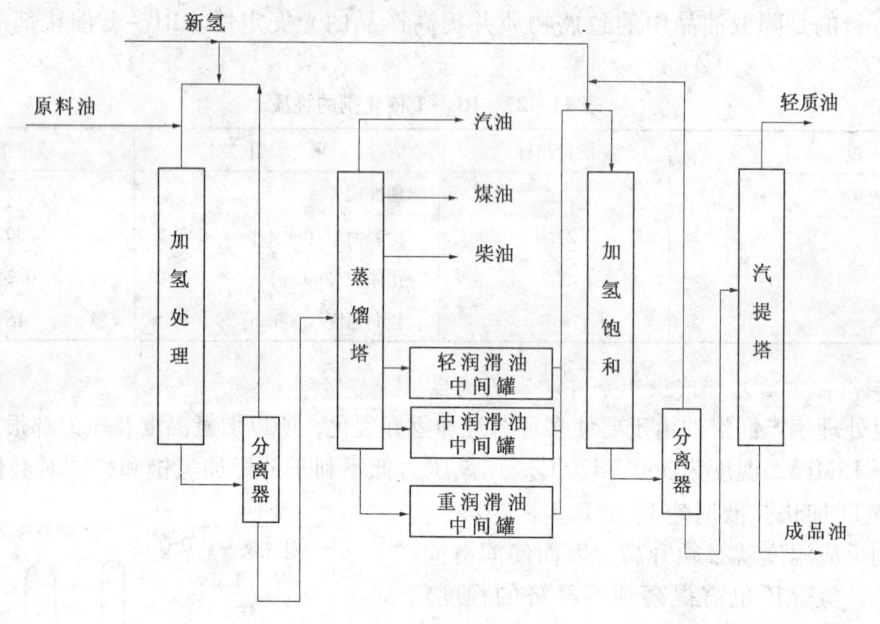

图 11－34　润滑油两段加氢处理流程

表 11－28　润滑油两段加氢处理工艺操作条件

加氢处理段			
原料油	轻减压馏分	重减压馏分	脱沥青油
反应压力/MPa	17.2	17.2	17.2
平均反应温度/℃	395	384	378
氢油体积比	1496	1220	1600

续表

加　氢　处　理　段			
液体空速/h^{-1}	0.4	0.4	0.36
催化剂	HR 360	HR 360	HR 360
加　氢　饱　和　段			
原料油	H125N	H500N	H150BS
反应压力/MPa	16.25	16.25	16.25
平均反应温度/℃	314	313	313
氢油体积比	464	1031	837
液体空速/h^{-1}	0.54	0.53	0.70
催化剂	HR 348	HR 348	HR 348

为了解决加氢处理油光安定性的问题，另一种作法是对加氢处理装置进料先进行溶剂抽提，以降低进料中的氮化物及稠环芳烃含量。由于改善了加氢处理进料的质量，因而加氢处理可在较缓和的中等压力下进行，这样不但产品收率高，而且光安定性也比较好。另外，由于充分利用了炼油厂现有的溶剂精制装置，因而建设费用也低，我国某些炼油厂已采用此工艺由中间基原油生产 HVI 基础油和由环烷基原油生产低芳烃工艺用油。

四、润滑油催化脱蜡

润滑油溶剂脱蜡时，为了得到一定凝点的油品，需把溶剂和润滑油料冷却到比油品凝点更低的温度，因此需要昂贵的冷冻设备，同时也较难得到凝点很低的润滑油产品。因此自 20 世纪 60 年代以来，我国开展了催化脱蜡的研究，并于 80 年代开始应用于工业生产。

1. 润滑油催化脱蜡的原理

润滑油催化脱蜡的基本原理是利用分子筛独特的孔道结构和适当的酸性中心，使原料油中凝点较高的正构烷烃和带有短侧链的异构烷烃，在分子筛孔道内发生选择性加氢裂化，生成低分子烃从润滑油中分离出去，从而使油品的凝点降低。

2. 润滑油催化脱蜡催化剂

催化脱蜡工艺的关键是催化剂，要求催化剂具有较高的选择性，同时应具有足够的裂解活性和稳定性。我国目前工业上应用的催化脱蜡催化剂 RDW－1 是用具有较高选择性的 ZRP 分子筛作载体，只有直链烷烃及少数少侧链异构烷烃能进入其孔道内部，所以催化剂稳定性好，可在低压下操作。催化剂的性质见表 11－29。

表 11－29　RDW－1 催化剂的性质

商品名称	活性组分	载　体	形　状	堆密度/(g/mL)
RDW－1	NiO	ZRR－Al_2O_3	ϕ1.6mm 三叶形	0.65

3. 催化脱蜡的工艺流程

润滑油馏分催化脱蜡的流程与润滑油加氢补充精制的流程类似，其原则流程见图 11－35。操作条件、原料及产品性质见表 11－30。

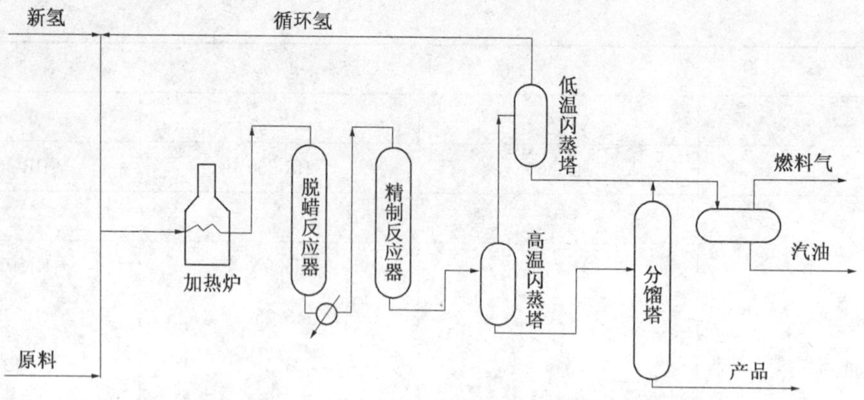

图 11-35　含蜡环烷基原油润滑油馏分催化脱蜡流程

表 11-30　含蜡环烷酸基润滑油馏分催化脱蜡的结果

原料油	LVI60	LVI300	原料油	LVI60	LVI300
操作条件			凝点/℃	-38	-23
催化剂	RDW-1	RDW-1	总氮/(μg/g)	119	256
脱蜡反应器入口压力/MPa	2.8	3.1	颜色/号	5	5
脱蜡反应器平均温度/℃	269	268	产品性质		
精制反应器平均温度/℃	245	243	收率/%	>97	>97
氢油体积比	455	417	密度(20℃)/(g/cm^3)	0.8835	0.9027
空速/h^{-1}	0.9	1.0	黏度(40℃)/(mm^2/s)	11.22	63.94
原料性质			凝点/℃	-70	-38
密度(20℃)/(g/cm^3)	0.8739	0.8955	总氮/(μg/g)	90	244
黏度(40℃)/(mm^2/s)	9.85	58.23	颜色/号	1	2

五、润滑油异构脱蜡

低温流动性是润滑油的重要指标之一，一般采用油品的倾点、凝点或冷凝点进行表征。倾点高主要是油品中石蜡烃含量过高所致，而在相对分子质量较高的重质馏分油中，带有长正构烃侧链的环烷烃及芳烃，倾点也相当高，因此，要大幅度改善油品的低温流动性，主要技术措施就是脱除或转化油品中的高倾点组分。为此，几十年来相继开发和工业化多种工艺技术，并不断加以更新和发展。20 世纪 70 年代以后，以择形裂化为基础的催化脱蜡技术相继在工业上应用。这些工艺技术都基于将高凝点的正构烷烃从油品中脱除的方法。但都存在两大不足之处，其一是大量正构烃的脱除将显著减少主要目的产品的收率，其二是造成润滑油馏分的黏温性质下降。最理想的技术是把低温流动性差、倾点高的石蜡烃组分异构化，使其尽可能多地留在主要目的产品之中，既实现深度降凝，又能使目的产品收率增加，与此同时还能使油品的质量进一步提高。自 20 世纪 80 年代开始，国内外相继开展了重质馏分油的异构脱蜡技术，这种新工艺技术通过对高分子长链烷烃的异构化来降低馏分油的倾点，并于 20 世纪 90 年代中期先后得到了工业应用。Chevron 公司和 Mobil 公司都开发了异构化降凝工艺。它们的商业名称分别为 Isodewaxing 和 MSDW，所用的催化剂都是以贵金属作为加氢-脱氢组分的双功能催化剂。因此，此种工艺对原料中的硫、氮等杂质非常敏感，原料必须经深度加氢精制。由于异构降凝催化剂能使石蜡异构成为润滑油理想组分异构烷烃，所以其脱蜡油收率及黏度指数都比溶剂脱蜡的高。我国第一套 200kt/a 异构降凝装置已于 1999 年建成投产。

1. 润滑油异构脱蜡的原理

异构脱蜡是采用具有特殊孔结构的双功能催化剂，使蜡组分中的长链正构烷烃异构化为单侧链的异构烷烃和将多环环烷烃加氢开环为带长侧链的单环环烷烃，进而降低了润滑油的倾点，改善润滑油的低温流动性。

正构烷烃在双功能催化剂上连续进行异构化及加氢裂化反应，其历程为：正构烷烃首先在催化剂的加氢－脱氢中心上生成相应的烯烃，此种烯烃迅速转移到酸性中心上得到一个质子生成正碳离子。该正碳离子极其活泼，只能瞬时存在，一旦形成就迅速进行下列两种反应。

（1）异构化反应

正碳离子通过氢原子或甲基转移进行重排，相继生成单支链、双支链、三支链的正碳离子。这些正碳离子将 H^+ 还给催化剂的酸性中心后变成异构烯烃，然后在加氢－脱氢中心加氢，即得到与原料分子碳数相同的各种异构烷烃。

（2）裂化反应

大的正碳离子，特别是支链多的正碳离子不稳定，容易在其邻近的 β 位处发生 C—C 键断裂，生成一个较小的烯烃和一个新的正碳离子，所生成的烯烃是 n 烯烃，在氢存在下迅速加氢生成低分子烷烃，新生成的正碳离子则进一步进行裂解或异构化反应。

2. 催化剂

目前，国外润滑油加氢异构脱蜡催化剂开发最成功的有 Chevron 公司和 Mobil 公司，国内有中国石化石油化工科学研究院（RIPP）开发成功 RIDW 异构脱蜡催化剂和中国石化抚顺石油化工研究院（FRIPP）开发成功 FIDW 异构脱蜡催化剂。

（1）Chevron 的 ICR 系列催化剂

Chevron 公司自 1985 年首先发明润滑油异构脱蜡催化剂。第一代异构脱蜡催化剂 ICR－404 首先在该公司的 Richmond 润滑油厂工业应用，第二代催化剂 ICR－408 也已工业应用，第三代催化剂 ICR－410 已于 2006 年工业应用。其催化剂主要成分是 SAPO－11、SM－3、SSZ－32、ZSM－23、ZSM－22、ZSM－35 和 ZSM－48 中的一种或者几种混合物。其活性金属采用 Pt 和 Pd 以及含有 Mo、Ni、V、Co、Zn 等金属助剂。金属负载量约占分子筛质量分数的 0.2% ～1%。负载金属的目的是为了降低催化剂的酸性中心数，以降低催化剂的裂化/异构比。异构脱蜡的反应条件据反应的原料和期望得到的倾点、*VI* 和收率而定。通常来说，反应温度控制在 200～475℃，反应压力控制在 690～10.3MPa，空速控制在 $0.1 \sim 1.0h^{-1}$。低温和低空速条件下产物的异构程度提高、裂化程度降低，产物收率增加。氢气用量控制在（1000～10000）SCF/bbl（$178 \sim 1780m^3/m^3$），尾氢净化后循环使用。加氢异构产物通过蒸馏的方法切割成轻质润滑油和重质润滑油组分部分重质产物的最高 *VI* 可达 150。

（2）Mobil 的 MSDW 系列催化剂

Mobil 公司的润滑油临氢异构脱蜡技术最先开发出了 MI DW 工艺和催化脱蜡催化剂。其异构脱蜡技术于 1997 年在新加坡裕廊炼油厂工业应用，其所用异构脱蜡催化剂为 MSDW－1 贵金属分子筛催化剂，可生产Ⅱ类轻中性油和重中性油。其后开发了 MSDW－2 异构脱蜡催化剂，与 MSDW－1 催化剂相比，异构化油质量收率提高了 2%。同时也开发出 MWI－1 和 MWI－2 以高含蜡原料生产低倾点、很高黏度指数的基础油的催化剂。从其技术发展过程来看，Mobil 公司开发的催化剂主要以中孔 ZSM 系列为主，如 ZSM－5、ZSM－11、ZSM－22 和 ZSM－23、ZSM－35、ZSM－48、ZSM－57 和 MCM－22 等。

（3）FRIPP 开发的 FIDW 系列催化剂

FRIPP 开发的 FIDW－1 润滑油异构脱蜡催化剂是一种贵金属/分子筛催化剂（Pd/SAPO－11）。该催化剂对蜡组分具有较高的异构选择性，有较强的芳烃加氢饱和能力。但存在着裂化功能较强而异构功能不足的缺点，使目标润滑油产物收率不理想，黏度指数下降较多，因而未工业化。在此基础上，FRIPP 开发了一种新型号的硅磷铝分子筛，它具有和文献报道的用于润滑油异构脱蜡反应的 SAPO－11 或 ZSM－5 相似的 AEL 构型，被称为 PAS－1。以它为载体的贵金属为活性组分的异构脱蜡催化剂具有活性高、稳定性好、基础油收率高的特点，但存在着目标润滑油产物黏度指数下降的缺点。因此，FRIPP 的科研人员通过进一步的改进研究，开发了一种更适应于润滑油加氢异构脱蜡的分子筛，即一种属于 IZA 编码为 TON 的 LKZ 分子筛。以 LKZ 分子筛/贵金属组成的 FIW－1 催化剂具有良好的异构脱蜡性能，目标润滑油产物的收率较高，倾点低、黏度指数高，可生产 APIⅡ、API Ⅲ类润滑油基础油。该催化剂已于 2005 年 1 月在中国石化金陵分公司加氢装置上工业应用，生产出合格产品。

3. 润滑油异构降凝的工艺流程

由于异构脱蜡所用的催化剂都是以贵金属作为加氢－脱氢组分的双功能催化剂，因此此种工艺对原料中的硫、氮等杂质非常敏感，原料必须经深度加氢精制。进入异构化反应器的原料，其硫含量应低于 10μg/g，氮含量应低于 2 μg/g，故在异构脱蜡装置之前，常建有原料油加氢处理装置。润滑油异构降凝的原则流程见图 11－36。

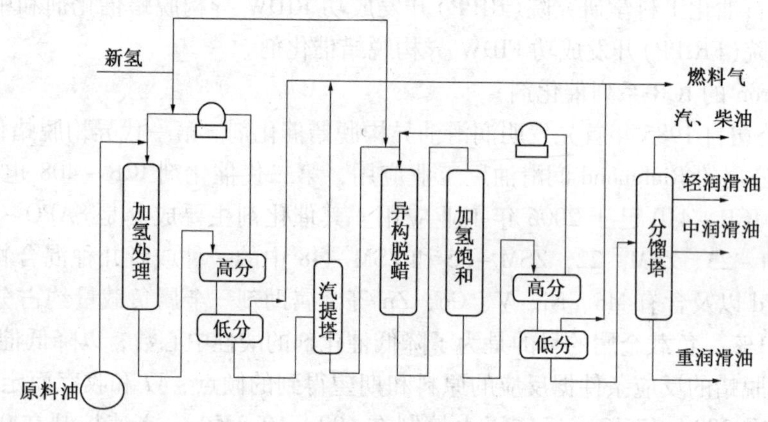

图 11－36　润滑油异构降凝的原则流程图

第四节　润滑油的白土精制

润滑油原料经过溶剂精制、溶剂脱蜡和溶剂脱沥青后，其质量已基本达到润滑油的要求，但是其中还含有少量残余的溶剂以及因在溶剂回收过程被加热而产生的大分子聚合物和胶质等。这些杂质的存在影响油品的安定性、颜色和残炭值等指标。因此必须对经过溶剂精制、溶剂脱蜡和溶剂脱沥青后的润滑油进行补充精制。润滑油的补充精制分为白土补充精制和加氢补充精制。随着加氢补充精制技术的发展，国外润滑油的加工已大部分采用加氢精制。但对于特殊润滑油如军用航空润滑油等，加氢后仍存在个别理化指标（如光安定性）不合格及凝点回升等问题，因此国内有些炼油厂仍采用白土精制，甚至有加氢补充精制的炼油厂仍保留白土精制。

一、白土精制原理

1. 白土的组成及性质

白土是具有较大比表面积的多孔物质，是优良的吸附剂。白土有天然白土和活性白土。由于活性白土的脱色能力强，因而在工业上得到广泛应用。

活性白土的成分主要为 SiO_2 和 Al_2O_3，其余为 Fe_2O_3、MgO、CaO 等。它是将天然白土经预热、粉碎、硫酸活化、水洗、干燥、磨细而制得的呈白色或米色粉末状物，其主要性能指标为颗粒度、比表面积、水分和活性度。

颗粒度表示白土的破碎程度，颗粒度越大，比表面积越小，吸附能力越小；反之白土颗粒度愈小，比表面积愈大，扩散半径愈小，吸附能力愈强。但是，颗粒度过小的白土与油混合时呈糊状，会造成过滤困难，使废白土的含油量增加，降低润滑油精制收率。

白土含水分的多少影响白土的吸附性能，含水量越大，吸附能力越小。但过度干燥的白土，由于结晶水的散失，吸附能力很小，甚至会完全丧失活性。含水 6% ~8% 的白土吸附能力较好，因为在高温接触精制过程中，所含水分蒸发，白土孔隙中不再含水，这时的白土具有很强的吸附性能，很容易吸附极性物质。此外，从白土中逸出的水蒸气使油品和白土的搅拌加强，增加接触机会，使油品与白土混合得好。但白土含水量过多，则会由于水分汽化而引起炉管压力上升和出炉后在蒸发塔内形成大量泡沫，以致造成冲塔事故。

活性度是表示白土对极性物质吸附能力的一项重要指标。白土活性度用 20 ~25℃下、100g 白土吸收浓度为 0.1mol/L 的 NaOH 溶液的毫升数表示。活性度越大，吸附能力越强。白土具有吸附能力，是因为白土颗粒由很多极小的孔(直径只有几毫微米)和沟所组成，这些孔和沟形成了很大的内表面或孔隙，所以白土能将极性物质首先吸附在小孔表面上而达到精制的目的，活性度与白土的化学组成、颗粒度、水分及表面孔隙是否清洁有关。

天然白土与活性白土的化学组成见表 11 -31，活性白土规格见表 11 -32。

表 11 -31 天然白土与活性白土的化学组成

组　分	天然白土	活性白土	组　分	天然白土	活性白土
水分/%	24 ~30	6 ~8	Fe_2O_3/%	1.0 ~1.5	0.7 ~1.0
SiO_2/%	54 ~68	62 ~63	CaO/%	1.0 ~1.5	0.5 ~1.0
Al_2O_3/%	19 ~25	16 ~20	MgO/%	1.0 ~2.0	0.5 ~1.0

表 11 -32 活性白土规格

名　称	质量指标	名　称	质量指标
脱色率/%	≥90	粒度(通过 120 目筛)/%	≥90
游离酸/%	<0.2		
活性度(20 ~25℃，0.1mol/L NaOH)/(mL/100g)	≥220	水分/%	≤8

2. 白土精制原理

白土对不同物质的吸附能力各不相同，白土吸附各组分的能力为：胶质、沥青质 > 芳烃 > 环烷烃 > 烷烃。芳烃的环数越多，越容易被吸附。脱蜡后的润滑油料中，残留的少量物质为胶质、沥青质、环烷酸、氧化物、硫化物及溶剂、水分、机械杂质等。这些物质大部分为极性物质，白土对它们有较强的吸附能力，而对润滑油理想组分的吸附能力则极其微弱，借此使润滑油料得到精制。

二、白土精制的工艺流程

白土精制的工艺流程如图 11－37 所示。白土精制包括原料油与白土混合、加热吸附、过滤分离三个主要过程。原料油经缓冲罐 2 送入混合罐 5，白土经给料器 4 加入混合罐 5，经搅拌混合，再与蒸发塔底油换热后进入加热炉 7，加热到所需温度后进蒸发塔 8。

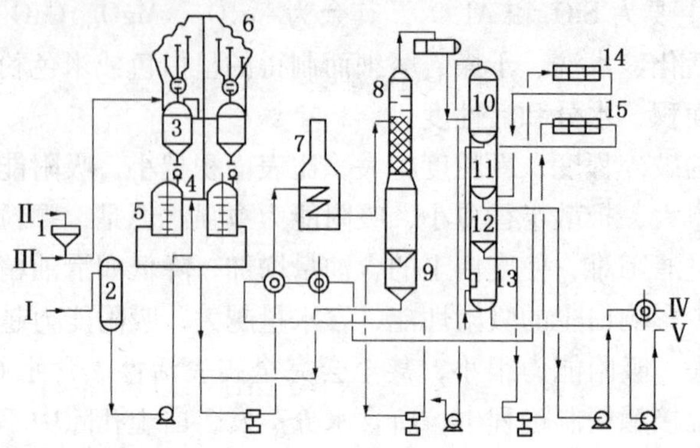

图 11－37　白土精制典型流程

Ⅰ—原料油；Ⅱ—白土；Ⅲ—压缩风；Ⅳ—精制油；Ⅴ—馏出油
1—白土地下储罐；2—原料缓冲罐；3—白土料斗；4—叶轮给料器；
5—白土混合罐；6—旋风分离器；7—加热炉；8—蒸发塔；
9—扫线罐；10—真空罐；11—精制油罐；12—板框进料罐；
13—馏出油分水罐；14—自动板框过滤机；15—板框过滤机

蒸发塔采用减压操作。塔顶油气、水分经冷凝冷却后流入真空罐 10，再流入馏出油分水罐 13(罐内设有隔板)。水从罐底排出，馏出油送出装置。蒸发塔底油与原料油换热，冷却到 130℃左右，进入过滤机 14 和 15，进行粗滤和细滤，分离出废白土渣，将得到的精制油冷却到40～50℃后送出装置。

以大庆原油脱蜡润滑油料白土精制工艺条件见表 11－33，原料油性质见表 11－34，产品性质见表 11－35。

表 11－33　白土补充精制工艺条件及精制油收率

油　　品	150HVI	500HVI	650HVI	150BS
白土加入量/%	2.5	3.0	3.0	10
白土与油混合温度/℃	70	80	80	80
加热炉出口温度/℃	210	230	240	265
蒸发塔真空度/kPa	73.3	73.5	73.2	73.3
蒸发塔内停留时间/min	～30	～30	～30	～30
一次过滤温度/℃	160	160	160	160
二次过滤温度/℃	110	130	130	140
精制油收率/%	97～98	96～97	96～97	89～92
废白土渣含油/%	20～25	25～30	25～30	25～30

表 11-34 原料油性质

油品	150HVI	500HVI	650HVI	150BS
比色/号	1.5	2.5	3.5	7.0
黏度/(mm²/s)				
50℃	19.63	60.02	77.7	277.9
100℃	5.03	11.01	13.24	35.0
闪点(开口)/℃	213	269	273	323
凝点/℃	-12	-12	-14	-12
康氏残炭/%	0.008	0.076	0.13	0.71
酸值/(mg KOH/g)	0.014	0.017	0.014	0.008
苯胺点/℃	100.5	110	113.5	129
硫含量/%	0.036	0.078	0.097	0.06
氮含量/(μg/g)	102	383	458	
黏度指数	98	91	97	103
碘值/(gI/100g)	9.1	12.8	9.8	12.4

表 11-35 精制油性质

油品	150HVI	500HVI	650HVI	150BS
比色/号	1.0	2.5	3.5	5.5
黏度/(mm²/s)				
50℃	19.77	60.04	77.86	261.9
100℃	6.09	10.91	13.36	33.56
闪点(开口)/℃	213	269	275	317
凝点/℃	-12	-12	-14	-12
康氏残炭/%	0.008	0.065	0.13	0.57
酸值/(mg KOH/g)	0.006	0.011	0.009	0.022
苯胺点/℃	100.0	109.5	114	129
硫含量/%	0.014	0.10	0.062	0.08
氮含量/(μg/g)	23	303	403	
黏度指数	101	96	97	104
碘值/(gI/100g)	9.7	11.4	10.1	12.2

三、白土补充精制的影响因素

白土补充精制的主要工艺条件有白土用量、精制温度、接触时间等。原料油质量和白土性质对精制油的质量也是很重要的影响因素。如果原料在前几个加工过程中处理不当、精制深度不够、含溶剂太多等，这些都会增加白土精制的困难。一般说，原料越重，黏度越大及产品质量要求越高，操作条件就越苛刻，而当白土活性高以及颗粒度和含水量适当时，在同样操作条件下，产品质量会更好。这里主要讨论工艺条件的影响。

1. 白土用量

原料和白土性质确定后，一般白土用量越大，产品质量就越好，但油品质量的提高和白土用量并非成正比，即当白土用量提高到一定程度后，产品质量的提高就不显著了。在保证精制深度的前提下，白土用量要尽量少。因为白土用量过多即浪费白土，会因精制过度而将天然的抗氧化组分完全除掉，使油品安定性降低，同时也降低了润滑油的收率。另外，白土过多会增加循环泵的磨损，白土还会在加热炉管内沉降，堵塞管线，降低过滤机过滤速率，严重的还会使润滑油因加热炉管局部过热裂化结焦。一般适宜的白土用量为机械油 3% ~4%、中性油 2% ~3%、汽轮机油 5% ~8%、压缩机油基础油 5% ~7%。

2. 精制温度

为了使非理想组分能很快地全部吸附在白土活性表面上，要求这些分子能快速运动，以增加与白土活性表面的接触机会，这就要提高精制温度。白土吸附润滑油中非理想组分的速率取决于所精制润滑油的黏度，润滑油黏度越大，则吸附速率就小。而润滑油与白土混合后加热温度越高，润滑油黏度就越低，白土吸附非理想组分速率就越快，在实际操作过程中，以保持润滑油的黏度尽量低为原则，混合物加热到稍高于润滑油的闪点时，白土的吸附能力达到最高，但也接近了分解温度，这就限制了温度的进一步提高。精制温度一般宜选在 180 ~320℃之间，处理重的油品精制温度应偏于上限，超过 320℃时，由于白土的催化作用，油品易分解变质。

3. 接触时间

接触时间指在高温下白土与润滑油的接触时间，即润滑油在蒸发塔内的停留时间。为了使润滑油与白土能充分接触，必须保证有一定的吸附和扩散时间，所以，在蒸发塔内的停留时间一般为 20 ~40min。

第十二章　石油蜡与沥青的生产

第一节　石油蜡的生产

一、概述

石油蜡是主要的石油产品之一，其主要成分为石蜡，它存在于原油、馏分油和渣油中，是原油经过常减压蒸馏、渣油脱沥青、常压馏分脱油、减压馏分脱油、脱沥青馏分脱油、石油蜡精制、蜡产品成型等较为复杂的工艺而生产出来的石油产品。

石油蜡包括液体石蜡（主要成分为正构烷烃，烃类分子的碳原子数为 9～16）、石蜡（主要成分为正构烷烃，也有少量带个别支链的烷烃和带长侧链的环烷烃，烃类分子的碳原子数约为 18～30）和微晶蜡（成分比较复杂，除正构烷烃外，还含有不同数量的多支链异构烷烃及环状化合物，烃类分子的碳原子数约为 40～55），具有广泛的用途。

根据石油蜡的精制程度，可把石油蜡分为粗石蜡、半精炼蜡、全精炼蜡和食品蜡。精制程度越深，其颜色越浅，产品质量越好，生产成本也越高。

石油蜡不但具有不同程度的光泽、光滑性、可塑性和易溶于油的综合物性，且不同的蜡产品，其化学成分和物理性质又各不相同，因此，被广泛地应用于食品、医药、日用化学、皮革、纺织、农业等领域。由于工业技术的发展，石油蜡在机械、电子和国防工业中的需求也日益增加。

我国原油含蜡量较高，蜡资源较为丰富。我国石油蜡生产已经有较长的历史，早在 20 世纪 40 年代就有少量石油蜡的生产，20 世纪 60 年代大庆油田开发以后，随着大庆原油产量的增加，石油蜡的产量及品种、生产工艺获得了迅速发展。中国的石蜡基石油来源于三大石油基地：大庆、沈北、南阳。这些地方的石油以含蜡量高而著名，大庆和南阳石油的含蜡量达到了 25%～28%，而沈北石油的含蜡量达到了 39%～40%。目前，中国石蜡产量已经超过 1.5Mt/a（其中中国石油和中国石化 1.35Mt/a），液体石蜡产量也在 0.1Mt/a 以上；微晶蜡的产量受资源与用途的限制，其产量在 0.02Mt/a 以下。中国石油抚顺石化公司是全球最大的石蜡生产基地，石蜡生产能力在 0.6Mt/a。

截止到 2005 年底，全球石蜡总生产能力约为 5.5Mt/a，主要公司及其总生产能力见表 12－1。石油蜡的主要生产过程包括含蜡油的脱蜡脱油、精制、成型和包装等工艺过程。自从 1867 年石油蜡开始商业化生产以来，石油蜡的生产工艺取得了显著的技术进步。石油蜡的生产已经从最初的低温沉积脱蜡发展到溶剂脱蜡脱油联合工艺，精制工艺从化学酸碱精制和吸附精制过渡到加氢处理工艺。

评定石蜡物理性质的主要指标是熔点、油含量、颜色、针入度、运动黏度等，评定石蜡化学性质的指标是光安定性。一般要求反应中性或无水溶性酸碱，其次是要求无臭味和味道，不含水和机械杂质。

表 12－1　全球石蜡生产供应商排名

公司名称	国家和地区	产量/(万 t/a)
中国石油和中国石化	中国	134.5
埃克森莫比尔公司 Exxon Mobil Corp.	美国、加拿大、欧洲	87.75
壳版石油公司 Shell Oil	欧洲、新加坡、马来西亚	48.50
沙索蜡公司 Sasol Wax	欧洲、南非	45.00
鲁克石油公司(Lukoil)	俄罗斯联邦	28.50
委内瑞拉国家石油公司	委内瑞拉	17.50
IGI 公司	美国、加拿大	15.50
巴西石油公司(Perobras)	巴西	13.25
H&R 化学品公司	德国	12.00
飞介/大西方石油公司	美国	11.25
凯罗(cahumet)润滑油公司	美国	10.50
纳福托蜡公司	波兰	10.50
法国道达尔公司	法国	10.25
意大利阿吉普石油公司	意大利	10.25
色特固润滑蜡公司	美国 Citgo Lubes& Waxes	9.75
加拿大石油润滑剂公司	加拿大	9.25
马拉松石油公司	美国	8.75
日本精蜡(Nippon Siero Co.)	日本	7.00
英国石油(BP，CORP.)公司	英国	6.75
土耳其石油公司	土耳其	6.25
索恩本(sonnebom)产品公司	美国	5.70
尔刚(ergon)炼油公司	美国	5.70
塞卜萨(Cepsa)石油公司	西班牙	5.50
瑞普索(Repsol)公司	西班牙	5.50
共计		520.00

二、石油蜡的生产工艺流程

本节主要介绍蜡脱油和蜡精制工艺。

1. *石油蜡的脱油工艺*

减压馏分油溶剂脱蜡得到的蜡膏，一般需要经过脱油与精制两个加工步骤才能得到高质量的石油蜡。蜡膏脱油的工艺有发汗法、溶剂脱油法和喷雾脱油法。

(1) 溶剂脱蜡脱油联合工艺

石油蜡溶剂脱油原理及生产装置与油脱蜡过程基本上相同，即利用溶剂对脱蜡后蜡膏中油和低熔点蜡的溶解度随温度升高而增大的特性，将脱蜡得到的蜡液和加稀释溶剂后升温结晶，再采用过滤使蜡、油进一步分离。脱蜡、脱油过滤得到的滤液、蜡液和蜡下油分别送滤液回收、蜡回收和蜡下油回收系统，回收的溶剂循环使用。

适用于油脱蜡过程的溶剂均适用于蜡脱油过程，蜡脱油过程与油脱蜡过程一般都使用相同的溶剂。常用的溶剂有甲乙酮－甲苯和甲基异丁基酮。

甲乙酮－甲苯脱蜡脱油联合工艺是我国润滑油型炼油厂生产石油蜡的主要方法。本工艺特点是脱蜡所得蜡膏直接加入溶剂再稀释并在一定工艺条件下过滤脱油得到脱油蜡。与其他石油蜡生产工艺比较，甲乙酮－甲苯脱蜡脱油联合工艺技术比较先进，原料适应范围广，适用于生产低含油蜡。我国甲乙酮－甲苯多段滤液逆流脱蜡脱油联合工艺原则流程如图 12－1。

减二线或减三线含蜡原料油用一段脱油滤液稀释并在套管结晶器结晶，再用溶剂稀释后进入脱蜡滤机，脱蜡滤液经回收溶剂即为脱蜡油，蜡膏经二段脱油滤液稀释送到一段脱油滤

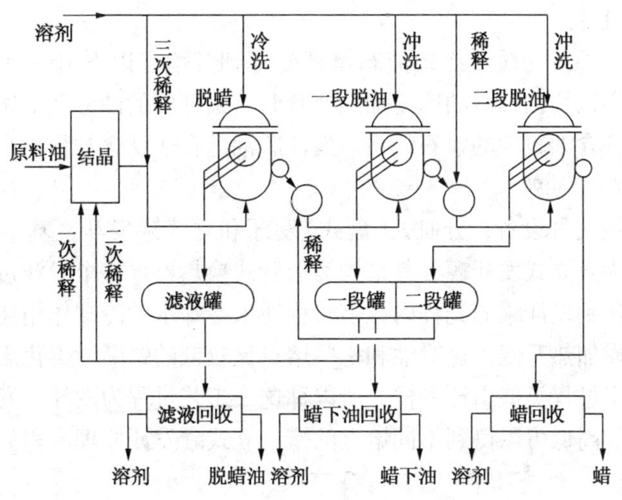

图 12－1　甲乙酮－甲苯脱蜡脱油联合装置工艺原则流程

机，一段脱油滤液大部分返回作为脱蜡稀释液，小部分经回收溶剂得蜡下油。蜡下油一般作为催化裂化原料。一段脱油得到的软蜡，尚含较高油分，熔点也低，须进一步用溶剂稀释浆化，控制在一定温度送到二段脱油滤机，将油分脱到符合商品蜡含油量水平。二段脱油滤液全部作为一段脱油过程稀释液。甲乙酮－甲苯脱蜡脱油联合装置处理大庆油料的典型工艺条件见表 12－2。

表 12－2　甲乙酮－甲苯脱蜡脱油联合装置操作条件

脱蜡油	150SN	350SN
甲乙酮含量/%	70～75	70～75
脱蜡		
一次稀释比	1.0～1.4	1.1～1.3
二次稀释比	0.3～0.5	0.3～0.5
三次释释比	1.2～1.4	1.3～1.4
冷洗比	0.8～1.0	0.8～1.0
原料冷点温度/℃	24～28	28～32
二次溶剂温度/℃	8～10	12～15
三次溶剂温度/℃	－21～－22	－19～－20
冷洗温度/℃	－21～－22	－19～－20
滤机进料温度/℃	－21～－22	－17～－19
脱蜡真空度/kPa	20～40	27～40
平均滤速/[kg/(m^2·h)]	180	175
一段脱油		
稀释比(滤液)	2.6～3.0	2.8～3.2
冷洗比	0.8～1.0	0.8～1.0
进料温度/℃	5～8	10～15
平均滤速/[kg/(m^2·h)]	145	140
二段脱油		
稀释比	4.5～5.0	4.5～5.0
冷洗比	0.7～0.8	0.7～0.8
进料温度/℃	12～15	14～18
平均滤速[kg/(m^2·h)]	130	125
脱蜡油凝点/℃ ≯	－15	－11
脱油蜡含油/% ≯	0.4	0.4
脱油蜡熔点/℃	54～55	62～64

（2）发汗脱油工艺

发汗脱油的基本原理为缓慢冷却液态蜡膏凝固到其熔点以下10～20℃，蜡膏中的蜡呈粗纤维状结晶析出。当以均匀缓慢的速度加热蜡膏时，蜡膏中的油分和低熔点蜡渐渐地从蜡膏中分离出来，最后得到含油较少的粗石油蜡。发汗脱油适合于从含油量不高于25%～35%的蜡膏制备熔点48～58℃的石油蜡。

发汗工艺可采用两种设备，分皿式(盘式)发汗和立式罐发汗，基本原理相同。立式罐发汗工艺的主要设备为直立式发汗罐，其结构类似管式换热器。整个发汗过程是间歇操作，先将加热熔化的含油蜡送到发汗罐的壳程内，借管程通入冷却水的冷却作用使蜡结晶，然后再向管程内通入热水，慢慢加热升温，这时油和一些熔点比较低的蜡渐渐熔化成为液体，顺着蜡晶体间的缝隙流出，这个过程类似出汗一样，所以称这一工艺过程为发汗。发汗工艺根据含油蜡的质量和发汗时温度的高低可以得到不同熔点的蜡。立式罐发汗原理流程如图12－2所示。

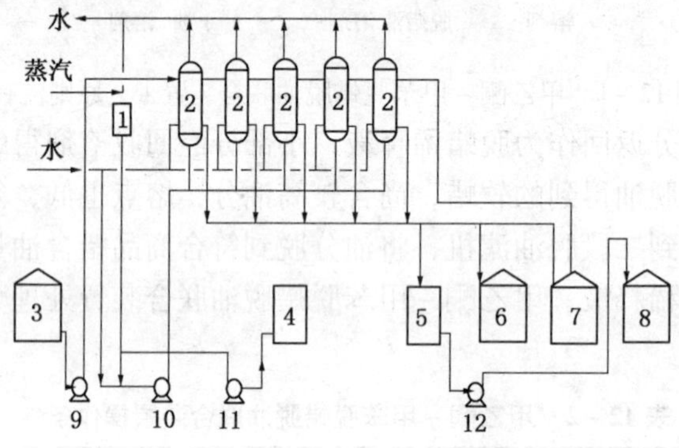

图12－2　立式罐发汗原理流程图

1—温水器；2—立式发汗罐；3—原料罐；4—缓蚀剂罐；
5—精蜡中间罐；6—一蜡罐；7—二蜡罐；8—精蜡罐；
9—原料泵；10—温水泵；11—缓蚀剂泵；12—精蜡泵

通常一套发汗装置由十几台发汗罐组成以便轮换操作。立式发汗罐的缺点是不能得到高熔点的微晶蜡，且蜡收率低，不能连续操作，但设备简单易于建设。

发汗操作的主要工艺操作条件见表12－3。

表12－3　发汗脱油工艺操作条件

项　目	数　据
冷却水初温/℃	比原料熔点低15
蜡层冷却终温/℃	比原料熔点低14
平均冷却速率/(℃/h)	比原料熔点低4～5
加热水初温/℃	比原料熔点低6
升温速率/(℃/h)	比原料熔点低1

（3）喷雾法蜡脱油工艺

喷雾法蜡脱油是一种新型蜡脱油方法，虽然它的设备复杂，但蜡收率高，产品质量好，总产值高，对原料适应性强。

喷雾脱油的原理将熔融的蜡料制成直径足够小的小液滴，在一个温度足够低的环境中快速地降温冷却，高熔点的蜡首先从小液滴中结晶析出，并且由于液、固相变化的原因向小液滴中心收缩形成结晶聚集体，较低熔点的蜡析出后，在结晶聚集体上得以生长，形成蜡结晶核。小液滴中低熔点的油则在高熔点的蜡结晶收缩的过程中被向外挤压。最终凝固于蜡结晶核的外层，形成一个有一定强度的固体小颗粒。使用选择性溶剂、溶解油，然后进行过滤完成油蜡分离。

喷雾蜡脱油装置的喷雾与抽提系统的原理流程如图 12－3 所示。

将原料(粗蜡)加热熔化，在 0.6～0.7MPa 压力下通过喷头使之雾化。喷成一定筛分的颗粒(0.2～0.6mm)经与向上流动的冷异丁烷气体逆流接触，凝固成蜡粒，落入喷雾塔下部，然后沉降到抽提塔。在塔中，用溶剂与蜡粒进行逆向抽提，将蜡粒中的油和低熔点蜡溶解掉，以达到脱油的目的。抽提后的含油溶剂上升至抽提塔膨胀段，并溢流至蜡下油罐。再用泵送去回收溶剂，回收的溶剂循环使用。含溶剂的石蜡也送去回收溶剂，脱除溶剂后，即为成品蜡。经脱油后的蜡中含油量可降至 0.5% 以下。

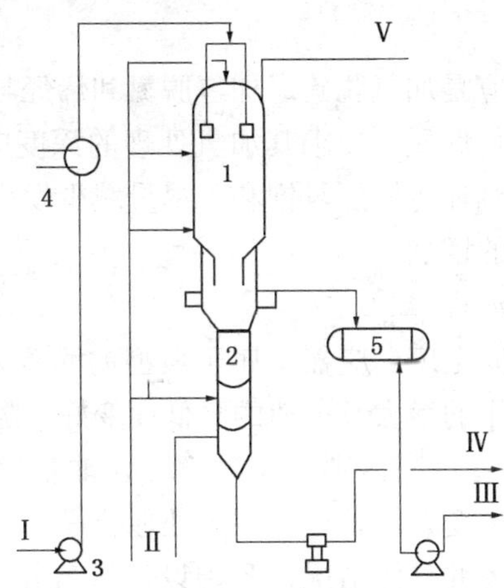

图 12－3　喷雾蜡脱油装置的喷雾与抽提系统原理流程图

1—喷雾塔；2—抽提塔；3—原料泵；4—加热器；5—蜡下油罐

Ⅰ—原料；Ⅱ—冷溶剂；Ⅲ—蜡下油与溶剂；Ⅳ—蜡(含有溶剂)；Ⅴ—异丁烷

喷雾蜡脱油工艺过程包括喷雾成型、溶剂抽提及溶剂回收三部分，有关喷雾成型和溶剂抽提的工艺操作主要影响因素如下：

① 雾蜡粒的直径。蜡粒直径的大小对脱油效果的影响十分明显，随着粒径减小，脱油效果显著提高，工业生产上控制蜡粒平均直径为 0.4mm 左右。

② 雾塔内的热交换。原料喷入塔内雾化后，必须在落入溶剂前的短时间内冷到熔点以下并固化成型，否则未固化蜡粒相互碰撞黏结成团，影响脱油效果。原料固化成型及冷却放出的热量由溶剂异丁烷蒸发带出，每 kg 原料需 0.4～0.6kg 溶剂蒸发以实现这种热交换，影响热交换的主要因素为喷雾塔压力、温度、溶剂温度等。工业装置塔压力一般为 0.1～0.12MPa，喷雾塔上部温度约为 25℃，中部约为 20℃。进塔溶剂温度－3℃左右。

③ 剂比。异丁烷是喷雾脱油溶剂，又是致冷剂。溶剂比增加，蜡的含油量和收率下降，熔点上升。工业装置上根据原料性质不同控制溶剂比为 5～7。

④ 提温度。异丁烷溶剂在低温时选择性较好，高温时选择性差。如高温操作，产品收率下降，含油量也上升，但低温操作要求制冷量增大。工业装置上一般采用－1～1℃。

2. 石油蜡精制工艺

石油蜡主要由正构烷烃、异构烷烃、环烷烃、少量烯烃、芳烃以及微量非烃化合物构成，微晶蜡主要由带有正构或异构烷基侧链的环烷烃和芳烃组成。纯净的烷烃本身在紫外光下很安定，只有长期在日光下放置或承受高温时才会变色。但是，如果蜡中含有非烃类物质则安定性变差。日光中波长为290~350nm的紫外光的能量为343~460kJ/mol，而非烃类物质中的硫、氮和氧的化学键能一般都小于314kJ/mol。因此，日光中的紫外光就足以破坏非烃类杂质中的硫、氮、氧的化学键。断键和热氧化是伴生的，在光和氧的作用下，蜡中的极性物质及键能小的烃类分子发生断键、氧化生成羧基和羟基等降解产物，再经继续断键、氧化生成着色基团，引起蜡变色、变质，严重影响蜡的使用性能。此外，蜡中含有的以3，4－苯并芘为代表的稠环芳烃是强致癌物，对人体有害。因此，必须对蜡进行精制，脱除这些非理想组分。

石油蜡的主要精制方法有酸碱精制、吸附精制和加氢处理。目前工业上石油蜡和微晶蜡的精制主要采用加氢处理。同时为了保证蜡产品的稳定性，在蜡中可加添加剂，如蜡光稳定添加剂、蜡抗氧剂等。

（1）石油蜡加氢处理原理

蜡加氢处理过程的主要反应是加氢脱硫、加氢脱氮和烯烃与芳烃的加氢饱和。为了不改变原料蜡的基本构成和主要理化性质，要求其加氢处理的深度应尽可能加氢脱除其中的硫、氮和氧，将烯烃、芳烃特别是稠环芳烃加氢饱和，尽量减少发生C—C键断裂生成小分子的裂解反应，避免加氢蜡含油量的增加。

（2）石油蜡加氢处理工艺流程

石油蜡加氢处理一般采用固定床反应器，属于典型的滴流床液相反应过程，反应热小。加氢蜡的光、热安定性随氢分压的增大及空速的降低而变好。随温度的升高，产品色度、安定性相应提高。但是，如果温度过高，则发生裂解，含油量增加。例如，温度超过340℃时，蜡中含油量迅速增加，质量变差。国外蜡加氢处理装置的设计压力比普通馏分油加氢处理要高，根据蜡资源和加氢装置的具体情况，我国设计压力等级一般为不大于8MPa，反应温度220℃以上，但是也有装置石蜡加氢处理化学氢耗量很小，理论上氢蜡比可以很低，但生产装置上氢蜡比过低会影响到反应器床层气液分配。综合考虑上述因素，石蜡加氢处理的操作条件的选择见表12－4。

从表12－4可见，国内外蜡加氢工艺过程条件基本相同。在上述工艺条件下，使用国产催化剂，加氢处理熔点不高于64℃、含油量低于0.5%、赛波特比色小于9号、光安定性不大于8号的洁净蜡料，产品质量一般均能达到食品石蜡标准，产品收率大于99.5%。在国内14套蜡加氢工业装置中，共有12套采用上述中压加氢技术，2套采用高压加氢工艺。

表12－4　石蜡加氢精制工艺条件

操作条件	国　内	国　外	操作条件	国　内	国　外
总压/Mpa	5~8	4~10	空速/h^{-1}	0.6~2.0	0.5~2.0
温度/℃	230~310	250~300	氢蜡体积比	100~300	100~300

与馏分油加氢处理过程相似，蜡加氢处理工艺流程一般包括原料预处理、加氢反应及生成油后处理三大部分。原料蜡一般经过滤、脱气等过程预处理，脱除原料中携带的杂质、微量水、溶剂及溶解的空气氧等，再与氢气混合、加热进入反应器，进行加氢处理反应。反应产物分别在高压和低压分离器内进行气液分离，再经汽提、干燥和过滤得到目的产品。在蜡加氢处理中，脱除硫、氮等非烃化合物的反应通常要求较高的反应温度，而芳烃饱和由于受化学反应平衡的限制，通常在较低温度下更有利。在单段单反应器流程中既要达到非烃脱除又要满足芳烃饱和要求，操作参数较难寻优，所以开发了二段加氢处理工艺。

单段蜡加氢处理工艺流程可分为单段单反应器或单段串联双反应器流程两种。单反应器流程通过装填同一催化剂或不同催化剂、优化操作参数，单段串联双反应器工艺流程可分别将脱色与芳烃饱和反应在操作条件不同的两个反应器中完成，达到精制目的。原料蜡与氢气混合后经加热进入第一反应器(一反)，在较高的温度下加氢脱除硫、氮等非烃化合物。一反产物经换热降温后进入第二反应器(二反)，在较低的温度下进行烯烃、芳烃饱和，以改善安定性，并使残存的稠环芳烃进一步转化，达到食品级标准。二反产物先后在高压分离器和低压分离器内进行气液分离，再经汽提、干燥得到目的产物。简化的单段蜡加氢处理工艺流程见图 12－4 和图 12－5。

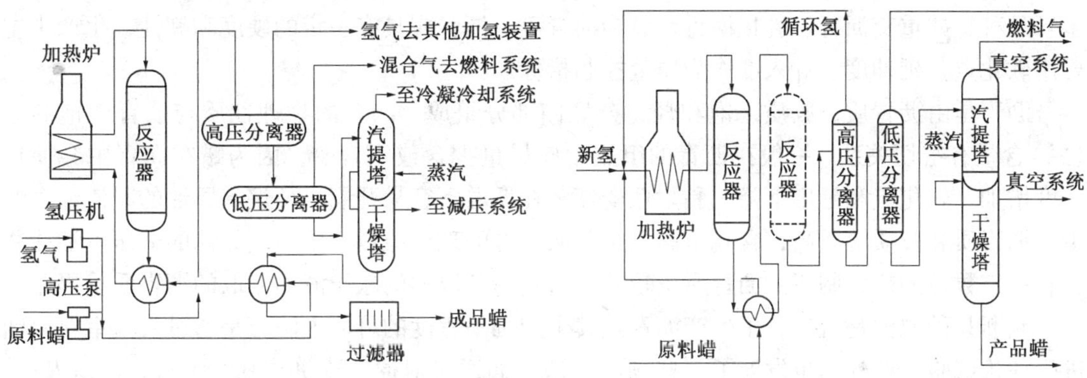

图 12－4　中压蜡单段单反应器加氢处理工艺流程图

图 12－5　中压蜡单段双反应器加氢处理工艺流程

其工艺流程特点是操作压力相应较低，耗氢低，流程中氢气不循环使用；采用滴流床反应器，炉前混氢；用于蜡加氢处理的催化剂主要为 W－Ni、Mo－Ni 及 Mo－Co 催化剂；加氢生成蜡后处理一般采用常压汽提和减压干燥复合塔，改善石蜡的挥发性和颜色。

两段蜡加氢处理工艺流程大部分采用两个单段加氢处理装置串联(如图 12－6 所示)。一段出料作为二段进料。一段脱除石蜡中的硫、氮杂质，加氢饱和绝大部分芳烃，采用双金属催化剂；二段加氢饱和剩余的微量芳烃，选用镍及贵金属催化剂，该工艺流程适用于劣质原料蜡生产食品级或医药级蜡。采用上述工艺流程，在同一套装置上既可加氢处理普通石蜡，也可加氢处理微晶蜡、润滑油、白油及其他特种油品。但是，加工这些油品时，操作条件一般更为苛刻。

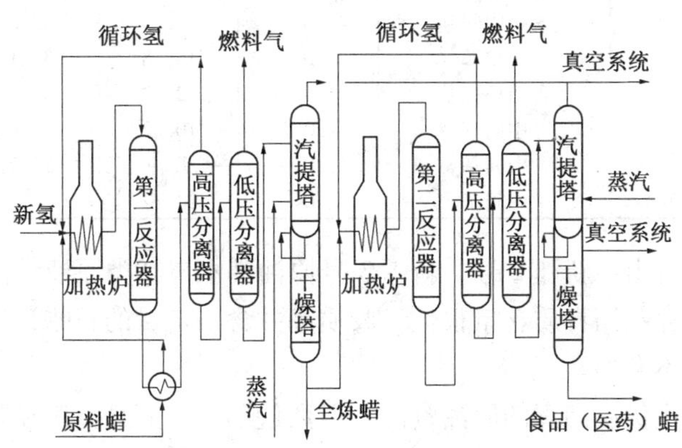

图 12－6　两段蜡加氢处理装置流程示意图

第二节　沥青的生产

一、概述

沥青是以减压渣油为主要原料制成的一类呈黑色固态或半固态黏稠状石油产品。近年来，沥青的用途越来越广，包括公路、屋顶、防护涂料、水利工程、防水纸、黏附剂、油漆及橡胶的组分和铁路路基的涂料等，其中以道路沥青的用量最大。沥青品种发展很快，有许多新品种，如重交沥青、乳化沥青、装饰沥青等。沥青应具有一定的硬度和韧性，生产中主要用软化点、延伸度、针入度作为质量控制指标。

沥青是由沥青质、胶质、饱和烃、芳烃四部分组成。沥青的物理性质与沥青中饱和烃(蜡)含量有密切关系。一般在沥青的组成中应尽量少含或不含蜡，因为蜡在沥青中会使针入度增加，软化点和延度下降、黏附性变坏，在低温下容易开裂。环烷基原油的减渣油含蜡少，沥青质和胶质含量高，含硫量高，是制取沥青的理想原料。中间基原油的减压渣油往往含有一定数量的蜡，制成的沥青质量较差。由石蜡基原油的减压渣油制取的沥青质量更差。

判断某种原油是否适合于生产沥青及其生产难易程度的可靠方法，是通过实验室对原油进行评价试验。此外，也发展了一些预测方法，如通过对原油中沥青质(AR)、胶质(R)及石蜡(W)的质量百分含量分析，将原油分为三类：

① $AR+R-2.5W>8$ 为高胶质低蜡原油，最有利于生产道路沥青；

② $AR+R-2.5W=0\sim8$ 为高胶质高蜡，含胶质含蜡或少胶质含蜡原油，可通过深拔蒸馏、溶剂抽提、氧化、调合等办法生产道路沥青或其他沥青。

③ $AR+R-2.5W<0$ 为含胶质高蜡或少胶质含蜡原油，不适宜生产沥青。

按照以上的分类，我国大部分原油(90%以上)都属于最后一类，但在我国胜利、辽河、新疆等大油区中存在一些小区块，这些原油的 $AR+R-2.5W$ 值见表 12-5 所示。

表 12-5　我国某些原油的 $Ar+R-2.5W$ 值

油区	小区	原油属性	AR	R	W	$AR+R-2.5W$
胜利	孤岛	含蜡环烷基	2.9	24.8	4.9	15.45
	单家寺	环烷基	1.8	22.8	1.8	20.1
辽河	高升	含蜡中间基	0	32.3	5.8	17.8
	锦十六块	环烷基	0	14.8	3.1	7.05
大港	羊三木	含蜡环烷基	0	22.2	5.6	8.2
新疆	2 号原油	中间基	0	10.2	3.8	0.7
	3 号原油	中间基	0	9.9	2.9	2.65
	乌尔禾(重1井)	中间基	0	24.7	4.7	12.95

从表 12-5 中可看出，新疆 2 号、新疆 3 号原油基本属②类原油。而其它原油则全属①类原油，但它们普遍存在沥青质含量很低，胶质高并含一定量的石蜡，这些对于蒸馏法直接生产优质道路沥青是不利的。

我国虽有一些生产优质沥青的原油资源，但数量不大，而且分散在各油区内，除个别地区之外，这些原油大多数混入大宗原油之中，因而迄今我国石油沥青的生产，除个别地区采用环烷基原油为原料，利用直接蒸馏法获得符合标准的沥青外，大多数均采用溶剂抽提、氧化与调合相结合的工艺，从各种原油制取沥青，包括高含蜡的石蜡基大庆原油。

二、沥青的生产工艺

沥青的生产工艺主要有四种，即常减压蒸馏法、氧化法、溶剂法、调合法。用常减压蒸馏法生产重交通道路石油沥青对原油有严格的要求。用溶剂脱沥青法生产重交通道路石油沥青的难度较大，通常与沥青调合法配合生产，但对原油属性要求较小。氧化法有利于提高沥青的软化点，但会使沥青延度和针入度有较大幅度的下降，在道路沥青中应用较少，在建筑沥青生产中常用该法。用构成沥青的四个组分按质量要求所需的比例重新调合，所得的沥青叫合成沥青或重构沥青，可以用同一原油的四组分作调合原料，也可用同一原油或其他原油的组分作调合原料。调合工艺可不受原油资源限制，可充分利用其他重油资源，生产出高品质的重交通道路石油沥青。

1. 氧化沥青的工艺

（1）氧化沥青工艺原理

氧化沥青工艺是将减压渣油或溶剂脱沥青油或它们的调合物在一定温度和通入空气的条件下进行氧化，改变沥青的组成，使软化点升高、针入度及温度敏感度减小，以达到优质沥青规格指标和使用性能要求。如果减压渣油的软化点较高，有时无需氧化即可作为商品沥青，但大多数的减压渣油均需经过氧化后，才能达到合格的沥青标准。

渣油氧化过程是在温度和空气中氧的作用下，渣油中的芳烃、胶质和沥青质部分氧化脱氢生成水，而余下的重油组分的活性基团互相聚合或缩合生成更高相对分子质量物质的过程，其转化过程简单表示如下：

芳烃→胶质→沥青质→碳青质→焦炭

除上述氧化脱氢缩合主要反应外，氧与烃类物质还产生副反应生成羧酸、酚类、酮类和酯类等物质。其中以酯类为主，酯也可以互相结合而向高分子转化，最后生成沥青质。酯转化反应在低氧化温度下进行，而在较高的氧化温度下，则以脱氢缩合反应为主。

渣油中的饱和烃在空气氧化过程中基本不被氧化。氧化产品中饱和烃含量的减少。主要是烃类发生部分裂解反应的结果。

渣油氧化后组成发生变化，饱和烃、芳烃和胶质减少，沥青质相应增多；胶体分散体系的结构发生变化，由于沥青质的增加，分散相相对增多，芳烃和胶质减少，分散介质的溶解能力不足，或由于分子聚集形成网络结构，使沥青由溶胶型逐步向溶胶—凝胶型和凝胶型转化。反映在理化性质上是其软化点升高，针入度降低，流动性减小。

（2）氧化沥青的工艺流程

早期的氧化设备是单独釜，以后改成连续釜氧化，现在已发展成为塔式氧化装置。塔式氧化沥青原理流程见图 12－7 所示。

原料油经加热炉加热后，在氧化塔的中部进入，与从塔下部吹入的压缩空气逆流接触氧化。氧化气体和水蒸气从塔顶升气管进入混合冷凝器，与低温循环油接触冷凝冷却。冷凝液送入循环油罐，未凝气从混合冷凝器顶进入气液分离罐，在气液分离罐中打入工业水来洗涤未凝气，分离出的水用注水泵打入氧化塔的顶部，以控制氧化塔顶温度，防止着火爆炸，减少塔顶升气管结焦，延长开工周期。从气液分离罐分出的气体作为加热炉的燃料，氧化塔底成品用泵抽出进行包装。

（3）沥青氧化的影响因素

① 氧化温度。一般来说，反应温度越高，到达相同软化点沥青所需的时间越短。氧化温度过高，会促使大分子缩合物——苯不溶物和焦炭的过多产生，从而影响成品沥青的质量。一般根据成品沥青的针入度来选择适当的氧化温度，见表 12－6。

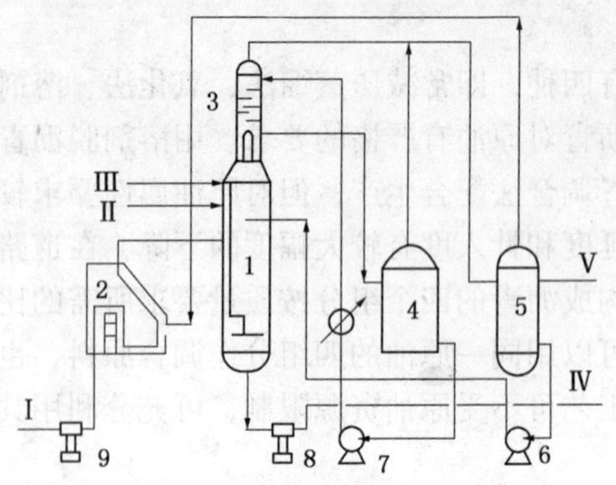

图 12－7　塔式氧化沥青原理流程图

1—氧化沥青塔；2—加热炉；3—混合冷凝器；4—循环油罐；
5—气液分离罐；6—注水泵；7—循环油泵；8—成品泵；9—原料泵
Ⅰ—原料油；Ⅱ—水蒸气；Ⅲ—空气；Ⅳ—成品沥青；Ⅴ—水

表 12－6　氧化温度对针入度的影响

成品沥青针入度（25℃）/（1/10mm）	90～120	40～70	10～30
氧化温度/℃	250～255	260～280	280～300

② 氧化风量。增加风量由于扩散作用加强可以提高沥青反应速度，缩短氧化时间。但风量达到一定极限值时，再增加对反应速度基本无影响。图 12－8 为在氧化温度 270℃下，同一原料渣油进行氧化，其产出沥青的软化点为 72～75℃时，不同通风量与氧化所需时间的关系。从图可以看出，通风量以 80L/（h·kg）为宜，再增加风量已不能缩短氧化时间。

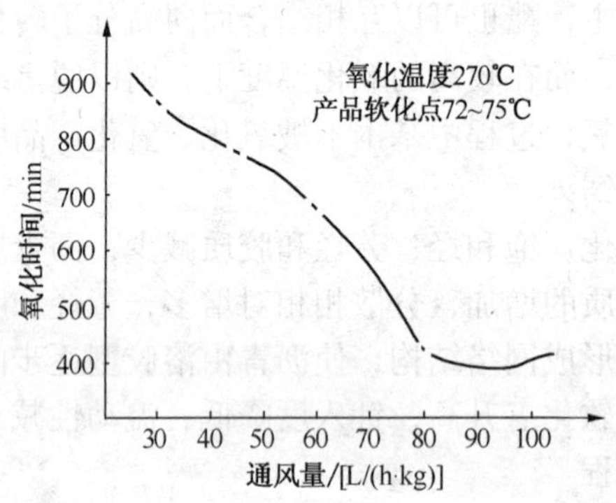

图 12－8　通风量与氧化所需时间的关系

③氧化时间。对连续氧化来讲，在一定处理量下，氧化塔内液面高低直接决定了氧化时间的长短。氧化时间短，反应深度不够，胶质、沥青质生成量少，产品软化点低，针入度大，氧化时间过长，反应深度太大，产品中胶质大量转化成沥青质、碳青质，甚至变成焦炭，所得沥青软化点升高，性质变脆。只有控制适宜的反应时间及适当的反应深度才能得到合格的产品。图 12－9 是孤岛、胜利混合减压渣油工业装置实验结果。从图可以看出，在氧化温度及通风速度不变的情况下，随氧化时间增长，产品软化点增高，针入度降低，下降趋势开始很快，到后期降低速度越来越小。延度变化趋势是在氧化初期开始上升，当升到一高峰后开始急剧下降，到后期变得较缓慢。

塔式氧化沥青的工艺条件见表 12－7。塔式氧化沥青生产效率高，节省压缩空气，连续生产自动化程度较高，减少对环境的污染，燃料消耗降低。

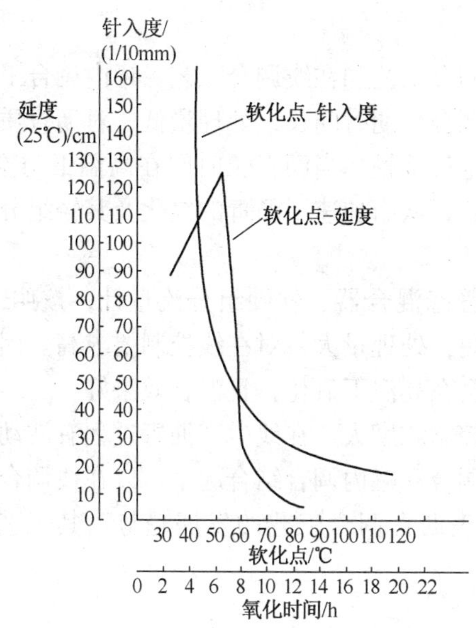

图 12－9　氧化时间、软化点与产品针入度和延度的关系

原料：孤岛渣油/胜利渣油＝6/1，软化点：42℃、针入度：194(1/10mm)

反应温度：265～270℃

通风速率：125m^3/(t·h)

表 12－7　塔式氧化沥青的工艺条件

工艺条件及产品质量 ＼ 原料油	混合原料 1①	混合原料 2②	新疆减压渣油
操作条件			
氧化塔液相温度/℃	180～300	273～310	292～305
氧化塔气相温度/℃	110～180	100～180	138～180
炉出口温度/℃	230～260	240～285	247～280
风量/(m^3/m^3 原料油)	100～106	92～100	100～110
产品质量			
软化点/℃	74～84	91～120	100
针入度(25℃、100 克)(1/10mm)	30～37	9～15	11
延度(25℃)/cm	3.0～3.7	3.0　4.0	3.0
产品品种	30 号	10 号	主胶③

① 混合料 1——大庆及玉门原油混合进料的减压渣油。

② 混合料 2——混合料 1 加新疆压渣没。

③ 主胶——电机绝缘胶的一种，适用于一般电机定子缘圈的浸渍。

2. 沥青调合工艺

(1) 沥青调合工艺原理

随着经济的快速发展，技术的进步，对沥青的质量要求越来越高，单一原油通过常减压蒸馏生产高品质的沥青会越来越少，而用沥青调合法用不同油源的调合组分经过调合，生产高品质沥青，因而使生产沥青的油源范围大大扩大，使炼油装置生产沥青的灵活性大大增强。

沥青调合的主要理论依据是按照沥青四个不同的组分(饱和分、芳香分、胶质和沥青质)对沥青性质的贡献，通过沥青调合工艺，使原来四组分匹配不好的沥青转化为四组分匹配更合理的胶体结构系统，沥青的品质大幅提高。

(2) 沥青调合工艺流程

沥青调合工艺分为罐内调合工艺和在线调合工艺。罐内调合工艺是最古老的一种沥青调合工艺，工艺相对简单，但调合周期时间长，处理量低，对沥青质量有较大的影响。因为在沥青调合罐的上部，沥青与空气接触，当沥青长时间在高温下与空气接触，且不断搅拌时，会使沥青与空气界面不断更新，从而加速了沥青的氧化及其轻组分挥发，使沥青质量损失增大，沥青针入度衰减较严重。

在线调合工艺就是利用静态混合器、软硬组分流量计，按照一定比例在管线内进行调合。该工艺先进，调合时间短，处理量大，对在线控制要求高。因调合组分与空气隔绝，即使在高温下调合，沥青也不会在高温下氧化，且混合效果好。

由于沥青黏度大，在线控制难度大，在线生产沥青过程有波动，或沥青进罐后进行短时间的搅拌匀质。所以把在线调合和罐内调合结合起来，以在线调合为主，罐内调合为辅是目前连续生产的最佳工艺，代表沥青调合工艺的发展趋势。其工艺原则流程图如图 12 - 10 所示。

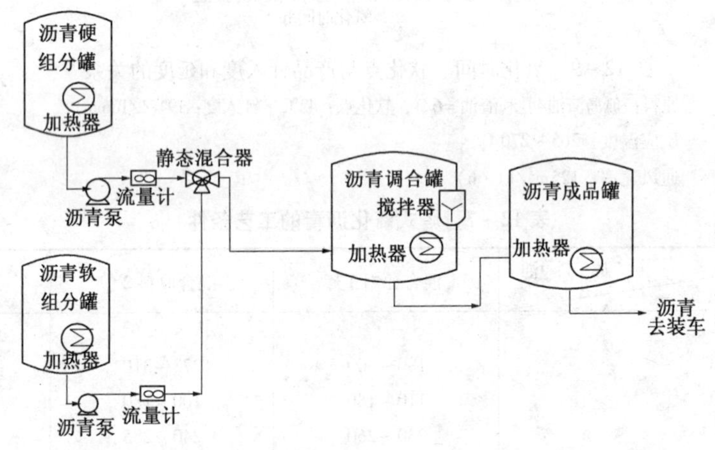

图 12 - 10　沥青在线和罐内调合组合工艺

(3) 沥青调合工艺的影响因素

① 沥青调合组分的影响。沥青调合组分分为硬组分和软组分，调合沥青的硬组分主要包括溶剂脱沥青工艺生产的脱油硬沥青、减压渣油深拔得到的沥青、减压渣油经氧化或半氧化后得到的沥青，或质量不合格的针入度较小的石油沥青。调合沥青的软组分主要包括减压渣油或针入度较高的沥青、石化产品加工过程中得到的富含芳烃组分。如催化裂化油浆、润滑油精制抽出油、乙烯裂解尾油以及废机油等。其中应用较多的软组分是减压渣油、催化油浆和润滑油精制抽出油。

进行沥青调合时首先要考虑软硬组分要有互补性，当要控制沥青蜡含量时可用蜡含量低的组分调合，当要提高沥青的针入度比时可用针入度高的组分进行调合，当要提高沥青延度时可用延度好的组分调合。总之，调某指标就调入改善该指标的组分。其次，要选择适当的软硬组分的针入度，使调合后的沥青满足沥青三大指标要求，之后再进行优化，使沥青质量指标完全满足要求。最后，软硬组分的选取应以试验作为基础，不能仅仅靠理论选取。因为一些调合沥青的四组分数据相近，但物理性质却差异很大，这是因为油源不同，每一组分在分子结构和相对分子质量上也有很大的差别，调合沥青的性质与各组分比例之间并非简单的线性加和关系，而与形成的胶体结构有关。

② 调合时间和调合温度的影响。调合时间和调合温度是沥青调合重要的工艺参数，在调合温度相同时，调合时间延长，延度增加。在调合过程中，调合时间越长，在达到相同调合沥青时，调合温度就越低。反之，调合时间越短，在达到相同调合沥青时，调合温度就要越高。在调合沥青的组分间已充分混合，构成了稳定的胶体体系后，延长时间和适当提高调合温度对沥青质量的影响大大降低。工业生产中，调合温度为140～150℃，调合时间约24h左右较为适宜。

3. 沥青改性工艺

沥青作为路面材料的主要缺点是对温度敏感性强，高温变软发黏，低温变脆易裂，且在高温和紫外线照射下会产生老化现象。对其改性的主要目的是改善沥青混合料在高温下的路用性能，提高其抗车辙、抗疲劳、抗老化及抗低温开裂等性能。通常在沥青或沥青混合料中加入天然或合成的有机或无机材料，熔融或分散在沥青中，与沥青发生反应或裹覆在集料表面，从而改善或提高沥青路面性能。

（1）沥青改性剂

① 无机改性剂。通过无机物对沥青改性可提高其性能，常用的无机改性剂有白炭黑、纳米碳酸钙和硅藻土等。其中硅藻土与基质沥青通过物理共混可形成稳定整体，具有良好的相容性，与基质沥青相比，硅藻土改性沥青的温度稳定性明显提高，且硅藻土的加入对改善沥青的低温性能有利。

② 聚合物沥青改性剂。用于沥青改性的聚合物种类较多，一般可将其分为橡胶、橡胶塑料和树脂类三类。

橡胶类沥青改性剂包括如天然橡胶(NR)、丁苯橡胶(SBR)、氯丁橡胶(CR)、丁二烯橡胶(BR)、乙丙橡胶(EPDM)等。这类改性剂具有优良的抗低温开裂性能，可增大沥青与石料的黏附力。

橡胶塑料类沥青改性剂包括苯乙烯－丁二烯－苯乙烯嵌段共聚物(SBS)、苯乙烯－异戊二烯－苯乙烯嵌段共聚物(SIS)、苯乙烯－乙烯－丁二烯－苯乙烯共聚物(SEBS)等热塑性弹性体。这类改性剂具有增加柔性、抗永久变形能力和好的耐久性。

树脂类沥青改性剂包括热塑性树脂和热固性树脂。热塑性树脂包括聚乙烯(PE)、乙烯－醋酸乙烯共聚物(EVA)、无规聚丙烯(APP)、聚氯乙烯(PVC)、聚酰胺等；热固性树脂包括环氧树脂(EP)、酚醛树脂、聚氨酯树脂等。这类改性剂对高温稳定性有明显提高，使黏结力、抗冲击、震动能力提高。

③ 纳米复合材料沥青改性剂。利用无机纳米或亚微米粒子与聚合物复合，加到沥青中，即使不进行反应共混也可大大提高改性剂聚合物与沥青的相容性，在提高其韧性的同时，可以保持其刚性和强度。若在此基础上进行反应共混，沥青性能有望进一步提高。

已经被采用的纳米复合材料沥青改性剂有弹性体/层状硅酸盐纳米复合材料、白炭黑/SBS复合材料、环氧树脂/蒙脱土纳米复合材料等。

沥青改性剂应具有以下特点，与沥青具有良好的相容性；在沥青混合料混合温度下，改性剂不发生降解；通过传统的拌合和摊铺设备能够被加工；当与沥青混合在储存、摊铺和使用服务期间，能保持其主要性能；最后要成本低。

（2）沥青的改性工艺

沥青改性工艺可分为物理法和化学法。目前大多数改性沥青属于物理方法改性，也有少量采用物理或化学手段进行稳定性处理。例如，SBS 改性沥青通过搅拌、剪切等物理方法将

SBS 均匀分散于沥青中，SBS 与沥青之间并未发生明显的化学反应，仅仅是物理意义上的混溶。由于 SBS 与沥青之间的密度、极性、相对分子质量以及溶解度等参数的性质差异较大，绝大部分 SBS 与沥青热力学不相容，即使将 SBS 细化并均匀地分散于沥青中也不能形成稳定的均相体系，即 SBS 沥青共混体系的相分离是自发进行的，一旦停止搅拌就会发生 SBS 凝聚和离析，形成聚合物富集相和沥青富集相，不能很好地发挥聚合物改性作用，储存稳定性差，影响其路用性能。

(3) 反应性共混改性沥青

反应性共混改性沥青技术是指通过加入增容剂、交联剂等添加剂或通过在聚合物分子中引入可以与沥青反应的活性官能团等方法，使沥青与聚合物在共混过程中发生交联、接枝等化学反应，并在沥青与聚合物之间引入化学键，从而形成网络结构，不仅从根本上解决了聚合物改性沥青的热储存稳定性问题，而且可以大幅度提高改性沥青性能。

反应性共混改性技术可分为两类：一是对聚合物进行改性，使其具有能与沥青反应的官能团；二是在聚合物与沥青共混过程中加入促进沥青与聚合物反应的添加剂。国外在反应性改性沥青方面技术比较成熟，许多产品已实现工业化。例如，埃尔夫公司 STYRELF 系列改性沥青采用多硫化物作为偶联剂，加工过程中沥青与聚合物之间产生不可逆化学反应，以提高沥青的内聚力和柔性，改善沥青高温下抗车辙和低温抗开裂能力。

参 考 文 献

1 侯祥麟. 中国炼油技术. 北京：中国石化出版社，1991

2 李淑培. 石油加工工艺学(上、中、下). 北京：中国石化出版社，1991

3 侯祥麟. 中国炼油技术新进展. 北京：中国石化出版社，1999

4 林世雄. 石油炼制工程(第三版). 北京：石油工业出版社，2000

5 侯芙生. 中国炼油工业技术发展途径展望. 当代石油石化，2005，13(3)：7~17

6 钱伯章. 中国炼油技术的新进展. 天然气与石油，2006，24(6)：50~51

7 程丽华. 石油炼制工艺学. 北京：中国石化出版社，2005

8 姚国欣. 国外炼油技术新进展及其启示. 当代石油石化，2005，13(3)：18~25

9 王基铭. 新世纪石油炼制和石化技术的发展趋势. 中国石化，2004，(11)：4~7

10 胡盛忠. 石油工业新技术与标准规范手册——油气分析测试化验新技术及标准规范. 哈尔滨：哈尔滨地图出版社，2005

11 北京石油设计院，石油化工工艺计算图表. 北京：烃加工出版社，1985

12 崔国华，罗全君. 常减压蒸馏装置的节能分析. 石油化工应用，2007，26(6)：65~68

13 宋景平，柴宗明. 常减压蒸馏装置用能分析与探讨. 中外能源，2007，12(6)：96~99

14 张晓静，崔毅. 典型原油深拔蜡油及渣油性质研究——辽河原油深拔蜡油及渣油性质研究. 天然气与石油，2007，25(1)：31~36

15 武俊平. 电脱盐装置操作优化及设备改造. 齐鲁石油化工，2007，35(2)：145~148

16 于会泳. 高速电脱盐技术及其应用. 石化技术，2007，14(3)：53~56

17 刘海燕，于建宁，鲍晓军. 世界石油炼制技术现状及未来发展趋势. 过程工程学报，2007，7(1)：176~185

18 白颐. 我国石油和化学工业现状及发展态势. 化工技术经济，2004，22(1)：4~10

19 贺丰果，马喜平，李涛. 原油破乳剂现状及其选择评价方法. 上海化工，2006，31(1)：32~34

20 赵法军，刘一臣，李春敏. 原油深度脱盐脱水工艺研究. 化学工程师，2004，(8)：32~34

21 胡同亮，杨柯，马良军等. 原油脱盐脱水研究进展. 抚顺石油学院学报，2003，23(3)：1~5

22 曲红杰，孙新民，毕红梅，高金玲. 原油破乳剂的研究应用及发展方向. 内蒙古科技与经济，2007，(6)：97~98

23 安晓熙，田原宇，冯娜. 重油热加工技术的研究进展. 化工文摘，2008，(3)：55~57

24 翟国华. 21世纪中国炼油工业的重要发展方向——重质(超重质)原油加工. 中外能源，2007，12(3)：58

25 侯英生. 发挥延迟焦化在深度加工中的重要作用. 当代石油化工，2006，14(2)：3~12

26 翟国华，黄大智，梁文杰. 延迟焦化在我国石油加工中的地位和前景. 石油学报(石油加工)，2005，6(3)：49~51

27 张刘军，高金森，徐春明. 我国重油转化工艺技术. 河南化工，2004，18(5)：62~64

28 张德义. 含硫原油加工技术. 北京：中国石化出版社，2003

29 徐富贵，宋昭峥，罗方敏等. 我国含硫渣油加工方法的探讨. 现代化工，2006，26(10)：8~9

30 康建新，申海平. 流态化焦化的发展概况. 炭素技术，2006，25(3)：28~33

31 张建忠. 重油加工技术的新进展及发展趋势. 炼油化工，2005，12(12)：45~46

32 梁文杰. 重质油化学. 东营：石油大学出版社，2000，421~423

33 程之光. 重油加工技术. 北京：中国石化出版社，1994

34 张立新. 中国延迟焦化装置的技术进展. 炼油技术与工程，2005，35(6)：1~7

35 胡德铭. 延迟焦化工艺进展. 当代石油石化，2003，11(5)：211~25

36 赵江. 减粘裂化装置的现状及发展. 石油化工动态. 1999 7(6)：391~44

37 陈俊武主编. 催化裂化工艺与工程(第二版)(上、中、下册). 北京：中国石化出版社，2005
38 陆红军. 催化裂化催化剂的配方设计及研究进展. 炼油技术与工程，2006，36(11)：30
39 田辉平. 催化裂化催化剂及助剂的现状和发展. 炼油技术与工程，2006，36(11)：6
40 苗兴东. 催化裂化技术的现状及发展趋势. 河北化工，2007，30(1)：6
41 潘元青. 国内外催化裂化催化剂技术新进展. 润滑油与燃料，2007，17(2)：25
42 谢朝钢. 国内外催化裂化技术的新进展. 炼油技术与工程，2006，36(11)：1
43 石油部第二炼油设计研究院. 催化裂化工艺设计. 北京：石油工业出版社，1984
44 方向晨. 加氢精制. 北京：中国石化出版社，2006
45 李大东. 加氢处理工艺与工程. 北京：中国石化出版社，2004
46 胡永康，关明华. 国内外馏分油加氢裂化催化剂的发展. 抚顺烃加工技术，2000，(1)：1
47 黄新露，曾榕辉. 加氢裂化工艺技术新进展. 当代石油石化，2005，13(12)：38
48 赵琰. 我国加氢裂化催化剂发展的回顾与展望. 工业催化，2001，9(1)：9
49 韩崇仁. 加氢裂化工艺与工程. 北京：中国石化出版社，2001
50 方向晨. 加氢裂化. 北京：中国石化出版社，2008
51 徐承恩. 催化重整工艺与工程. 北京：中国石化出版社，2006
52 寿德清，山红红. 石油加工概论. 北京：石油大学出版社，1996
53 沈本贤，刘纪昌. 基于分子管理的石脑油资源优化利用. 中国工程院化工、冶金与材料工程学部第五届学术年会论文集，2005 年 11 月，博鳌
54 孙兆林. 催化重整. 北京：中国石化出版社，2006
55 李成栋. 催化重整装置技术问答. 北京：中国石化出版社，2006
56 邵文. 中国石油催化重整装置的现状分析. 炼油技术与工程，2006，36(7)：1~4
57 王树德. 中国石化催化重整装置面临的形势与任务. 炼油技术与工程，2006，36(7)：1~4
58 李亚军等. 发展催化重整装置改善我国油品质量. 现代化工，2005，25(2)：5~8
59 胡德铭. 我国催化重整装置发展空间的探讨. 炼油技术与工程，2004，34(10)：5~9
60 胡德铭. 催化重整工艺进展. 当代石油石化，2002，10(9)：16~19
61 徐又春，韩宇才. 低压组合床重整装置的技术经济性探讨. 炼油设计，2002，32(12)：38~41
62 徐又春，阎观亮. 低压组合床催化重整装置的设计及考核. 炼油设计，2002，32(1)：8~13
63 袁忠勋. 催化重整——中国 21 世纪的炼油工艺. 催化重整通讯，2001，(4)：1~7
64 冯敢，杨森年. 催化重整催化剂的开发和应用. 催化重整通讯，2001，(1)：1~8
65 胡德铭. 近期国外催化重整和芳烃生产技术的主要进展. 石油化工动态，2000，8(6)：28~33
66 王少飞. UOP 连续重整第三代再生技术的应用. 石油炼制与化工，2000，31(6)：9~12
67 罗加弼. 我国催化重整面临的机遇与挑战. 催化重整通讯，1999，(4)：8~18
68 梁文杰. 石油化学. 山东：石油大学出版社，1995
69 侯祥麟. Advances of Refining Technology in China. Beijing：China Prtro chemical Press. 1997
70 鲍杰，严国祥，邬晓风. 合成 MTBE 非均相催化精馏过程数学模拟. 化学工程，1994，5：6~7
71 赵延飞，晏乃强，吴旦等，石油的非加氢脱硫技术研究进展. 石油与天然汽化工，2004，33(3)：174~178
72 寿德清，山红红. 石油加工概论. 北京：石油大学出版社，1996
73 陈绍洲，常可怡. 石油加工工艺学. 上海：华东理工大学出版社，1997
74 高步良. 高辛烷值汽油组分生产技术. 北京：中国石化出版社，2006
75 马伯文. 清洁燃料生产技术. 北京：中国石化出版社，2001
76 耿英杰. 烷基化生产与工艺技术. 北京：中国石化出版社，1993
77 孙闻东，施维，赵振波等. 在 $M_xO_y/H\beta$ 分子筛固体强酸催化剂上的异丁烷-丁烯烷基化反应. 东北师大学报，2003，35(3)：37~42

78 付强. 用于异丁烷/1－丁烯烷基化反应的 SO_4^{2-}/ZrO_2 分子筛复合催化材料的合成. 石油炼制与化工，2006，37(12)：26～29
79 何奕工，满征. 异丁烷与丁烯烷基化反应的热力学分析. 燃料化学学报，2006，34(5)：591～594
80 毕建国. 烷基化油生产技术的进展. 化工进展，2007，26(7)：934～939
81 王文兰，刘百军，徐玉棠. 异丁烷/丁烯烷基化固体酸催化剂的研究进展. 石油与天然汽化工，2008，37(2)：110～114
82 狄秀艳. 固体酸烷基化工艺的进展. 石油化工，34：393～395
83 黄国雄，李承烈. 烃类异构化. 北京：中国石化出版社，1992
84 孙怀宇，陈集，贾增江. C_5/C_6烷烃异构化机理与催化剂研究进展. 化工时刊，2005，15(1)：48～50
85 郑冬梅. C_5/C_6烷烃异构化生产工艺及进展. 石油化工设计，2004，21(3)：1～5
86 易玉峰，丁福臣，李术元. 轻质烷烃异构化进展述评. 北京石油化工学院学报，2003，11(1)：41～49
87 航道耐，赵福龙. 甲基叔丁基醚生产和应用. 北京：中国石化出版社，1993
88 赵尹，王海彦，马骏. 水热处理条件对 Hβ 沸石醚化活性的影响. 化工学报，2004，55(9)：1455～1458
89 王天普，王迎春，王伟等. 轻汽油醚化技术在 FCC 汽油改质中的作用. 石油炼制与化工，2001，32(8)：641～66
90 王玉章，杨文中，龙军. 从润滑油基础油标准看我国基础油生产现状炼油技术与工程，2006，36(6)：1～6
91 张志娥. 国内外润滑油基础油生产技术及发展趋势. 当代石油石化，2005，13(4)：25～30
92 陈德宏，冯洁泳，李洁. 乙丙共聚物黏度指数改进剂产品行业标准的新发展. 润滑油，2007，22(3)：56～61
93 崔维怡，崔华，王秀芝. 润滑油黏度指数改进剂的使用性能与发展. 弹性体，2006，16(3)：69～72
94 水天德. 现代润滑油生产工艺. 北京：中国石化出版社，1997
95 张东杰. 丙烷脱沥青工艺节能技术应用. 节能，2004，263：49
96 安军信，王凤娥. 世界润滑油基础油的供需状况和发展趋势. 精细与专用石油化学品. 2007，15(10)：26～31
97 周干堂，李万英. 中国润滑油基础油发展思路探讨. 当代石油石化. 2007，15(10)：25～30
98 凌昊，沈本贤，周敏建. 润滑油基础油加氢异构脱蜡研究进展. 化工科技. 2007，15(1)：59～63
99 杨军，刘丽芝，刘平等. 加氢裂化尾油异构脱蜡催化剂及工艺研究. 工业催化，1999，7(2)：17～21
100 韩鸿，祖德光. 石亚华等. 国内外润滑油异构脱蜡技术. 润滑油，2003，18(3)：1～5
101 安军信. 国外Ⅱ/Ⅲ类润滑油基础油生产工艺路线概述. 润滑油与燃料，2004，14(1－2)：14～18
102 刘全杰，方向晨，廖士纲. 异构降凝催化剂反应性能的研究. 炼油技术与工程，2005，35(1)：22～25
103 刘龙，康丁. 润滑油基础油脱蜡技术进展. 精细石油化工进展，2007，8(9)：11～15
104 史德青，于宏伟，杨金荣. 润滑油酮苯脱蜡溶剂回收用聚酰亚胺纳滤膜分离性能的研究. 2005，25(3)：50～53
105 陈孙艺，梁小龙，曹恒. 润滑油脱蜡工艺及其设备发展. 2007，22(3)：21～25
106 刘平，杨军. 润滑油加氢异构脱蜡技术. 炼油设计，2002，32(5)：11～13.
107 钱伯章，朱建芳. 润滑油异构脱蜡技术的新进展. 天然气与石油，2007，25(1)29～30，38
108 张龙华，王晓波，续景. 国内润滑脂工业发展现状. 润滑油与燃料. 2008，18(1－2)：1～5
109 中华人民共和国石油化工行业标准 SH 0522—92. 道路石油沥青
110 路忠胜，孙康健，闫峰等. 国家质量标准之外石油焦理化性能的测定方法. 轻金属，2001，(4)：49～53
111 苏文生. 催化裂化汽油降烯烃技术及其工业应用. 石化技术，2009，16(1)：57～60
112 张亮，王义，杨邵军等. 国内催化裂化应用降低汽油烯烃技术进展. 当代石油化，2009，17(6)：31～35
113 谢清峰，郭庆明，詹书田. 第二代催化裂化汽油选择性加氢技术 CRSDS－Ⅱ的工业应用. 石化技术与应用，2010，28(1)：53～60